Peter F. Elzer

Management von Softwareprojekten

Peter F. Elzer

Management von Softwareprojekten

Eine Einführung für Studenten und Praktiker

Die Deutsche Bibliothek – CIP-Einheitsaufnahme

Elzer, Peter:
Management von Softwareprojekten: eine Einführung
für Studenten und Praktiker / Peter F. Elzer. –
Braunschweig; Wiesbaden: Vieweg, 1994

ISBN-13:978-3-322-86818-3   e-ISBN-13:978-3-322-86817-6
DOI: 10.1007/978-3-322-86817-6

Softcover reprint of the hardcover 1st edition 1994

Druck und buchbinderische Verarbeitung: Lengericher Handelsdruckerei, Lengerich
Gedruckt auf säurefreiem Papier

Vorwort

Entscheidend für den nachhaltigen Erfolg eines Softwareprojekts ist ein integrierter, multidimensionaler Ansatz des Projektmanagements. Dieses Buch soll deshalb die Leser in die Lage versetzen, die vielen speziellen Gesichtspunkte in eine "Gesamtlandschaft des Projekt-Management" einordnen zu können. Es soll keine Spezialwerke - etwa über Arbeitspsychologie, Softwaretechnik oder Grundlagen der Betriebswirtschaft - ersetzen, sondern vielmehr anregen, sich einmal näher mit denjenigen dieser Themen zu beschäftigen, die bisher außerhalb der eigenen Spezialisierung lagen.

Es will auch keine Patentrezepte geben, die zur Bewältigung irgendeiner "Krise" dienen sollen. Vielmehr soll deutlich werden, daß die Projektierung, Entwicklung und Anpassung von Softwaresystemen sehr komplexe Prozesse sind. Bei ihrem Management müssen daher eine große Zahl der verschiedenartigsten Gesichtspunkte berücksichtigt werden, die sich zum Teil widersprechen, aber alle zusammenhängen und sich in Form eines Netzwerkes gegenseitig beeinflussen. Die Beherrschung solcher Prozesse erfordert also vom Projektleiter die Fähigkeit, das Gleichgewicht zwischen einer großen Zahl von Einflußgrößen zu finden und zu erhalten. Man könnte diese Aufgabe mit dem Finden eines Weges in einem vieldimensionalen Raum vergleichen, das durch eine Reihe von Zwangsbedingungen und Hindernissen erschwert wird, die sich außerdem dauernd verändern.

Konkreter ausgedrückt geht es darum, den Anforderungen der Technik, der Wirtschaftlichkeit und der Menschenführung in ausgewogener Weise gerecht zu werden. Defizite auf einem dieser drei Hauptgebiete dürfen die in den anderen Bereichen erzielten Ergebnisse nicht in Frage stellen. Erschwerend kommt hinzu, daß die einzelnen Dimensionen in den seltensten Fällen voneinander unabhängig sind. Ein typisches Beispiel dafür ist die enge Verflechtung wirtschaftlicher, technischer und psychologischer Aspekte bei der Gestaltung organisatorischer Abläufe. Weitere Beispiele solcher Querbeziehungen sind Wechselwirkungen zwischen den verwendeten "Softwarewerkzeugen" und den vorgefundenen Organisationsformen in der Firma, der Terminologie der Anwendung und den gewählten technischen Lösungsstrukturen, dem technischen Wissensstand des Kunden während der Ausschreibungsphase und der Qualität des fertigen Systems, der erreichbaren Genauigkeit bei der Kostenschätzung und der Motivation des Projektteams etc.

Dies sind nur einige der Beobachtungen, die der Verfasser im Laufe seines Berufslebens in Industrie und Forschung machen konnte. Er hat Projekte miterlebt, in denen praktisch alles schiefging, was schiefgehen konnte, aber mindestens genau so häufig konnte er beobachten, wie Entwicklungen zum Erfolg führten - nur wurde darüber weniger gesprochen.

Bei genauerer Betrachtung fiel außerdem auf, daß die Mißerfolge fast nie technische Gründe hatten, wohingegen die Situation bei den erfolgreichen Projekten komplexer war. Zumeist lag auch hier der Erfolg in der Person des Projektleiters begründet. Vielseitigkeit, Fleiß, kaufmännisches Geschick, Durchsetzungsvermögen und eine gewisse "elastische" Zielstrebigkeit erwiesen sich dabei als weit nützlicher als neuestes Fachwissen oder - im anderen Extrem - überdurchschnittliches Verkaufstalent. Doch waren auch technische Faktoren am Erfolg beteiligt. Es wurde versucht, eine ausgewogene Mischung aus Qualität des Entwurfs, angemessenem Einsatz von Methoden und Werkzeugen, sowie straffer Organisation zu realisieren und weniger darauf geachtet, nur die jeweils neueste Technik einzusetzen.

Aus diesen Erlebnissen der Praxis heraus werden nun in den sechs Kapiteln dieses Buches die wesentlichen Klassen der bei der Projektabwicklung zu beachtenden Gesichtspunkte erläutert:

Das erste Kapitel bietet eine Art "Generalüberblick" über ein breites Spektrum von Gesichtspunkten, die bei der Entwicklung zu berücksichtigen sind, und die teilweise später vertieft betrachtet werden. Dabei soll vor allem Verständnis für die intensiven gegenseitigen Zusammenhänge der "Aspekte eines Projekts" geweckt werden.

Kapitel 2 befaßt sich mit einem zentralen Begriff der Abwicklung von Softwareprojekten, dem "Lebensdauerzyklus". Weiter werden Fragen der Systemanalyse, Kostenschätzung und Projektplanung, sowie Einflußfaktoren auf die Produktivität von Entwicklern behandelt.

Kapitel 3 vermittelt einen Eindruck davon, welche typischen Werkzeuge es zur Unterstützung der verschiedenen Phasen des Lebensdauerzyklus gibt und welche Leistungen sie in etwa erbringen können. Zur Vertiefung wird auf einschlägige Lehrbücher verwiesen. Es wird deutlich, daß die meisten der heute verfügbaren Methoden und Werkzeuge schon sehr lange bekannt sind. Es wäre also ratsam, das in fast 40 Jahren der Entwicklung der Datenverarbeitung angesammelte (Erfahrungs-)Wissen zu sammeln, zu sichten und so aufzubereiten, daß die bewährten Prinzipien für die tägliche Praxis nutzbar sind.

Die Ausführlichkeit, mit der die höheren Programmiersprachen in Kapitel 4 behandelt werden, spiegelt ihre anhaltende große Bedeutung für den Programmentwicklungsprozeß wider. Der Hauptgrund dafür ist, daß sie die bisher einzigen Hilfsmittel sind, von denen eine substantielle Steigerung der Programmiereffektivität quantitativ belegbar ist. Dies gilt neben all ihren anderen positiven Eigenschaften.

In Kapitel 5 soll vor allem Verständnis geweckt werden für Maßnahmen, die in der Praxis enorm wichtig sind, deren theoretische Durchdringung aber nicht ausreichend ist und die auch oft nicht systematisch genug durchgeführt werden. Dabei handelt es sich insbesondere um Test und Verifikation von Software. Aber auch Dokumentation, Wartung, Prototyping und Wiederverwendung von Software sind für ein fachgerecht durchgeführtes Projekt von großer Bedeutung.

Das sechste und letzte Kapitel vermittelt einen Eindruck davon, welche technischen Gesichtspunkte außer der reinen Softwareentwicklung noch berücksichtigt werden müssen, um ein insgesamt gut funktionsfähiges Datenverabeitungssystem zu erhalten. Aus Platzgründen mußte natürlich eine Auswahl bezüglich der darzustellenden Problemkreise getroffen werden. Die drei genannten - Mensch-Maschine-Schnittstelle, Systemauswahl, Sicherheit und Zuverlässigkeit - sind aber nach den Erfahrungen des Verfassers insofern besonders wichtig, als die Nachteile für das fertige System sehr groß sein können, wenn man sie nicht ihrer Bedeutung entsprechend behandelt.

Bedingt durch den Erfahrungshintergrund des Verfassers sind Terminologie und Wahl der Beispiele stark beeinflußt durch den Rechnereinsatz in der Automatisierungstechnik. Das bedeutet jedoch nicht, daß es allein auf dieses Anwendungsgebiet zugeschnitten wäre. Bei der Formulierung von Prinzipien wurde vielmehr versucht, nur diejenigen Einsichten herauszuarbeiten, die übertragbar erschienen. So sind, um mit einem der augenfälligsten Punkte zu beginnen, Fragen der Produktivität von Programmierern, ihrer Abhängigkeit von nichttechnischen externen Einflußgrößen, der Kostenschätzung etc. nahezu völlig unabhängig von der Art des Anwendungsproblems. Was technische Aspekte betrifft, so werden bei großen Systemen aus dem kaufmännischen Sektor oder der Verwaltung vielleicht Fragen der Datenstrukturierung und der Sicherheit eine größere Rolle spielen, bei Aufbau und Betrieb von Datennetzen dagegen Kommunikationsprotokolle, Probleme der Wegezuteilung oder der Verhinderung unberechtigten Eindringens. Damit werden sich natürlich auch die Auswahlkriterien für Entwicklungs- und Testverfahren, der zugehörigen Werkzeuge und Programmiersprachen etc. ändern.

Das Herausarbeiten geeigneter Kriterien und Gesichtspunkte kann aber eigentlich immer nach den gleichen Denkprinzipien erfolgen. Deshalb sollten Ansätze, die in diesem Buch an Hand der Automatisierungstechnik exemplarisch dargestellt werden, von den Lesern selbst auf das ihnen vertrauteste Gebiet übertragen werden. Dies geschieht am einfachsten dadurch, daß man Beobachtungen aus der täglichen Berufspraxis einmal hinterfragt und an Einsichten mißt, die auf anderen Gebieten der Technik oder des Lebens gemacht wurden.

Da dieses Buch kein Lehrbuch im eigentlichen Sinne sein soll, sondern eine Quelle von Denkanstößen mit Hinweisen aus der Praxis, muß es auch nicht unbedingt von vorne bis hinten durchgelesen werden. Die folgende Tabelle gibt einen Überblick darüber, welche Teile bei welchem Grad des Interesses zuerst gelesen werden sollten:

Kap.	Um Überblick zu erhalten:	Zur Vertiefung:	Bei besonderem techn. Interesse
1	1		
2	2.1	2.2 bis 2.5	
3	3.1	3.2.1, 3.3.1, 3.4.1	Rest des Kapitels
4	4.1; 4.3.1	4.2, 4.3.2 und 4.3.3	4.4
5	5.1.1; 5.1.2; 5.2 bis 5.5	5.1.3 und 5.1.4	
6	6.1.1; 6.1.2; 6.2; 6.3.1; 6.3.2; 6.3.4	6.1.3; 6.3.3	

Am Ende dieses Vorworts möchte ich nicht versäumen, denen zu danken, die zum Zustandekommen dieses Buches beigetragen haben: Im Prinzip begann alles 1978 in den USA bei meiner Mitarbeit im Ada-Managementteam. Dort wurde mein Blick geschärft für die Unvollständigkeit technischer Lösungsansätze, besonders durch Diskussionen mit dem technischen Projektleiter, W. Whitaker, und dem Manager, W. Carlson. Nach Deutschland zurückgekehrt folgten viele Vorträge über Einzelthemen. Ein "alter Mitstreiter" aus der PEARL-Entwicklung, Prof. V. Haase, Graz, ermutigte mich, den Themenkreis einmal im Zusammenhang zu behandeln, zunächst in Form von Kursen an der Österreichischen Akademie für Führungskräfte. Wichtig war seine Hilfe und die von Prof. M. Rodd, Swansea bei der Ausrichtung der "IFAC-Workshops on Experience with the Management of Software Projects", die viele Anregungen brachten. Weitere kräftige Anstöße kamen von Prof. U. Rembold von der TU Karlsruhe, dessen Vorlesung ich übernehmen konnte, und von Prof. D. Tavangarian von der FernUniversität Hagen, der den Gedanken hatte, im Rahmen des Weiterbildungsprogramms SAFE einen Kurs über das Thema Projektmanagement zu veranstalten, der dann an der Deutschen Informatikakademie weitergeführt wurde. Das Arbeitsheft zu diesem Kurs bildete die Grundlage dieses Buches. Bei dessen Ausarbeitung halfen Frau Dr. S. Jegodzinski durch ihre detaillierten Kommentare und die Herren U. Krohn, C. Beuthel und A. Miehe durch Einzelbeiträge. Besonders zu danken habe ich schließlich meiner Frau Elke für ihre Toleranz gegenüber meinen vielen Reisen, der "Papiersammelei" und ihr geduldiges Korrekturlesen, bei dem am Ende auch noch unser Sohn Martin eifrig mithalf.

Goslar, im März 1994

P. Elzer

Inhaltsverzeichnis

1

Überblick

Überblick
1
Der Lebensdauerzyklus
2
Die Softwareentwicklungs-
umgebung
3.2
Prototyping
5.4
Spezifikation
3.3
Feinentwurf
3.4
Programmierg.
4
Test
5.1
Wartung
5.3
Phasen
Werkzeuge
Entwicklung
Wieder-
verwendung
4.5
Dokumen-
tation
5.2
Einbettung in die Anwenderorganisation 1.5.1
Qualität des Entwurfs
3.3.1
Das Entwicklungsergebnis
Neues
Programm
zugekaufte
Software
MMI
6.1
HW und System-
software
6.2
Ankopplung an Prozeß, Netzwerk
oder andere Teile der Anwendung
6.3
Sicherheit
und Zuver-
lässigkeit

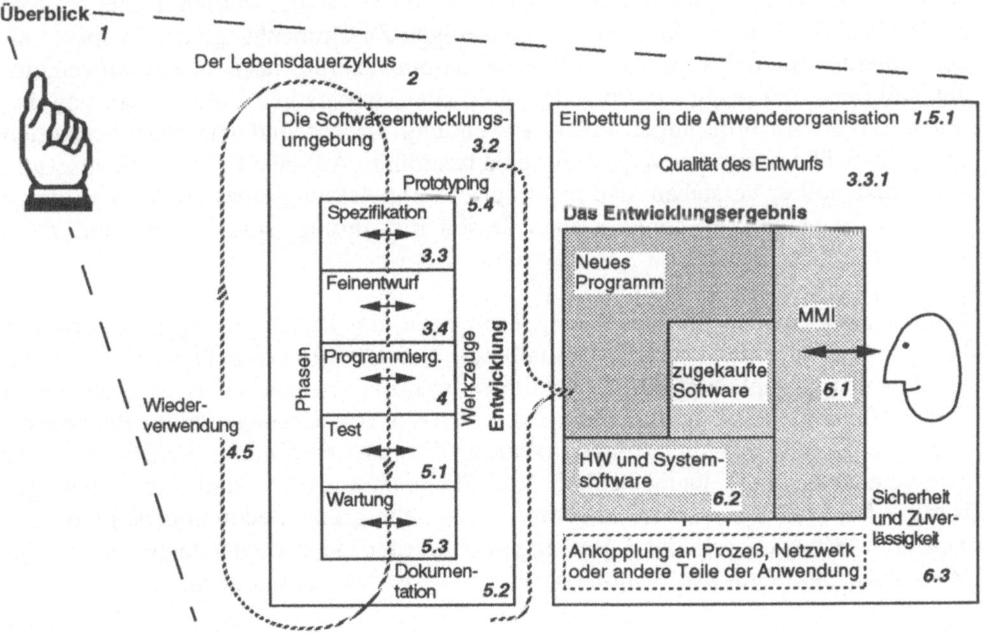

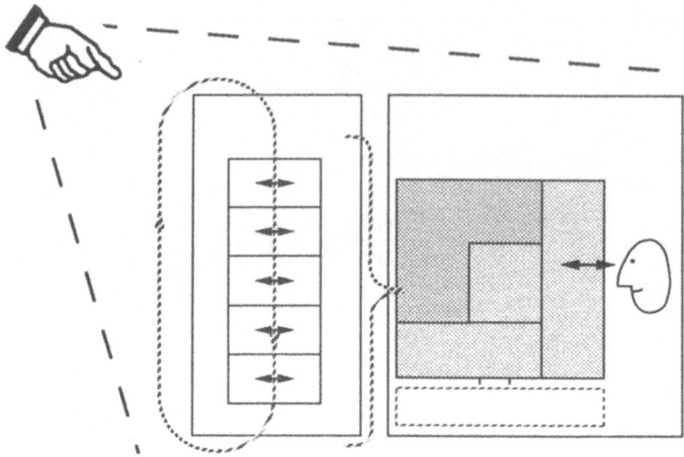

Dieses erste Kapitel soll einen Eindruck geben von der Vielfalt der bei der Softwareentwicklung zu berücksichtigenden Aspekte. Deshalb werden zunächst in einer Art "Generalüberblick" die meisten bei der Entwicklung zu berücksichtigenden Punkte erwähnt, die dann in den späteren Kapiteln vertieft betrachtet werden. Dabei soll vor allem ein Gefühl für die intensiven gegenseitigen Zusammenhänge der "Aspekte eines Projekts" erzeugt werden. Am Beispiel automatisierungstechnischer Anwendungen soll der Leser einen Eindruck davon erhalten, was es heißt, wenn man von den quantitativen Anforderungen einer Anwendung spricht und wie man beurteilen kann, ob es überhaupt sinnvoll ist, für eine bestimmte Aufgabe Rechner einzusetzen. Außerdem soll er verstehen, daß nicht nur die Entwicklung eines rechnergestützten Systems zu planen ist, sondern auch dessen Einführung, sein Betrieb und seine Wartung.

Technisch orientierte Menschen neigen oft dazu, die Bedeutung organisatorischer Maßnahmen zu unterschätzen. Deshalb soll Verständnis geweckt werden für die Vielfalt und Komplexität der notwendigen organisatorischen Vorkehrungen, sei es vom Aufbau des Entwicklungsteams bis hin zu den Auswirkungen eines Rechnersystems auf die Organisationsstrukturen der anwendenden Institution. Da Softwareentwicklung hauptsächlich eine Planungstätigkeit - und damit geistiger Natur - ist, muß der Mitarbeiterführung eine sehr große Bedeutung beigemessen werden. Deswegen soll der Leser angeregt werden, sich damit zu befassen, wie Menschen - und Gruppen von Menschen - motiviert werden können.

Abschließend wird noch ein Überblick geboten über einige, auf dem Gebiet der Anwendung von Rechnern wichtige, Normungsaktivitäten und einige Hinweise darauf gegeben, wie man durch Beobachtung von Trends in einem sich noch ständig weiterentwickelnden Fachgebiet den Erfolg von Projekten absichern kann.

1.1   Grundsatz

Seit nunmehr zehn Jahren stellt der Verfasser allen Kursen über Softwaretechnik und Projektmanagement, die er in dieser Zeit gehalten hat, einen Merksatz voran:

> ## Es gibt kein Patentrezept!

Diese Einsicht wurde vor einigen Jahren von einem der bekanntesten Pioniere unseres Arbeitsgebietes, F. Brooks, in poetischerer Form zum geflügelten Wort gemacht [Brooks 86]:

> ## "There is no Silver Bullet!"

Die diesem Satz zu Grunde liegende Sage von den Werwölfen, derer man sich nur mit einer silbernen Kugel wirksam erwehren könne, ist vermutlich inzwischen durch diesen Artikel so bekannt geworden, daß man sie nicht mehr erzählen muß. Trotzdem wurden aber in den seither vergangenen acht Jahren wieder eine Reihe silberner Kugeln gegossen. Sie scheinen hauptsächlich den Silberschmieden genutzt zu haben. Nach den Feiern zum 25-jährigen Jubiläum des "Software-Engineering", mit dem seit 1968 die "Software-Krise" überwunden werden sollte, scheint nun auf diesem Gebiet eine gewisse Ernüchterung eingekehrt zu sein, wie ein Artikel von C. Chang in [IEEE 93] erkennen läßt: "Is existing Software Engineering obsolete?"

Silberne Kugeln helfen gegen mythologische Wesen, aber nicht gegen Probleme der realen Welt

Doch der Glaube an Patentrezepte ist nicht auf die Softwaretechnik beschränkt. Auch in der Managementliteratur finden sich immer wieder neue Ansätze, die darauf abzielen, eine in der gesamten Industrie geortete "Management-Krise" zu bekämpfen. Ein Beispiel dafür ist ein sonst sehr gut lesbares Buch von C. Savage [Savage 90], das den beziehungsreichen Titel trägt: "Fifth Generation Management." Es erhebt sich die Frage, ob er in Anlehnung an die "Fifth Generation Computer Systems" der frühen 80-er Jahre gewählt wurde [Moto-oka 81]. Welche Probleme sollten diese Rechner damals lösen und welche wurden wirklich gelöst?

Patentrezepte gibt es nicht nur in der Softwaretechnik

Aus anderen Disziplinen kann man lernen, daß erfolgreiches Management ein "Spiel mit vielen Bällen" ist, für das Kenntnisse auf allen mit dem Einsatzgebiet des betreffenden Projekts auch nur entfernt verwandten Gebieten gebraucht werden. Als oberster Grundsatz für die Entwicklung und den erfolgreichen Einsatz eines Rechnersystems muß deshalb ebenfalls gelten: Der (die) Verantwortliche(n) hat (haben) alle vernünftigerweise zu berücksichtigenden Gesichtspunkte in Betracht zu ziehen und das System im Sinne eines guten Kompromisses zwischen (notwendigerweise!) widersprüchlichen Anforderungen auszulegen.

Es gilt der Grundsatz: Alles muß berücksichtigt werden!

1.2   Aspekte eines Rechnerprojektes

Projektmanage-
ment ist ein
Problem des
"Gleichge-
wichts"

Bild 1-1 gibt eine Darstellung wieder, die so oder in ähnlicher Form in vielen Abhandlungen über "Projektmanagement" erscheint. Die Aufgabe des Projektleiters wird darin hauptsächlich unter "verwaltungstechnischen" Gesichtspunkten gesehen. Er soll - mit welchen Mitteln auch immer - das Projekt in einem Gleichgewicht zwischen verfügbarem Kostenrahmen, vorgegebener Zeit und zu erzielender Qualität des Produkts halten. Die Mittel, die ihm zur Erreichung dieses Zieles empfohlen oder an die Hand gegeben werden, sind denn auch dementsprechend rein verwaltungstechnischer Art: Netz- und Balkenpläne, Kostenschätzverfahren, Produktivitätsziffern, Stundenerfassungsformulare, Soll-Ist-Vergleiche zwischen vorgegebenem (geschätztem) und geleistetem Aufwand etc.

Bild 1-1: Das
"traditionelle"
Spannungsfeld
der Projektab-
wicklung

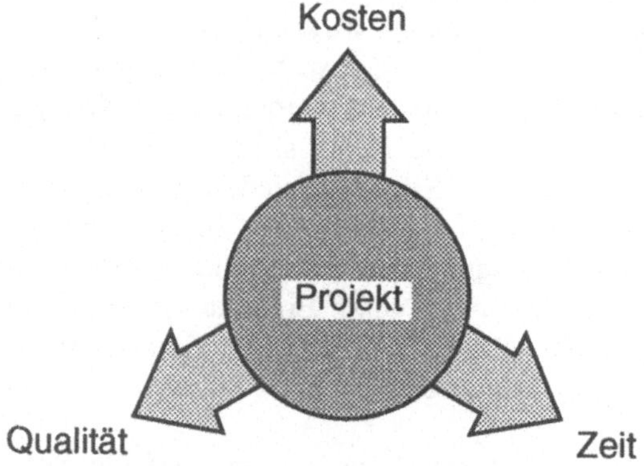

Projektmanage-
ment hat viele
"Dimensionen"

In der technisch orientierten Ausbildung wird dagegen bisher den Verwaltungs-(=Management)problemen außerordentlich wenig Raum gewidmet. Der Erfolg eines Projekts wird hier fast ausschließlich von den technischen Eigenschaften her beurteilt. Ein entsprechendes Spannungsfeld der technischen Projektleitung besteht darin, daß die Lösung möglichst guten "Anwendungsbezug" aufweisen muß, daß sie "flexibel" und "wartbar" sein und vor allem "state-of-the-art" bezüglich der Technik der Realisierung. Letzteres wird meist so aufgefaßt, daß eine korrekte - wenn möglich formale - Spezifikation des Produktes vorliegen müsse, gegen die dann die erzielten Ergebnisse - vorzugsweise wieder mit Hilfe formaler Methoden - geprüft ("verifiziert") werden können. Dies alles habe unter Verwendung der richtigen Hilfsmittel - "Softwarewerkzeuge", "Tools" - zu geschehen.

In einem Buch über "Menschenführung" würden schließlich die psychologischen Aspekte als einzig ausschlaggebend dargestellt und der Projektleiter dahingehend ausgebildet werden, wie man die notwendige

Leistung mit einem Team erzielen könne, in dem für die einzelnen Teammitglieder das richtige Gleichgewicht zwischen "Teamgeist" und "Selbstverwirklichung" herrscht.

Die sogenannte "Softwarekrise" - ein seit Jahren vielstrapazierter Begriff für das offenbar in der Branche noch relativ weit verbreitete Unvermögen, Softwareentwicklungsprojekte nichttrivialer Größenordnung "in den Griff zu bekommen" - ist nach Ansicht des Verfassers hauptsächlich durch eine einseitige Denkweise entstanden, d.h. dadurch, daß Projekte ausschließlich unter einem einzigen der oben genannten Gesichtspunkte gesehen werden, und zwar dem, der dem jeweiligen Projektleiter - oder seinen Vorgesetzten - gemäß seiner Vorbildung am vertrautesten ist.

Die "Software-krise", eine Folge einseitigen Denkens

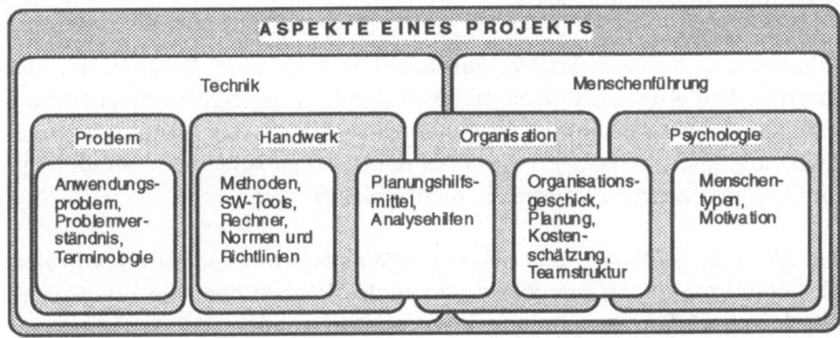

Bild 1-2: Überblick über wesentliche Aspekte eines Projekts

In neuerer Zeit setzt sich nun aber doch mehr und mehr die Einsicht durch, daß zur erfolgreichen Durchführung von Softwareentwicklungsprojekten alle genannten Aspekte gleichermaßen berücksichtigt werden müssen [Elzer 91a]. In Bild 1-2 wird deshalb zum einen versucht, ganz vereinfacht darzustellen, wie sich die genannten Hauptgesichtspunkte weiter unterteilen lassen, zum anderen aber auch, wie wiederum die Teilaspekte eines Projektes nicht mehr eindeutig einer Kategorie zuzuordnen sind, sondern eigentlich - wie wohl alle Objekte der realen Welt - in mehrere Kategorien gleichzeitig eingeordnet werden müßten. Nur daß die Kategorien des Projektmanagements z.B. "Psychologie", "Organisation", "Beherrschung des Handwerks", oder "Qualität der Problemlösung" heißen könnten.

Kategorien des Projektmanagement

1.3   Technische Gesichtspunkte

1.3.1   Anwendungsbezogene Gesichtspunkte

Bedeutung der anwendungstechnischen Qualität der Lösung

Wie gesagt, ist der am häufigsten gemachte Fehler bei der Planung und Abwicklung von Softwareprojekten der, sie fast ausschließlich unter softwaretechnischen Gesichtspunkten zu betrachten. Es ist daher gerade für den Berufsanfänger wichtig, sich immer wieder klarzumachen, daß die Anforderungen der Anwendung und eine technisch und organisatorisch tragfähige Lösung des Anwendungsproblems meist von höherer Bedeutung für den Erfolg eines Projektes sind als die technisch am weitesten fortgeschrittenen Softwareentwicklungshilfsmittel, die zur Programmentwicklung eingesetzt werden.

Man kann sich diesen Sachverhalt leicht an folgendem Beispiel deutlich machen: Ein Konstrukteur in einem Autowerk, der sich vorwiegend mit Problemen der Fertigung befaßt, wird vielleicht ein kostengünstiges Fahrzeug zustande bringen, das aber dann wegen schlechter Straßenlage und hohen Kraftstoffverbrauchs nicht gekauft wird.

Projektleiter muß Anwendungswissen haben

Für einen Projektleiter, der z.B. ein automatisierungstechnisches Projekt in Angriff nimmt, ist mindestens folgendes Wissen über die Eigenschaften des speziellen Anwendungsprozesses notwendig:

Zunächst muß er den allgemeinen Ablauf und die Technologie des Prozesses in den Grundzügen kennen. Am besten wäre es natürlich, wenn der Projektleiter eine zusätzliche Ausbildung etwa in Verfahrenstechnik, Fertigungsautomatisierung oder Maschinenbau hätte. Da dieser Idealfall aber nur schwer zu verwirklichen ist, sollte er zumindest lernen, sich schnell in Denkweise und Terminologie von Anwendungsspezialisten einzuarbeiten.

Anwendung sollte quantitativ erfaßt sein

Ganz wesentlich ist es, sich über Mengengerüst und Zeitanforderungen der Anwendung (hier des zu automatisierenden Prozesses) klar zu werden, um daraus wichtige Eigenschaften des zu entwickelnden Rechnersystems, wie etwa die notwendigen Antwortzeiten der Programme und die Rechnerleistung abzuleiten. Tabelle 1-1 am Ende dieses Abschnitts zeigt dazu einige Beispiele.

Die Mensch-Maschine-Schnittstelle als Erfolgskriterium und Kostenfaktor

Möglichst frühzeitig im Projekt muß auch die notwendige Mensch-Maschine-Schnittstelle durchdacht und konzipiert werden. Zum einen ist ihre Qualität ein entscheidendes Kriterium für die spätere Akzeptanz des Systems durch die Anwender, zum anderen stellt sie einen immer bedeutender werdenden Kostenfaktor dar. So gilt z.B. bei automatisierungstechnischen Projekten schon lange die Faustregel, daß ein Drittel der Systemkosten für die Mensch-Maschine-Schnittstelle (hier meist eine Leitwarte) angesetzt werden müssen. Mehr und mehr gilt aber auch für komplexe Softwarepakete in allen Anwendungsgebieten, daß sie ohne eine gut durchkonstruierte Mensch-Maschine-Schnittstelle nicht sinnvoll nutzbar sind.

Auch die Technologie oder das Verfahren der bisherigen technischen Lösung der gestellten Aufgabe muß betrachtet und berücksichtigt werden. In den seltensten Fällen wird ein Projektleiter mit einer bisher noch nie gelösten Aufgabe konfrontiert werden. Er muß also die neue Lösung entweder an den Leistungsdaten der bisherigen Lösung messen lassen, oder eine Übergangsstrategie vom alten zum neuen System aufbauen. Der zweite Gesichtspunkt ist besonders wichtig bei DV-Systemen, die in bereits bisher funktionierenden Verwaltungen eingesetzt werden, wie etwa Finanzverwaltungs- oder Planungssysteme.

Bisherige Lösungstechnik analysieren

Die notwendige Zuverlässigkeit ist ebenfalls eine Eigenschaft des zu entwickelnden Systems, die schon äußerst frühzeitig bei Planung und Auslegung mit berücksichtigt werden muß. Die Konsequenzen mangelhafter Zuverlässigkeit sind klar: Schlechte Akzeptanz des Systems, unzureichender Gebrauchswert bis hin zur echten Gefährlichkeit. Übertriebene Zuverlässigkeitsanforderungen können allerdings (mit Ausnahme der Gefährlichkeit) die gleichen negativen Auswirkungen haben. Zumindest bewirken sie eine unnötige Erhöhung der Projektkosten.

Zuverlässigkeit nach den Anforderungen der Anwendung ausrichten

Vor Beginn eines Projektes sollte man sich aber auch die "rechnereinsatzwürdige Funktionalität" genau betrachten. Am augenfälligsten kann man diesen Gesichtspunkt auf dem Gebiet der Automatisierungstechnik illustrieren. So ist nach Rembold [Rembold 86] die Rechnersteuerung eines Prozesses nur dann gerechtfertigt, wenn er mindestens einige der folgenden Eigenschaften aufweist:

Rechnereinsatz als Selbstzweck vermeiden

- viele Kontrollschleifen mit vielen variablen Parametern,
- Optimierung eines Herstellungsprozesses mit vielen variablen Eingaben,
- Ausführung von komplizierten Berechnungen, um einen Prozeß steuern zu können,
- Steuerung eines Herstellungsprozesses mit sehr vielen, wenn auch einfachen analogen und digitalen Ein- und Ausgängen,
- Prozeß mit sehr engen Toleranzen,
- Prozeß, dessen Toleranzen und Kontrollstrategien häufig geändert werden,

- Steuerungseinheiten, die häufig bei der Einführung eines neuen Produkts umgedrahtet werden müssen,
- Identifizierung von vielen und unregelmäßigen Gegenständen,
- Automatisches Prüfen von vielen unterschiedlichen Modellen in der Fertigung,
- Prüfen mit sehr komplizierten Instrumenten,
- Notwendigkeit vieler Messungen, zeitaufwendiger statistischer Berechnungen und Datenreduzierungen beim Prüfen von Produkten in der Massen- und Einzelfertigung,
- Prüfen von Produkten, bei denen, bedingt durch sich ändernde Umweltparameter, die Prüfparameter oft erneuert werden müssen,
- Prüfverfahren mit einfachen Messungen in der Massenfertigung,
- Überwachen des Anfahrens und Abstellens von komplexen Prozessen.

Es ist für einen Leser aus einem anderen Anwendungsgebiet sicher sehr instruktiv, sich einmal zu überlegen, welche Kriterien dort beachtet werden müßten, um den Einsatz eines Rechners sinnvoll zu machen. Vielleicht bliebe dadurch mancher unnötige Aufwand und Ärger erspart, den eine unnötige Entwicklung verursacht.

1.3.2   Rechnerorientierte Gesichtspunkte

1.3.2.1   Einsatzbezogene Gesichtspunkte

Erfordernisse der Anwendung
Da für den Erfolg eines Projektes letztlich der Einsatzwert entscheidend ist, sollen die Gesichtspunkte, nach denen ein zu entwickelndes Automatisierungssystem aus der Sicht der Anwendung auszulegen ist, zuerst genannt werden:

- Zeitanforderungen an das System seitens der Anwendung,
- Art, Menge und Qualität der zur Verfügung stehenden Eingabewerte,
- Inhalt, Menge und Form der zu liefernden Information (=Ausgaben),
- Umfang und Leistungsfähigkeit der notwendigen (Prozeß-)Peripheriegeräte,
- daraus folgende Verarbeitungsleistung der rechnenden Einheiten,
- notwendige Zuverlässigkeit des Rechnersystems,
- Notwendigkeit und Möglichkeiten der Kopplung mit anderen Rechnern im Betrieb,
- Physikalische Umweltbedingungen, wie etwa Temperatur, Feuchtigkeit, tolerierbares Gewicht, Erschütterungen etc.
- Wartbarkeit des Gesamtsystems und seiner Komponenten.

1.3.2.2   Entwicklungsbezogene Gesichtspunkte

Die folgenden Gesichtspunkte können ausschlaggebend für die termin- und kostengerechte Durchführbarkeit der Entwicklung sein und sollten deshalb zu Anfang des Projekts geklärt werden:

Für die Entwicklung wesentliche Gesichtspunkte

- Handelt es sich um ein "embedded system", d.h. einen (oder mehrere) Rechner, der integraler Bestandteil eines Gesamt(automatisierungs)systems und deshalb z.B. nicht ohne weiteres für Testzwekke zugänglich ist, oder ist der zu programmierende Rechner "standalone", d.h. ein "klassischer" Rechner mit kompletten Anzeigen und entwicklungsunterstützender Peripherie?
- Welche Entwurfsverfahren sind notwendig, bzw. werden vom Entwicklungsteam beherrscht? Wo ist eventuell Schulung nötig?
- In welchen Programmiersprachen soll (kann) die Programmierung erfolgen? Werden diese Sprachen vom Entwicklungsteam beherrscht? Steht die entsprechende Softwareunterstützung zur Verfügung?
- Wie sind Test und Integration geplant? Ist genügend Hardware dafür vorhanden? Existiert ein Testaufbau oder eine Simulation der Anwendung?
- Welche Wartungsunterstützung wird später für die Anwender bereitgestellt? Ist die Dokumentation ausreichend? Wird eine Übergabeschulung durchgeführt?

	Energieverteilung (Strom, Gas, Wasser)	Kraftwerke	Chemische Industrie	Walzwerke	Flugzeuge
Anzahl der Datenpunkte (Prozeßvariablen)	ca. 100 - 200.000	10.000 - 20.000	2.000 - 10.000	< 100	100 - 300
Anzahl verschiedener Bilder	50 - 1.000	ca. 100 Anlagen-schemata + < 300 Standard	ca. 100 Anlagen-schemata + < 300 Standard	1 - 2	5 - 50
Anzahl der dargestellten Variablen pro Bild	100 - 400	< 200	< 200	5 - 10	5 - 30
Durchschnittliche Frequenz von Bedienerhandlungen	1 / Stunde (meistens gebündelt)	1 / Stunde (meistens gebündelt), viel mehr beim Anfahren	5-6 / Stunde (manchmal gebündelt)	1 / Tag mit Dialog, 1 / Sek. direkt	1 / Min (beim Landen), 2-3 / Stunde (im Reiseflug), 1 / Sek. (manuell)
Zulässige Zeit für:					
- Anzeige des Ereignisses	1 - 2 Sek.	1 - 2 Sek.	1 - 2 Sek.	< 1 Sek.	< 100 mSek.
- Bedienereingriff	< 1 min	10-30 min.	< 1 min.	Direkt	Direkt

Tabelle 1-1: Mengengerüste typischer Anwendungsklassen in der Automatisierungstechnik

1.4 Finanzielle Gesichtspunkte

Diese liegen Technikern (zumindest am Anfang ihres Berufslebens) meist etwas ferner. Doch nützt die beste technische Lösung nichts, wenn sie nicht finanzierbar ist oder nicht rentabel arbeitet. Es ist zwar nicht erforderlich, daß ein Techniker selbst in der Lage ist, z.B. eine Rentabilitätsberechnung oder eine allen kaufmännischen Regeln genügende Nachkalkulation durchzuführen; er sollte aber Verständnis für diese Problematik aufbringen und zumindest einige der Grundbegriffe kennen.

Verständnis für kaufmännische Gesichtspunkte ist notwendig

1.4.1 Rentabilität des Einsatzes

Diese muß bei allen Rechnersystemen, deren Einsatz nicht aus anderen Gründen erzwungen wird, immer gegeben sein. Der Techniker sollte sich deshalb auch schon in der Konzeptphase eines neuen Projekts entsprechende Gedanken machen, und sei es nur, um genügend gute Argumente für die Realisierung seiner Idee zu finden.

Dabei geht man üblicherweise so vor, daß man erst einmal versucht, abzuschätzen, welche Vorteile der Einsatz des zu entwickelnden Systems voraussichtlich mit sich bringt. Danach ist zu ermitteln, wieviel die Entwicklung kosten würde und schließlich, welche Betriebs- und Wartungsaufwendungen zu erbringen sind.

Erwartete Vorteile gegen Entwicklungs- und Wartungskosten abwägen

1.4.1.1 Feststellung des Einsatznutzens

An späterer Stelle wird hierzu noch einmal ein Beispiel gebracht werden. Es sollen jedoch in diesem Überblickskapitel schon einmal eine Reihe einschlägiger Möglichkeiten aufgezählt werden (nach [Rembold 86]):

Überlegen, wo das Rechnersystem Verbesserungen oder Einsparungen bringen kann

- Verbesserung der Qualität von Produkten und damit bessere Marktpreise, weniger Wartungskosten, weniger Garantieleistungen etc.
- Energie- und Materialeinsparungen bei einer Produktion, beim Betrieb eines Gebäudes etc.
- Erhöhung der Durchlaufgeschwindigkeit von Produktionsanlagen, damit bessere Reaktionsmöglichkeiten auf Änderungen des Marktes, kürzere Lieferzeiten etc.
- Verringerung der Personalkosten - ein zwar unpopuläres Thema, aber oft steht ein Betrieb vor der Wahl, entweder ganz zu schließen oder mit verringerten Personalkosten weiter zu produzieren.
- Verringerung der Lagerbestände, die sehr viel Betriebskapital binden und damit Zinsen kosten können.

- Bessere Ausnutzung der Produktionsanlagen, womit sich wieder die Kosten, die auf eine produzierte Einheit umgelegt werden müssen, verringern lassen.
- Die durch ein Rechnersystem mögliche bessere Beherrschung ("Führbarkeit") des Prozesses stellt einen Grenzfall dar, bei dem oft die rein kaufmännischen Argumente nicht den alleinigen Ausschlag geben können. Sie kann bei sicherheitskritischen Anlagen oder bei schnellen Prozessen wesentlich dafür sein, daß diese überhaupt betrieben werden können - womit natürlich indirekt die kommerzielle Rechtfertigung des Rechnereinsatzes gegeben sein kann.

1.4.1.2   Erstellungskosten

<table>
<tr><td>

Das Rechnersystem allein ist nicht immer der größte Kostenfaktor

</td><td>

Relativ einfach, weil am leichtesten quantifizierbar, ist die Ermittlung der zu erwartenden Kosten der Rechnerhardware. In Hinblick auf den immer mehr zunehmenden Einsatz von Standardsoftware sind aber auch die (Lizenz-)Kosten für Systemsoftware vor Projektbeginn sorgfältig zu ermitteln.

Die Peripherieausrüstung für die eingesetzten Rechnersysteme war in der Automatisierungstechnik schon immer ein bedeutender Kostenfaktor, der den Aufwand für die eigentlichen "Rechner" um ein Mehrfaches übersteigen konnte. Im Zeichen der immer weiter sinkenden Preise für Rechnerhardware gilt dies inzwischen aber auch für Systeme der allgemeinen Informationsverarbeitung.

</td></tr>
<tr><td>

Bauten und Nebenanlagen sind oft teurer als der Rechner

</td><td>

Sehr häufig werden Zeitaufwand und Kosten für Baumaßnahmen vergessen. Dies gilt wiederum in besonderem Maße für automatisierungstechnische Anwendungen, wo oft speziell geschützte Räumlichkeiten für Rechner und Leitwarten notwendig sind.

</td></tr>
</table>

Die Kosten für Installation und Nebenleistungen umfassen z.B. Verkabelungsarbeiten, Klimatechnik, Notstromanlagen etc. Sie dürfen im Interesse eines späteren störungsfreien Betriebes des Rechnersystems auf keinen Fall vernachlässigt werden, da z.B. falsche Sparsamkeit beim Blitzschutz im Ernstfall zu sehr hohen Folgekosten führen kann.

Bei Projekten, die nicht mit Standardmittel zu bewältigen sind, müssen natürlich die projektspezifischen Zusatzentwicklungen besonders sorgfältig geschätzt werden. Da es sich dabei per definitionem um Neuentwicklungen handelt, sind sie entsprechend schwierig zu ermitteln. Auf diesen Punkt wird deshalb später noch einmal besonders vertieft eingegangen.

Häufig vernachlässigt werden auch die Kosten für Schulung. Dabei ist zu berücksichtigen, daß nicht allein die Kosten für die eigentlichen Kurse zu Buche schlagen, sondern daß auch die Zeit für die Einarbeitung des Bedien- und Wartungspersonals berücksichtigt werden muß.

1.4.1.3　　Betriebs- und Wartungskosten

Zunächst sind dabei natürlich die Kosten für den Betrieb der eigentlichen Anlage zu berücksichtigen. Hierunter fallen vor allem Wartungsverträge für Hardware und Standardsoftware, aber auch Strom- und Klimatisierungskosten.

Ein Rechner funktioniert ohne Wartung genau so wenig wie ein Auto

Nicht zu unterschätzen sind jedoch auch die Kosten für das für den Betrieb von rechnerbasierten Systemen notwendige spezielle Personal. Besonders bei der Umstellung eines Betriebs auf Rechnerunterstüzung - sei es in der produzierenden Industrie, sei es in der Verwaltung - muß damit gerechnet werden, daß in einem nicht zu vernachlässigenden Umfang Arbeitskräfte höherer oder anderer Qualifikation benötigt werden.

Das übliche Verbrauchsmaterial wie z.B. Papier, Magnetbänder, Drukkerkartuschen etc. ist zwar kein allzu dramatischer Kostenfaktor, ein durch Unterschätzung des Bedarfs entstehender Mangel kann aber doch zu empfindlichen Betriebsstörungen führen.

Kleine Ursache - große Wirkung

Bei zweckmäßigen Wartungsverträgen wird sich der Bedarf an Ersatzteilen sicher in engen Grenzen halten, jedoch sollte bei Systemen der Automatisierungstechnik darauf geachtet werden, daß für die nicht standardmäßigen Peripheriegeräte jederzeit verfügbarer Ersatz bereitgehalten wird.

1.4.2　　Entwicklungskosten

Dieser Kostenanteil wird vom Techniker üblicherweise am ehesten gesehen. Er wird je nach Charakter des Projekts verschieden hoch sein (von einer kompletten Neuentwicklung bis zu "kleinen" Änderungen an einem Standardsystem), ist aber nach bisherigem Stand der Kenntnisse am schwierigsten zu ermitteln. Deshalb ist dabei besonders sorgfältig vorzugehen. Die folgenden Hinweise sollen eine gewisse Hilfestellung dabei geben.

"Entwicklungskosten" können sehr verschiedenen Charakter haben

1.4.2.1   Kostenschätzung

Hierzu gibt es eine reichhaltige Literatur und eine Reihe mehr oder weniger quantitativer Verfahren. In Abschnitt 2.5 wird darauf im Detail eingegangen. Es sollen deshalb an dieser Stelle nur die wesentlichsten Gesichtspunkte kurz vorgestellt werden.

Neben der voraussichtlichen Programmgröße sind noch eine Reihe von Einflußfaktoren zu berücksichtigen

Üblicherweise wird, ausgehend von der Größe oder der Komplexität der zu entwickelnden Programme, die ihrerseits an Hand von Erfahrung und Analogiebetrachtungen geschätzt werden muß, der Programmieraufwand mit Hilfe mehr oder weniger zuverlässiger Schätzverfahren ermittelt. Der Projektleiter sollte die wichtigsten davon kennen, aber sich vor allem mit den Einflußgrößen befassen, von denen die Produktivität seines Teams abhängen kann. Diese sind allerdings nur auf der Basis einer sorgfältigen Sammlung und Auswertung von Erfahrungen in der eigenen Organisation zuverlässig zu bewerten.

Neben den Kosten für das Entwicklungspersonal ist auch noch der Aufwand für entwicklungsunterstützende Hardware und Softwarewerkzeuge einzuplanen.

Gesamtkosten an Hand von Statistiken aus der Kostenverteilung hochrechnen

Es ist weiterhin notwendig, die Verteilung der Kosten über die verschiedenen Phasen der Entwicklung zu kennen und zu berücksichtigen, da es oft nur möglich ist, Kosten für einzelne Entwicklungsphasen zuverlässig zu schätzen. Die Kosten für das Gesamtprojekt müssen dann an Hand von Erfahrungswerten für die Kostenverteilung hochgerechnet werden.

1.4.2.2   Kostenkontrolle

Ohne die Fakten zu kennen, kann man Fehler nicht korrigieren

Dies ist vor allem bei rein technisch ausgerichteten, sehr zielorientierten Ingenieuren ein äußerst unpopuläres Thema. Jedoch sollte es gerade auf Grund einer technisch-naturwissenschaftlichen Ausbildung als selbstverständlich betrachtet werden, daß ohne sachgerechte Messungen keine vernünftige Beurteilung eines Sachverhaltes möglich ist, geschweige denn eine Beeinflussung.

Phasenmodelle sind praktische Richtlinien

Die weithin bekannten Phasenmodelle des Projektablaufes haben als hauptsächliches Ziel, diesen transparenter und damit versteh- und überschaubarer zu machen. Auf ihrer Basis kann ein zweckmäßig gestaltetes Berichtswesen aufgebaut werden, das es dem Projektleiter erlaubt, rechtzeitig Abweichungen zu erkennen und Gegenmaßnahmen einzuleiten. Ein einfaches, aber wirksames Mittel sind auch regelmäßige Soll-Ist-Vergleiche des Mittelabflusses und der verbrauchten Arbeitszeit. Bezüglich der technischen Qualität der Arbeitsergebnisse haben sich Reviews und Audits generell als die bisher wirksamsten Kontroll- und Korrekturmechanismen erwiesen. Rechnergestützte "Management-Werkzeuge" sollten natürlich auch eingesetzt werden, soweit dies sinnvoll ist, jedoch ist ihre Wirksamkeit wiederum außerordentlich von der Erfahrung im Umgang mit derartigen Techniken abhängig.

1.5 Organisatorische Gesichtspunkte

1.5.1 Allgemeines

Hilfsmittel
ersetzen nicht
organisatori-
sches Können
und Erfahrung

Wie Bild 1-2 verdeutlicht, ist dies ist ein typisches "Zwischengebiet". Die Beherrschung organisatorischer Maßnahmen gehört zweifellos zum "Handwerkszeug" eines Projektleiters. Außerdem sollte er ein dem heutigen technischen Stand entsprechendes Instrumentarium benutzen, d.h. rechnergestützte Managementhilfsmittel, soweit diese zweckmäßig und ausgereift sind. Andererseits muß er sich vor dem verbreiteten Irrtum hüten, daß der Aufbau ausgefeilter Organisationsstrukturen und die Benutzung eines Verwaltungsrechners durchdachte Personalplanung und kompetente Menschenführung ersetzen könnten.

Projektleitung
ist eine rege-
lungstechni-
sche Aufgabe

Für den technisch vorgebildeten Projektleiter ist es wohl am naheliegendsten, Projektleitung als regelungstechnische Aufgabe zu begreifen: Um regeln zu können, muß man sowohl die Sollwerte kennen, d.h. zuverlässig schätzen, als auch die Abweichungen von diesen Sollwerten durch angemessene Maßnahmen zur Projektüberwachung rechtzeitig und zuverlässig erkennen, um sie korrigieren zu können.

1.5.2 Einbettung in die Anwenderorganisation

Das Rechner-
system muß in
die Organisa-
tion des
Anwenders
hineinpassen

Dieser Gesichtspunkt wird auch heute noch bei den meisten Rechnerprojekten nicht genügend beachtet. Er kann jedoch sowohl bei automatisierungstechnischen Anwendungen als auch bei Rechnersystemen für Organisationsaufgaben für den Einsatzerfolg entscheidend sein.

1.5.2.1 Einführung des Rechnersystems

Das Datenver-
arbeitungssy-
stem muß ein
wirkliches
Problem lösen

Es sollte eigentlich selbstverständlich sein, daß vor der Projektierung eines Rechnersystems die Relevanz der zu lösenden Probleme untersucht wird und allen Beteiligten klar ist. Ein (teures) technisches System, das nur marginale Verbesserungen für den täglichen Betrieb bringt, wird wohl kaum mit Überzeugung benutzt werden und damit auch nie den investierten Aufwand rechtfertigen.

Außerdem kann auch das leistungsfähigste Rechnersystem nur die Hilfestellung leisten, für die es von seinen Konstrukteuren ausgelegt werden konnte. Das heißt, daß das Anwendungsproblem verstanden sein muß und zwar in einem so hohen Detaillierungsgrad, daß die Formulierung seiner Lösung in der rigiden "Sprache" des Digitalrechners möglich ist.

Ein wichtiger Entwurfsgrundsatz ist - wie übrigens bei allen technischen Systemen - die Vermeidung unnötiger Komplexität. Für die Benutzer eines rechnergestützten Systems ist dieses ein Arbeitsmittel, dessen Bedienung nicht schwieriger sein darf als die Bewältigung der Aufgabe ohne die Unterstützung des Systems. Es sollte aber natürlich auch vermieden werden, das System aus technischem Ehrgeiz so aufwendig ("elegant") zu gestalten, daß es dadurch störanfällig wird oder nur noch von höchstqualifizierten Spezialisten bedient, gewartet und gepflegt werden kann.

Unnötige Komplexität vermeiden

Die Motivation der Belegschaft, die das System später benutzen soll, ist ebenfalls ein wichtiger Erfolgsfaktor. Neben vorherigen sorgfältigen Überlegungen über die Gestaltung der Arbeitsprozesse, die durch das System bedingt oder verändert werden, sind sicherlich gute Schulungsmaßnahmen ein geeignetes Mittel, um dieses Ziel zu erreichen.

Motivation der Benutzer nicht vergessen

1.5.2.2　Betrieb und Wartung

Ganz wichtig für den Einsatzerfolg eines rechnerbasierten Systems ist die Integration in das Betriebsführungskonzept der Organisation, die das Rechnersystem benutzt. Ist diese nicht gegeben, können allein schon die organisatorischen "Reibungswiderstände" dafür sorgen, daß das neue System nie sinnvoll eingesetzt wird.

Eigentlich muß man das Rechnersystem und eine eventuell nötige Umorganisation zusammen projektieren

Man sollte sich auch darüber im klaren sein, daß ein auf Digitalrechnern beruhendes System in viel stärkerem Maß als "konventionelle" Techniken der Betriebsführung die Bereitstellung präziser Daten aus dem Prozeß oder der Organisation verlangt. Das hat andererseits oft den positiven "Nebeneffekt", daß der Betreiber veranlaßt wird, seinen Betrieb genauer zu verstehen.

Auch die Notwendigkeit von Spezialpersonal für Betrieb und Wartung des rechnergestützten Systems sollte nicht unterschätzt werden. Dies ist nicht allein ein Problem der Kosten, sondern auch der Verfügbarkeit solchen Personals.

Ein rechnergestütztes System sollte von vornherein so ausgelegt werden, daß der Informationsaustausch mit anderen Stellen - meist anderen Rechnersystemen im betreffenden Betrieb oder Verwaltung - gewährleistet ist.

Ein Rechner kommt selten allein

Der Vorhalt von Wartungshilfsmitteln ist nicht nur, wie oben bereits erwähnt, eine rein finanzielle Frage, sondern bedarf auch entsprechender organisatorischer Vorkehrungen.

1.5.2.3   Produktpflege

Produkte müssen dem Fortschritt der Technik angepaßt werden

Dieses Problem betrifft in vorwiegendem Maße den Hersteller von "Produktfamilien", d.h. Systemen, die über einen längeren Zeitraum hinweg in Varianten oder als "Bausteinsystem" an einen breiten Kundenkreis abgesetzt werden sollen. Bei der Auslegung solcher Systeme ist die Berücksichtigung der Unvermeidbarkeit von Systemänderungen (controlled change) unbedingt notwendig. Außerdem gilt es, geeignete Vorkehrungen zur Vermeidung der "Monopolisierung" durch (Unter-)Lieferanten, z.B. den Hersteller der verwendeten Rechnerfamilie, zu treffen.

1.5.3   Organisation der Entwicklung

1.5.3.1   Projektplanung

Das Handwerkszeug des Projektleiters

Diesem Gesichtspunkt wird der größte Teil der Detailüberlegungen im Kapitel 2 gewidmet sein. Es ist z.B. notwendig, daß der Projektleiter mindestens die wichtigsten Planungshilfsmittel kennt, über Sinn und Grenzen der verschiedenen Phasenmodelle Bescheid weiß oder die Eignung verschiedener Teamstrukturen für seine Aufgabenstellung bewerten kann. Auch die Bedeutung einer zweckmäßigen Dokumentation muß ihm klar sein.

1.5.3.2   Qualitätssicherung

"QS" ist mehr als nur Überwachung

Dieses Thema ist in der Fachwelt noch lange nicht abschließend behandelt. Weitgehende Übereinstimmung besteht aber dahingehend, daß die sogenannte "zweisträngige" Entwicklung, d.h. der projektbegleitende Aufbau von Teststrategien und Testfällen zu den besten Ergebnissen führt. Die fachliche Qualifikation der zuständigen Stellen ist ebenfalls ein wesentlicher Faktor für die Akzeptanz von Qualitätssicherungsmaßnahmen seitens der Entwickler und damit ihren schlußendlichen Erfolg.

Nicht zuletzt muß die Angemessenheit der Maßnahmen sichergestellt werden, d.h., daß je nach Schwere der bei mangelhafter Qualität zu erwartenden Konsequenzen verschieden aufwendige Methoden - etwa für Test und Verifikation - eingesetzt werden.

1.6   Gesichtspunkte der Menschenführung

1.6.1   Allgemeines

Seit Weinbergs "Psychology of Computer Programming" [Weinberg 71] haben eine Reihe von Autoren über die psychologischen Aspekte des Programmierens nachgedacht und ihre Einsichten in teils ernsthafter [Turkle 86], teils humorvoll verkleideter Form [Glass 78] zu vermitteln versucht.

> Bei der Softwareentwicklung ist der Mensch der wichtigste Produktionsfaktor

Bei all denen, die sich mit der Aus- und Fortbildung technischer Führungskräfte befassen, ist bekannt, daß Führungskräfte mit technischer Ausbildung im allgemeinen dazu neigen, die psychologischen und sozialen Aspekte der Projektleitung unterzubewerten. Dabei sind diese eigentlich die wichtigsten, die ein Manager beachten muß. Alle Planungen und Statistiken sind sinnlos, wenn es nicht gelingt, ein Team zusammenzuhalten und einen vernünftigen Grad von Arbeitsmoral und Produktivität aufrechtzuerhalten. Es gibt viele Faktoren, die das beeinflussen. Einige davon werden in den folgenden Abschnitten dargestellt.

1.6.2   Motivation der Mitarbeiter

Hierfür gelten die folgenden Faktoren als besonders wichtig:

> Motivation ist nicht alles, aber...

- Das Team muß eine faire Erfolgschance haben, d.h. Pläne und Zeitvorgaben müssen einhaltbar und realistisch sein.
- Die Teammitglieder müssen wissen, was sie dürfen. Unklare Kompetenzen und schlecht geregelte Zuständigkeiten können sich außerordentlich negativ auf die Arbeitsmoral auswirken.
- Das einzelne Teammitglied muß das Gefühl der eigenen Wichtigkeit haben. Es darf nie der Eindruck aufkommen, daß er oder sie nur als Rädchen im Getriebe dient, das jederzeit ausgewechselt oder gar weggeworfen werden kann.
- Der Teamleiter muß eine gewisse Sensibilität für die Bedürfnisse des Teams zeigen. Das bedeutet zunächst die Herstellung ordentlicher Arbeitsbedingungen, schließt aber auch die Notwendigkeit ein, fähig und willens zu sein, den Mitarbeitern bei ihren persönlichen Problemen soweit als möglich (und sinnvoll) zu helfen.
- Dauernde leichte Überforderung führt zu besserer Arbeit. Dieser Standpunkt wird von Menschen ohne Berufserfahrung meist sehr skeptisch gesehen. Die Erfahrung bestätigt aber, daß Menschen besser arbeiten und sich zufriedener fühlen, wenn sie dazu gebracht werden, etwas mehr zu leisten, als sie ursprünglich von sich

selbst erwartet hatten. Der Verfasser hat diesen Effekt über mehr als zwei Jahrzehnte selbst beobachtet und kann diese Anschauung daher voll bestätigen. Wie überall gilt aber auch dabei, daß Übertreibung schadet. Wenn der Eindruck entsteht, daß die anstehende Arbeit auch bei größter Anstrengung nicht zu schaffen ist, wird die Leistung wieder sinken. Damit schließt sich der Kreis zum ersten Punkt dieses Abschnitts.

1.6.3 Teamzusammenstellung

Den "maßgeschneiderten Mitarbeiter" gibt es nicht, aber wenn man jemand an der rechten Stelle einsetzt, kann er viel mehr leisten

Der Teamleiter sollte eine sorgfältige Analyse der Fähigkeiten und Interessen seiner (zukünftigen) Teammitglieder vornehmen. In einem Beruf wie der Programmentwicklung, die hauptsächlich auf Ideen und Ordnen von Gedanken beruht, kann die Leistung eines Menschen um den Faktor 10 bis 20 variieren, je nachdem ob jemand am richtigen Platz eingesetzt wird oder nicht. So wird der befähigungsgerechte Einsatz hier noch mehr zu einem ökonomisch relevanten Faktor als bei Tätigkeiten, deren Ergebnisse leichter von außen überprüft werden können.

Wir müssen eine Berufsethik aufbauen

Berufliche Ethik und Moral sind ebenfalls äußerst wichtig. Da vollständige Überprüfung und traditionelle Qualitätskontrolle bei der Softwareentwicklung noch nicht sehr hoch entwickelt - und in großen Systemen vermutlich sogar grundsätzlich unmöglich - sind, ist die Verpflichtung des Einzelnen, seine oder ihre Arbeit so gut wie möglich zu tun, ein auch ökonomisch außerordentlich wichtiger Faktor. Das folgt allein schon aus der Tatsache, daß bei einem sorgfältig entwickelten Programm später weniger Wartungskosten und weniger Störungen durch Fehler im Betrieb auftreten.

Ohne Kontrolle geht es trotzdem nicht

Auf der anderen Seite muß der Teamleiter alle Anstrengungen unternehmen, um die Übersicht über die Arbeit der Mitarbeiter zu behalten, damit er in der Lage ist, seine Kontrollaufgaben wahrzunehmen und notwendige Korrekturmaßnahmen rechtzeitig einzuleiten.

1.6.4 Behandlung von Konflikten

Diskussionen nicht immer schlecht ...

Da dies für Menschen mit einem technischen Hintergrund oft ein besonders unangenehmes Thema ist, soll es speziell hervorgehoben werden. Die wichtigsten Aspekte können in drei Empfehlungen an Teamleiter zusammengefaßt werden:

Erstens: Erkenne und behebe Konflikte frühzeitig. Das ist eine alte und wohlbekannte Regel. Aber Entwickler und Teamleiter in der Softwarebranche haben eben meist einen überwiegend technischen Hintergrund mit wenig Erfahrung in Organisation und Menschenführung, und die traditionellen Regeln für die Leitung von Teams können deshalb üblicherweise nicht immer als bekannt vorausgesetzt werden.

Zweitens: Sei darauf vorbereitet, Schmerzen zufügen zu müssen. Technische Konflikte können nur sehr selten durch Kompromisse gelöst werden. Man kann auch schlecht zwei im Prinzip äquivalente Lösungen gleichzeitig realisieren. Also wird irgend jemand "verlieren" müssen. Wichtig ist jedoch, daß daraus keine persönliche Niederlage für den Betroffenen wird.

Drittens: Versuche nicht, Konflikte um jeden Preis zu vermeiden. Konflikte sind gut für die Entwicklung (das wurde von den Philosophen schon lange entdeckt und wird üblicherweise als "Dialektik" bezeichnet). Wenn sie gut durchgestanden werden, können sie sogar denen helfen, die zunächst die "Verlierer" sind. Diese können entweder aus ihren Fehlern lernen, falls diese erkannt werden, oder aber eben beim nächsten Mal die "Gewinner" sein.

.... sie dienen der Lösungsfindung

1.6.5   Erhaltung des Gleichgewichts

Eine weitere Einsicht ist in Bild 1-3 dargestellt. Der Teamleiter muß sich bewußt sein, daß Menschen von einem Spannungsfeld beeinflußt werden, in dem sie versuchen, sich im Gleichgewicht zu halten. Das so einfach aussehende Diagramm erklärt einiges über das Verhalten von Menschen: Normalerweise ist ein Mensch neugierig und sucht (in gewissen individuellen Grenzen) das Abenteuer. Stellt sich dabei aber eine zu große Unsicherheit ein, so wird er ängstlich und versucht, mehr Sicherheit zu bekommen. Dies führt nach einiger Zeit aber wieder zu Langeweile und das Spiel beginnt von vorne.

Ein Denkmodell: der Mensch schwankt zwischen Furcht und Langeweile hin und her

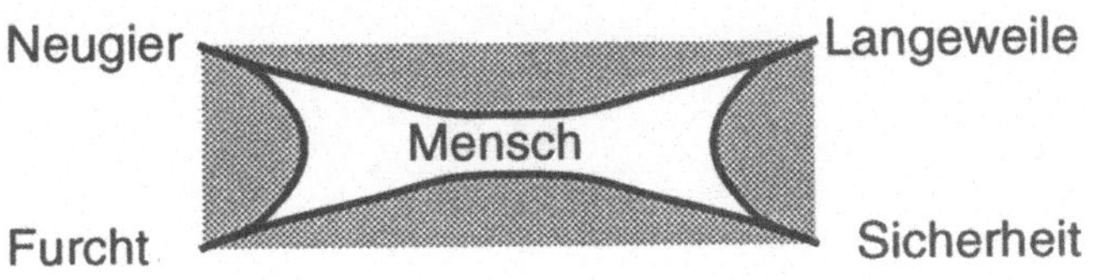

Bild 1-3: Das Spannungsfeld des Menschen

1.6.6 Spezielle Eigenschaften von Softwareteams

<table>
<tr><td>

Programment-
wicklung ist
Planung - nicht
Produktion
</td><td>

Seit Jahrzehnten wird in der Softwarebranche diskutiert, ob die Programmentwicklung eine Produktionstätigkeit wie jede andere ist, oder ob sie etwas besonderes ist, auf das die herkömmlichen Regeln des Managements nicht anwendbar sind. Der Verfasser vertritt die Meinung, daß Programmentwicklung eher mit herkömmlichen Planungsaufgaben vergleichbar ist und weniger mit einem Produktionsprozeß und daß die Softwareentwicklung daher nach dem Muster von Planungsbüros, wie etwa denen von Architekten, organisiert werden sollte.
</td></tr>
<tr><td>

Die Frage ist,
ob jeder Soft-
wareentwickler
studiert haben
sollte
</td><td>

Ein anderer spezieller Aspekt wurde einmal bei einer Podiumsdiskussion anläßlich eines Workshops herausgearbeitet [Elzer 87]: "Die Mehrheit der Softwarespezialisten (zumindest in Europa) haben einen akademischen Grad erworben, wenn auch meistens nicht in Software. Das bedeutet, daß sie in einer Tradition ausgebildet wurden, wo sie an der Fähigkeit gemessen wurden, einmalige oder zumindest außerordentliche Ergebnisse zu erreichen. Außerdem haben gewöhnlich Hochschulabgänger nie die Notwendigkeit gelernt, Regeln strikt einzuhalten. Diese beiden Ausgangsvoraussetzungen machen es sehr schwer, mit diesem Menschentyp größere Teams zu bilden. Andererseits sind aber bis heute bei Softwareprojekten die wiederholbaren und feststehenden Arbeitsanteile wesentlich kleiner als in traditionellen Konstruktionsprojekten."
</td></tr>
</table>

Dem Verfasser ist bewußt, daß diese Meinung zu Kontroversen Anlaß geben kann. Er möchte sie aber trotzdem so stehen lassen und hinzufügen, daß gerade im Planungsbüro traditionell der Anteil an Ingenieuren oder Diplomingenieuren gering war. Diese wurden von einer weitaus größeren Zahl von Detailkonstrukteuren, Zeichnern etc. unterstützt. Auch das schon bei Brooks [Brooks 75] im Detail geschilderte "Chief Programmer Team" ist nach einem ähnlichen Vorbild, dem Chirurgenteam, aufgebaut.

1.7   Normen und Richtlinien

1.7.1   Allgemeines

Normen und Richtlinien spielen in der industriellen Praxis eine bedeutende Rolle. Ihre Erarbeitung durch die zuständigen Gremien ist zwar meist
ein mühseliger und langwieriger Prozeß, in dem neben technischen Gesichtspunkten und denen der Produktkosten auch die Konkurrenzsitua-
tion zwischen den beteiligten Firmen und selbst nationale Interessen eine Rolle spielen. Dennoch, oder vielleicht gerade auch wegen der Kom-
pliziertheit des Entstehungsprozesses, sind die Ergebnisse durchweg
brauchbar und vor allem langlebig.

Normen sind mehr als nur lästige Vorschriften

Zunächst einmal stellen sie sicher, daß die entstehenden technischen
Lösungen gewissen Qualitätsansprüchen genügen. Deshalb kann die
Verletzung einschlägiger Bestimmungen im Falle eines Schadens, der
dadurch entstanden sein kann, recht unangenehme Folgen haben -
besonders unter dem Gesichtspunkt der "Produkthaftung".

Sodann verbessern sie die Konkurrenzchancen kleinerer Firmen, die es
sich nicht leisten können, komplette Systemlösungen anzubieten und
darauf angewiesen sind, z.B. "steckerkompatible" Komponenten zu liefern. Aus diesem Grund versuchen manche Großfirmen wiederum, eigene
Hausnormen auf dem Markt durchzusetzen, um möglichst viele Teile eines Systems aus einer Hand liefern zu können. Auch für dieses Vorgehen
gibt es solide technische Gründe. Eine Hausnorm kann durchaus einen
neueren Stand der technischen Entwicklung darstellen und (auch für
den Kunden) zu kosteneffizienteren Lösungen führen als eine (inter)na-
tionale Norm, die wesentlich mehr Einflüsse berücksichtigen muß. Außerdem hat, wer haften muß, gerne alle Einflußgrößen in der Hand.

Der Anwender muß deshalb im Einzelfall sorgfältig überlegen, ob er bei
einem größeren System allgemeine Normen durchsetzen oder sich der
Hausnorm eines bewährten Lieferanten anschließen will.

1.7.2   Einige Normungsgremien und ihre Arbeitsweise

Die in Deutschland für Normung auf dem Gebiet des Rechnereinsatzes
maßgeblichen Organisationen sind DIN (Deutsches Institut für Normung)
und DKE (Deutsche Elektrotechnische Kommission).

Die Erarbeitung von Normen erfordert sehr viel Aufwand

Die Entscheidungsgremien, in denen Normen verabschiedet werden, sind
die (ständigen) "Ausschüsse", die jeweils für ein bestimmtes Fachgebiet

zuständig sind. Die eigentliche fachliche Arbeit wie z.B. die Normung einer Programmiersprache oder eines Busprotokolls geschieht in "Unterausschüssen", die teilweise speziell für eine bestimmte Normungsaufgabe gegründet und nach Erfüllung ihrer Aufgabe wieder aufgelöst werden. Die Mitglieder der Ausschüsse werden von den interessierten Firmen, Hochschulen oder anderen sachverständigen Institutionen (wie z.B. der Bundespost) fallweise entsandt und erhalten für ihre Tätigkeit keine gesonderte Vergütung. Dieser Arbeitsmodus stellt für die beteiligten Firmen meist eine beträchtliche Kostenbelastung dar, wodurch sichergestellt wird, daß nicht unnötige Normen nur deswegen erstellt werden, um einmal angestellte Fachkräfte weiter zu beschäftigen. Hat der Unterausschuß einen Normvorschlag erarbeitet, wird er vom zuständigen Ausschuß verabschiedet und als "Normentwurf" veröffentlicht. Zu diesem können nun innerhalb einer festgesetzten Frist von allen interessierten und kompetenten Stellen Kommentare und Einsprüche eingereicht werden. Diese müssen vom zuständigen Normungsgremium bearbeitet und entweder positiv oder negativ beschieden werden. Nach einer erneuten Beschlußfassung im zuständigen Ausschuß wird dann der Normentwurf zur "Vornorm" erklärt und (z.B. im DIN als sogenannter "Gelbdruck") veröffentlicht. Dieser hat in der Praxis schon beinahe den Status einer Norm, wenn auch innerhalb einer weiteren, diesmal längeren, Frist immer noch Einsprüche und Verbesserungsvorschläge angemeldet werden können. Nach Ablauf dieser zweiten Frist und entsprechender Berücksichtigung der Änderungen erscheint dann die endgültige Norm (beim DIN als "Weißdruck"). Es ist jedoch üblich, diese in Abständen von etwa fünf Jahren wieder zu überarbeiten.

In der Datenverarbeitung versucht man meist, schneller zu einer Norm zu kommen

Aus dieser kurzen Schilderung wird klar, daß die Erstellung einer Norm sehr zeitraubend ist. Der Erfahrungswert für die Dauer der beschriebenen Prozedur liegt bei 5 - 7 Jahren. In der Rechnertechnik erscheint dies nicht akzeptabel, da z.B. die Dauer einer "Rechnergeneration" meist kürzer ist. Da aber bisher alle Versuche, diesen Zeitraum zu verkürzen, scheiterten, hat man, um wenigstens einige Jahre zu gewinnen, ein altes Prinzip der Normung außer Kraft gesetzt, nämlich eine Entwicklung erst zur Normung anzumelden, wenn sie sich in der Praxis als lebensfähig erwiesen hat. Inzwischen wird, sobald sich z.B. genügend Interesse einiger Hersteller und Benutzer an einem Interfacestandard abzeichnet, mit der Standardisierungsarbeit begonnen. Die Praxisbewährung muß dann eben durch entsprechend intensivere Labortests ersetzt werden.

Normen mit weltweiter Gültigkeit werden hauptsächlich von der ISO (International Standards Organization) und der IEC (International Electrotechnical Commission) herausgegeben. Struktur und Arbeitsweise sind die gleiche wie bei den nationalen Normungsorganisationen, nur daß die

Vertreter in den Gremien normalerweise nicht von Firmen oder anderen einzelnen Organisationen benannt werden, sondern von den nationalen Normungsstellen.

Bis vor einigen Jahren war es nun so, daß internationale Normen auf der Basis nationaler Normen ausgearbeitet wurden, d.h. eine (oder mehrere) Nation(en) mußte(n) einen Vorschlag einreichen, der dann gemäß dem oben skizzierten Vorgehen diskutiert und ausgearbeitet wurde. Das führte zu einer weiteren Verzögerung von einigen Jahren, manchmal aber auch zur vollständigen Blockierung einer Norm, wenn sich z.B. gleich starke Interessengruppen gegenüberstanden, die jede schon vergleichbar viel Geld in die Entwicklung von Produkten auf der Basis nationaler Normen investiert hatten.

Um diese Situation etwas abzuschwächen, die internationale Zusammenarbeit zu verbessern und Zeit zu gewinnen, wurden vor einigen Jahren die Regeln für das Vorgehen geändert. Die wichtigste Änderung ist, daß ISO- und IEC-Normen nun grundsätzlich Vorrang vor nationalen Normen haben. Zudem können die Erarbeitung von Normen und die Erprobung ihrer Tauglichkeit parallel durchgeführt werden.

Internationale Zusammenarbeit ist wichtig

Rein aus Gründen des technischen und wirtschaftlichen Potentials hat natürlich das "ANSI" (American National Standards Institute) in der ISO den größten Einfluß, obwohl es in den Gremien auch jeweils mit nur einer Stimme vertreten ist. Inzwischen haben jedoch durch verbesserte Koordination der europäischen Aktivitäten auch Organisationen wie CEN (Comité Européen de Normalisation) und CENELEC (Comité Européen de Normalisation Électrique) an Bedeutung gewonnen.

Die Rolle Europas

Daneben gibt es die offiziellen Normen starker Benutzerverbände, wie die der Post: CCITT (Comité Consultatif International de Téléphone et Télégraphe) und des Militärs: "Mil-Stdd".

Alle von den bisher genannten Organisationen herausgegebenen Normen sind sehr stark bindend und haben in manchen Ländern sogar Gesetzeskraft.

Weniger stark offiziell bindend, jedoch wegen der dahinterstehenden finanziell motivierten Freiwilligkeit der beteiligten Initiatoren in der Praxis manchmal erheblich wirksamer, sind die "Industriestandards". Sie entstehen teilweise auch auf streng kanalisierte Weise in den offiziell zuständigen Gremien der Verbände, wie z.B. der ECMA (European Computer Manufacturers Association), meist aber als Ergebnis loser Vereinigungen

Industriestandards sind in der Praxis sehr wichtig

von Herstellern und Großanwendern. Beispiele dafür sind "Ethernet", "MAP" oder auch die VME-Standards.

Ingenieurverbände erlassen Richtlinien

Offiziell auch nicht so stark bindend wie eine Norm, aber in der Praxis meist genau so angesehen und entsprechend beachtet, sind die "Richtlinien" der nationalen und internationalen Ingenieurverbände. Sie entstehen üblicherweise auch mit gleicher Sorgfalt und erfordern entsprechenden Aufwand. Die in Deutschland traditionell am höchsten angesehenen Richtlinien sind die des VDI (= Verein Deutscher Ingenieure) und des VDE (Verband der Elektrotechniker). Auf dem Gebiet der Rechnertechnik haben sich inzwischen auch die "Guidelines" der IEEE (International Institute of Electrical and Electronics Engineers) hohes Ansehen erworben, obwohl es sich dabei ursprünglich um eine rein US-basierte Organisation handelte. Neuerdings gibt es auch in der IFIP (International Federation of Information Processing) und in der IFAC (International Federation of Automatic Control) Bestrebungen, Richtlinien zu erarbeiten; jedoch bleibt der Erfolg noch abzuwarten.

Normen können die "Neuerfindung des Rades" vermeiden helfen

Der Leser mag sich fragen, was diese, für viele rein "politisch" erscheinenden, Darstellungen in einer "technischen" Publikation sollen. Der Verfasser hat aber lernen müssen, daß die Beherrschung solcher Mechanismen oft entscheidend für Erfolg, Ansehen und Überlebenschancen einer Entwicklung sein können. Außerdem wird in die Erarbeitung von Normen und Richtlinien so viel technischer Sachverstand investiert, daß es nie schaden kann, sie zumindest zu konsultieren, auch wenn man sie dann nur teilweise berücksichtigt. Die "Neuerfindung des Rades" um jeden Preis ist immer schädlich.

Kundennormen

Dazu kommt, daß Normen und Richtlinien, die von starken Kundengruppen und ihren Verbänden aufgestellt wurden, im Eventualfall von diesen Kunden zwangsweise (über die Ausschreibungsbedingungen) durchgesetzt werden. Beispiele dafür sind wieder die Post, das Militär, aber auch die Elektrizitätswirtschaft, die sich im VDEW (Verband der Deutschen Elektrizitätswirtschaft) ein entsprechendes Instrument geschaffen hat.

1.7.3   Normen zur Qualitätssicherung

1.7.3.1   Das "Maturity Model"

Unternehmen werden nach ihrer "Reife" beurteilt

Dieser relativ neue Ansatz zur Beurteilung der Qualität von Software geht auf eine Initiative der US-Luftwaffe zurück, die Richtlinien suchte, die es ihr erlauben würden, die Leistungsfähigkeit und Vertrauenswürdigkeit von Softwarelieferanten schon während der Angebotsphase zu beurteilen. Ausgearbeitet wurde die Methode im "Software Engineering Institute" (SEI) der Carnegie Mellon University in Pittsburg unter der Leitung von W. Humphrey [Humphrey 87, Humphrey 89].

Im Gegensatz zu der bisher üblichen technologieorientierten Betrachtungsweise ist dieses Modell prozeßorientiert, d.h. es wird versucht, mit Hilfe geeigneter Kriterien zu erfassen, wie gut eine Institution den Softwareentwicklungsprozeß beherrscht. Die Klassifizierung erfolgt dann nach fünf "maturity levels", die den Grad ihrer Beherrschung des Entwicklungsprozesses charakterisieren sollen. Sie sind in Tabelle 1-2 in Stichpunkten dargestellt.

Der Entwicklungsprozeß ist wichtig, nicht nur die Technik

	"Level":	Eigenschaften:	Notwendige Verbesserungen:
5	"Optimizing"	Rückwirkung der Verbesserungen auf den Prozeß	Organisation der Produktion auf optimierter Ebene
4	"Managed"	Quantitativ erfaßter und verstandener Prozeß	- Wechsel in der Technologie - Problemanalyse - Vermeidung von Problemen
3	"Defined"	Prozeß qualitativ definiert und institutionalisiert	- Analyse und "Messung" des Prozesses - Quantitative Qualitätspläne
2	"Repeatable"	Intuitive, personenabhängige Beherrschung des Prozesses	- Ausbildung - Technische Praktiken (Reviews, Test) - Konzentration auf Normen und Teams
1	"Initial"	Prozeßablauf "chaotisch" und Management "ad hoc"	- Projektmanagement - Projektplanung - Konfigurationsmanagement - SW Qualitätssicherung

Tabelle 1-2: Die fünf Ebenen des "maturity models"

Interessant ist, daß das Modell nach der Klassifizierung einer entwickelnden Institution konkrete Maßnahmen zur Verbesserung des Beherrschungsgrades des Softwareentwicklungsprozesses vorschlägt. Dabei wird pragmatisch vorgegangen, d.h. es wird jeweils nur empfohlen, daß eine Institution den nächsten "Level" der Beherrschung anstreben soll, anstatt zu versuchen, in einem Anlauf die "totale Qualität" zu erreichen.

Trotzdem bleibt kritisch anzumerken, daß die Methode - wie so viele vor ihr - wieder als ein "Allheilmittel" zur "endgültigen" Lösung aller Softwareentwicklungsprobleme verkauft wird. Dies ist weniger der Methode und vermutlich auch nicht dem SEI anzulasten, sondern scheint einem - vielleicht weit verbreiteten - menschlichen Bedürfnis zu entspringen, daß nämlich immer dann nach mechanistischen ("automatischen") Lösungen gesucht wird, wenn man ein Problem nicht versteht.

1.7.3.2   "ISO 9000" (EN 29 00x)

"Qualität" soll standardisiert werden

Diese Skepsis scheint auch gegenüber manchen Erscheinungen angebracht, die mit der zur Zeit laufenden weltweiten Einführung der "Qualitätsnorm" ISO 9000 verbunden sind. Der Verfasser hatte im vergangenen Jahr Gelegenheit, im Rahmen einer Gutachtertätigkeit mitzuerleben, wie viele Firmen sich allein schon von ihrer Einführung ihr Überleben am Markt versprechen. Das mag insofern berechtigt sein, als es wohl unmöglich ist, sich Forderungen des öffentlichen Auftraggebers nach einer "Zertifizierung" gemäß ISO 9000 oder auch nur einer im Entstehen begriffenen entsprechenden "Marktüblichkeit" zu entziehen.

Es wäre jedoch eine Illusion, zu glauben, daß nun auf organisatorische Weise die berühmte "silberne Kugel" [Brooks 86] - also ein Allheilmittel gegen alle Probleme - gefunden worden sei, die man seit Jahrzehnten vergeblich auf technischem Gebiet suchte.

"ISO 9000" betrifft die gesamte Industrie

ISO 9000 ist viel umfassender angelegt. Es ist ein "System" von Normen, die alle Aspekte industrieller Produktion betreffen, wie aus den Titeln der Dokumente hervorgeht:

ISO 9000   Qualitätsmanagement- und Qualitätssicherungsnormen: Leitfaden zur Auswahl und Anwendung;

ISO 9001   Qualitätssicherungssysteme: Modell zur Darlegung der Qualitätssicherung in Design/Entwicklung, Produktion, Montage und Kundendienst;

ISO 9002   Qualitätssicherungssysteme: Modell zur Darlegung der
             Qualitätssicherung in Produktion und Montage;

ISO 9003   Qualitätssicherungssysteme: Modell zur Darlegung der
             Qualitätssicherung bei der Endprüfung;

ISO 9004   Qualitätsmanagement und Elemente eines Qualitätssiche-
             rungssystems: Leitfaden.

Einige Zitate sollen dies belegen:

Z.B. ISO 9004, Abs. 0.4.5, Schlußfolgerung: "Ein wirksames Qualitätssicherungssystem sollte so ausgelegt sein, daß es die Erfordernisse und Erwartungen des Kunden erfüllt, bei gleichzeitiger Wahrung der Interessen
des Unternehmens. Ein gut strukturiertes Qualitätssicherungssystem ist
ein wertvolles Führungsmittel für die Lenkung der Qualität in bezug auf
Risiko-, Kosten- und Nutzenbetrachtungen."

Die Qualitätssicherung muß den Bedürfnissen einer Firma angepaßt sein

oder Abs. 3.3, Gesellschaftliche Forderungen: "Forderungen, welche Ge-
setze, Statuten, Vorschriften und Verordnungen, Regelwerke, Umwelt-
überlegungen, Gesundheits- und Sicherheitsfaktoren sowie den sparsa-
men Umgang mit Energie und Rohstoffen einschließen."

Die Norm enthält aber auch bereits Warnungen vor unkritischer Anwendung. So steht z.B. in Abs. 0.2, Organisatorische Ziele: "Um eine optimale Wirksamkeit zu erzielen und um die Erwartungen des Kunden zu erfüllen, ist es wesentlich, daß das Qualitätssicherungssystem an die Art der
Tätigkeit und an die angebotenen Produkte oder Dienstleistungen angepaßt wird." In Abs. 1, Zweck und Anwendungsbereich, Anmerkung 1,
heißt es: "Diese internationale Norm ist nicht zum Gebrauch als Checkliste bezüglich der Erfüllung einer Serie von Forderungen vorgesehen."

Das heißt, daß jedes Unternehmen genau analysieren muß, wohin es seine
Schwerpunkte in Bezug auf Arbeits- und Produktqualität legen will, wie
es seine internen QS-Prozeduren gestalten muß, um reproduzierbare
Qualität ohne unnötige Einengung der Handlungsfreiheit als Firma zu
erzielen etc.

Die Anwendung von ISO 9000 auf Software ist streng genommen als
Nebeneffekt zu betrachten, wird aber durch eine Ergänzung zu ISO
9000 gesondert geregelt und erhält damit in gewisser Weise doch eine
Sonderstellung:

ISO 9000-3   Qualitätsmanagement- und Qualitätssicherungsnormen:
              Leitfaden für die Anwendung von ISO 9001 auf die Ent-
              wicklung, Lieferung und Wartung von Software.

Es wird allgemein erwartet, daß dieses Normenwerk erhebliche Konsequenzen für die Art und Weise haben wird, wie in Zukunft Projekte abgewickelt werden.

Das Verfahren zur Erteilung eines Qualitätszertifikats hat etwa folgenden Ablauf: Ein Unternehmen, das anerkannt haben will, daß seine Produkte oder Dienstleistungen der Norm entsprechen, läßt zunächst einmal von Sachverständigen eine Analyse seiner bisherigen Arbeitsprozesse und QS-Maßnahmen vornehmen. Falls erforderlich, werden daraufhin geeignete organisatorische Änderungen eingeführt und die Mitarbeiter entsprechend geschult. Sind diese Vorarbeiten abgeschlossen, wird die Firma von einer dazu autorisierten Stelle überprüft, die dann ein diesbezügliches Zertifikat ausstellt. Solche Stellen können z.B. der TÜV, aber auch speziell autorisierte Privatfirmen sein. Die Zertifizierung ist "unumkehrbar", d.h. ein Unternehmen kann nicht ohne weiteres wieder darauf verzichten, ISO 9000 Maßstäbe anzuwenden, sondern muß sich in regelmässigen Abständen neu überprüfen lassen. Man kann sich leicht vorstellen, daß eine Nichtverlängerung der Zertifizierung für die betroffene Firma sehr nachteilige Konsequenzen haben kann.

Gut:
QS bekommt
einen hohen
Stellenwert

Folgende Vorteile des Verfahrens sind unübersehbar:

- Es wird ein ganzheitlicher Ansatz der Qualitätssicherung etabliert.
- Qualitätsmanagement wird als strategische, ja politische Aufgabe der obersten Führungsebene eines Unternehmens definiert.
- Es wird bestimmten destruktiven Tendenzen der vergangenen Jahre entgegengewirkt, die etwa dazu führten, daß aus Gründen des Preiswettkampfes auf Tests verzichtet wurde.

Schlecht:
Manche sehen
wieder ein
Patentrezept

Allerdings sollten auch einige Nachteile gesehen werden:

- Die Zertifizierung kann teilweise erhebliche Kosten verursachen.
- Die Norm hat einen rein formalen Charakter, kann aber einen falschen Eindruck in Bezug auf den tatsächlichen Beherrschungsgrad des Softwareentwicklungsprozesses in einer Institution erwecken.
- Es wird gerade in Kreisen, die sich mit Softwareentwicklung befassen, wieder die Hoffnung auf eine Patentlösung erweckt!

Trotzdem:
Eine unumgängliche
Entwicklung

Geht man aber davon aus, daß auf Grund der politischen Gesamtlage (z.B. GATT-Abkommen, allgemeine Unzufriedenheit mit der Produktqualität, weitere Verbreitung der Produkthaftung) ein Unternehmen wohl nicht um eine Zertifizierung nach ISO 9000 herumkommt, so erscheint es zweckmäßig, sich frühzeitig und konstruktiv kritisch mit diesem Thema auseinanderzusetzen, um Fehlentwicklungen vorzubeugen.

1.8 Beobachtung von Trends

Die bewußte Verfolgung und Berücksichtigung von Trends ist (beson- Die Welt ändert
ders bei der Entwicklung größerer Systeme) ebenfalls von großer Bedeu- sich dauernd -
technische Ent-
tung. Die durchschnittliche "Produktlebensdauer" der Hardware beträgt wicklungen
zwei bis drei Jahre, die Systemlösung muß aber, besonders in ihren müssen dies
anwendungsorientierten Bestandteilen, über 10 bis 20 Jahre tragfähig berücksichtigen
bleiben.

Man muß sie also so auslegen, daß selbst kritische Komponenten ohne Trendabschät-
untragbaren Aufwand oder tiefgreifende Änderungen der Gesamtstruk- zung erfordert
viel Hinter-
tur ausgetauscht werden können. Dazu müssen Planer und Entwickler grundwissen
z.B. abschätzen, welche Interfacestandards, Programmiersprachen oder
Rechnerfamilien mittel- bis langfristige "Überlebenschancen" haben. Dies
ist eine schwierige Aufgabe, die einerseits sehr viel Erfahrung und
Einfühlungsvermögen in den Markt, andererseits aber Grundlagenwis-
sen über Marktverhalten, Zeitkonstanten bei Technologieentwicklungen
etc. erfordert.

Auf dieses faszinierende Thema tiefer einzugehen, würde über den Rahmen dieses Buches hinausgehen, jedoch sollen einige Aspekte hier erwähnt werden:

- Basisinnovationen dauern länger als gemeinhin angenommen. So Eine neue
  gelten 15 Jahre von der ersten Funktionsfähigkeit im Labor bis zur Technologie
  braucht 15 bis
  Produktreife als normaler Wert. In der Softwareentwicklung spricht 20 Jahre bis
  man hier inzwischen von über 18 Jahren [Potts 93]. Diese (Erfah- zum Markt
  rungs-) Werte sollte man sich vor Augen halten, wenn man sich
  möglicherweise darüber wundert, wie alt manche der in diesem
  Buch später erwähnten Techniken wirklich sind und weshalb sie
  bisher vielleicht so wenig angewandt wurden.

- Der Einsatz einer bestimmten Technik in großem Maßstab bewirkt Große Dinge
  eine Stabilisierung, die dazu führen kann, daß sie viel länger erhal- stabilisieren
  sich selbst
  ten bleibt, als man auf Grund der gleichzeitig weiterlaufenden Entwicklung annehmen sollte. Der Grund dafür ist, daß sie durch ihre
  weite Verbreitung einen hohen Anteil der verfügbaren Arbeitskräfte bindet. Damit erreichen konkurrierende Techniken mangels einer
  ausreichenden Zahl von Benutzern und Entwicklern nicht mehr die
  für eine Ausbreitung erforderliche kritische Masse. Es können auf
  diese Weise sogar "Absorptionseffekte" auftreten, bei denen neuere
  Techniken durch ältere, aber verbreitere, wieder verdrängt werden.
  Beispiele dafür sind FORTRAN im Vergleich zu "moderneren" Programmiersprachen oder MS-DOS gegenüber anderen Betriebssy-

stemen. Auch dieser Effekt läßt sich aus der Technikgeschichte über Jahrhunderte hinweg belegen [Elzer 90].

Irgendwann lassen sich Dinge nicht mehr verbessern

- Von noch größerer Bedeutung für das Tagesgeschäft ist aber die bekannte "Sättigungskurve der Weiterentwicklung" (Bild 1-4), die zeigt, daß nach einer gewissen Zeit eine bestimmte Technik nur noch mit einem unangemessen hohen Aufwand weiterentwickelt werden kann. Es ist eine wesentliche Aufgabe eines (Produkt-)Managers, den richtigen Zeitpunkt für den Umstieg von einer Technik, die die Firma gut beherrscht, die aber der Sättigung entgegengeht auf eine neue Technik mit genügend Zukunftspotential zu finden. Sehr aufschlußreiche Überlegungen zu diesem Thema finden sich in einem Artikel von D. Hoch [Hoch 91].

Bild 1-4: Die Sättigungskurve der Entwicklung

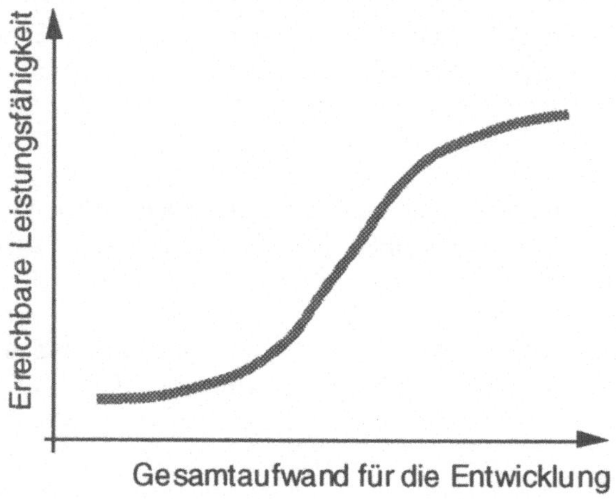

2

Der "Lebensdauerzyklus" der Softwareentwicklung

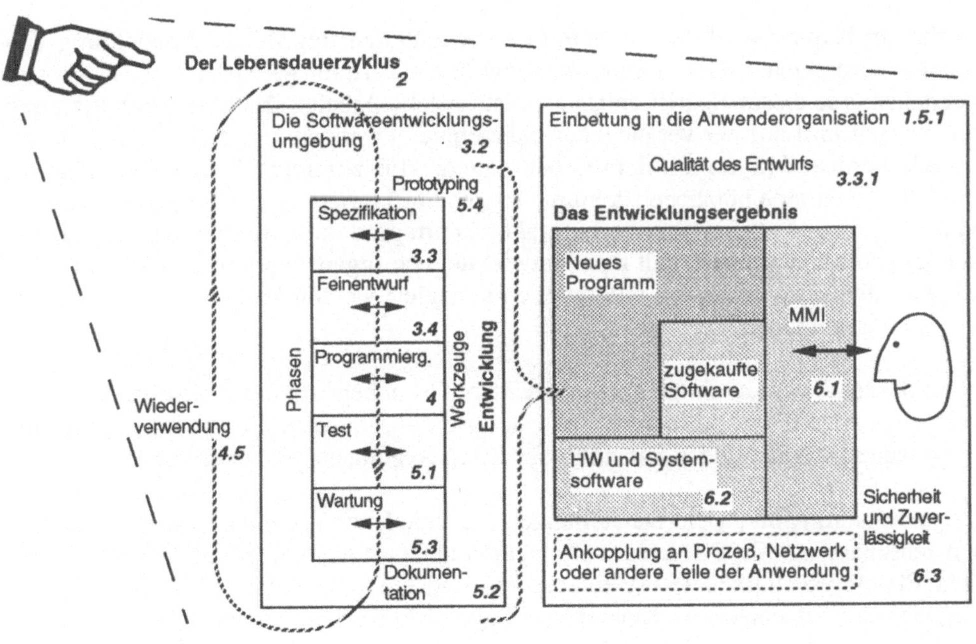

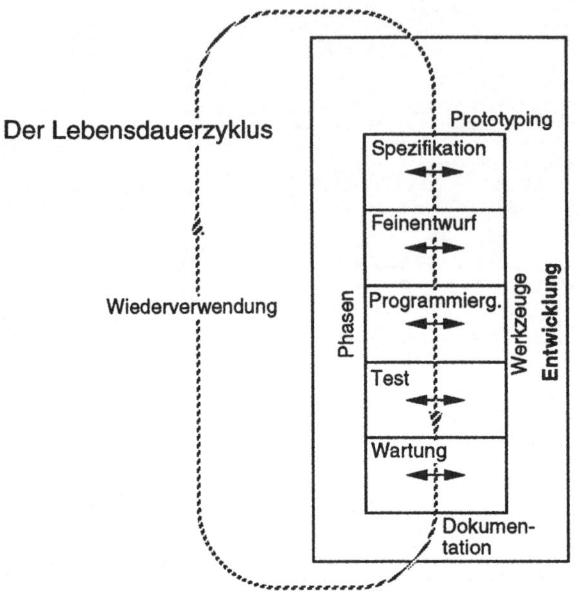

In diesem Kapitel wird der Leser mit einem zentralen Begriff der Abwicklung von Softwareprojekten - dem "Lebensdauerzyklus" - vertraut gemacht werden. Er soll verstehen, wie dieser Begriff entstanden ist, welche Arbeitsschritte er beinhaltet, und wie er sich im Lauf der vergangenen Jahrzehnte gewandelt hat. Außerdem soll vermittelt werden, daß die mit dem Lebensdauerzyklus zusammenhängenden "Phasenmodelle" zwar eine nützliche Richtlinie für die Strukturierung von Projekten sind, bei unkritischer und starrer Anwendung aber kontraproduktiv werden können. Insbesondere soll klar werden, daß man Entwicklung so organisieren muß, daß entdeckte Entwurfsfehler so frühzeitig wie möglich korrigiert werden können ("Rückkopplungen im Phasenmodell").

Anschließend werden einige ganz elementare Grundbegriffe der Wirtschaftlichkeitsrechnung eingeführt, um dem Leser wenigsten ansatzweise die Sprache der Kaufleute nahezubringen und Verständnis für deren Argumentation zu erwecken.

Breiten Raum nehmen die Darstellungen verschiedener Techniken für Planung und Kostenschätzung ein. Der Leser soll dadurch befähigt werden, zumindest die üblichsten Planungstechniken selbst einzusetzen und ein Gefühl für Möglichkeiten und Grenzen der verschiedenen Klassen von Schätzverfahren zu entwickeln.

Schließlich wird erläutert, wieso bei der Softwareentwicklung die Leistungsfähigkeit des einzelnen so kritisch von der Teamgröße abhängt und welche äußeren - nichttechnischen - Einflüsse ein Projektleiter sonst noch zu berücksichtigen hat.

2.1 Das Phasenmodell

Der Ablauf eines Softwareprojektes wird üblicherweise mit dem Begriff des "Lebensdauerzyklus" beschrieben und mit Hilfe eines "Phasenmodells" in einzelne "Entwicklungsschritte" oder "-phasen" gegliedert.

Der Begriff des "Lebensdauer-zyklus"

Interessant ist die Entwicklung dieses Phasenmodells. Es wurde ursprünglich aus rein organisatorischen Gründen für die Entwicklung aller Arten komplexer technischer Systeme entwickelt - hauptsächlich um Projekte der öffentlichen Hand nach einheitlichen Richtlinien abwickeln zu können. Später stellte sich heraus, daß es auch auf Softwareprojekte anwendbar war und vor allem einen nützlichen Rahmen für Konstruktion und Klassifikation von "Entwicklungswerkzeugen" abgab. Daraufhin wurde es einige Zeit lang als technisches Dogma betrachtet und vor allem gelehrt.

In der Praxis hatte von Anfang an gestört, daß bei unkritischer Anwendung des Phasenmodells ein psychologischer Druck dahingehend entstand, zu glauben, daß es wünschenswert oder möglich sei, eine Entwicklungsphase vollständig abzuschließen, bevor man die nächste beginnen könne. Besonders schädlich wirkte sich diese Fehlinterpretation dann aus, wenn sie dazu noch an eine mißverstandene Form des "Top-Down-Design" gekoppelt war. Dieses ist aber eine Auffassung, die allen Regeln und Erfahrungen des Ingenieurwesens widerspricht. Wer jemals ein nichttriviales technisches System außerhalb des Bereichs der Datenverarbeitung entwickelt hat, weiß, daß oft technische Probleme im Detail wesentliche vorher getroffene Entwurfsentscheidungen hinfällig machen können.

Das Phasen-modell muß "Rückführungen" erlauben

Deshalb wurden nach einiger Zeit auch in das Phasenmodell Rückführungen eingebaut ("Wasserfallmodell", [Boehm 84]), und es wurde immer mehr verfeinert. Eine Reihe von Varianten entstand, von denen einige der bekannteren das "V-Modell" [BWB 89] und das "Spiralmodell" (ebenfalls von B.Boehm [Boehm 88]) sind.

Im Prinzip stellen die verschiedenen "Projektmodelle" eigentlich nichts anderes dar, als Checklisten für eine geordnete Abwicklung jeder Art von Arbeit. Betrachtet man nämlich die üblicherweise in der Datenverarbeitungsliteratur verwendeten Begriffe für den "Lebensdauerzyklus" einmal aus einem anderen Blickwinkel, beispielsweise dadurch, daß man sie in Wörter aus dem täglichen Leben übersetzt, so erscheinen einem die einzelnen "Phasen" plötzlich als etwas ganz selbstverständliches:

Ein Software-entwicklungs-projekt verläuft nicht anders als ein anderes Projekt

"Management"	=	Notwendige Verwaltungsmaßnahmen
Qualitätswesen	=	Sicherstellung ordentlicher Arbeit
Systemanalyse	=	Versuch, Problem zu verstehen
Systemspezifkation	=	Beschreibung der Aufgabe
Grobentwurf	=	Skizzieren einer Lösung

Feinentwurf und Implementation } = { Verfeinerung und Realisierung der Lösung

Test und Integration } = { Produkt funktionsfähig machen

Wartung = { Produkt funktionsfähig erhalten

Die Diskussion der Vor- und Nachteile verschiedener "Phasenmodelle" in der Datenverarbeitungsliteratur erscheint unter diesem Gesichtswinkel etwas fremdartig. Den Praktikern war schon immer klar, daß ein zu starres und detailliertes Planungsschema kontraproduktiv, aber eine vernünftige Strukturierung eines Projektes durchaus wichtig und nützlich ist. Außerdem war schon immer bekannt, daß dem üblichen Ablaufplan unter anderem eine Phase der sorgfältigen Planung vorgeschaltet werden muß. Schließlich hängt die Art der Projektabwicklung und damit das anwendbare Phasenmodell auch von der Qualifikation des verfügbaren Personals und vom Anwendungsgebiet ab.

Zusammenfassend kann man also sagen, daß ein erfolgreiches Projekt zwar nach irgendeinem Phasenmodell abgewickelt werden sollte, daß aber dessen spezielle Ausprägung vom Projektleiter je nach den Gegebenheiten der Anwendung, den Möglichkeiten des Teams und schließlich den Anforderungen des Kunden festgelegt werden muß.

2.2 Systemanalyse

2.2.1 Definitionen

Ein häufig zitiertes Spottwort sagt: "Statt 'System' können Sie auch Dingsda' sagen." Das ist natürlich keine ernstgemeinte Definition, wohl aber eine beherzigenswerte Warnung vor dem - leider üblichen - allzu leichtfertigen Gebrauch dieses Wortes für alle möglichen technischen Geräte. "System", ein oft mißbrauch- tes Wort

"Offiziell" leitet es sich vom griechischen σιστεμα ab, das ein "aus mehreren Teilen zusammengesetztes Ganzes" bedeutet. In "Meyers Konversationslexikon" von 1981 findet sich darauf aufbauend folgende Übersetzung:

"Bezeichnung für jede Gesamtheit von Objekten, die sich in einem ganzheitlichen Zusammenhang befinden, wobei ihre Wechselwirkungen untereinander diejenigen mit der Umwelt im allgemeinen stark überwiegen, so daß sie als ein von der Umwelt mehr oder weniger unabhängiges Ganzes (mit einer durch ihre Eigenschaften und Wechselbeziehungen festgelegten Struktur) behandelt werden können". Eine offizielle Definition

2.2.2 Allgemeines

Aus dieser Definition, die zunächst völlig unabhängig von jeder technischen Anwendung des Begriffes gilt, lassen sich aber bereits die wichtigsten Teilaufgaben der "Systemanalyse" herleiten. Im Prinzip geht es einerseits darum, die Zusammenhänge und Wechselwirkungen innerhalb eines "Ganzen" zu verstehen und andererseits, handhabbare Subsysteme zu isolieren. Außerdem muß sichergestellt werden, daß die Wechselwirkungen zwischen diesen Subsystemen (z.B. der Datenverkehr) merklich schwächer sind als in ihrem Inneren.

Leider erscheint das Gebiet der Systemanalyse für Softwareprojekte als noch nicht genügend aufgearbeitet, um wirklich lehrbar zu sein, obwohl es schon in den 60-er Jahren Ansätze auf dem Gebiet großer - klassischer - Systeme gab [Chestnut 67]. Es ist deshalb nur möglich, Anhaltspunkte zu geben.

Ein kleines aber sehr instruktives Beispiel wird in [Rembold 86] beschrieben: In einer Automobilfabrik meldet die Qualitätskontrolle, daß die Ausschußrate bei farbgespritzten Teilen einen Grenzwert überschreitet. Wichtig: Wechselwirkungen beachten !

Zur Abhilfe sind mehrere Maßnahmen ganz verschiedenen Charakters
zu ergreifen:

- Einsatz von zusätzlichen Arbeitskräften in der Reparaturabteilung,
- Auslieferung zusätzlicher Teile aus dem Materiallager,
- Versorgung der Spritzanlage mit zusätzlicher Energie,
- Einsatz zusätzlicher Arbeitskräfte in der Qualitätskontrolle.

Es soll dem Leser überlassen bleiben, sich zu überlegen, wieso alle genannten Maßnahmen notwendig sind. Bild 2-1 soll als Denkhilfe dienen.
Wichtig bei den Überlegungen ist, daß man vermeidet, immer nur "in Vor-
wärtsrichtung" zu denken. Meist liegt die Ursache von Schwierigkeiten
sehr viel weiter zurück in der Ursachenkette, und die Folgen von Maßnahmen haben zunächst nicht offensichtliche Rückwirkungen.

Bild 2-1:
Probleme in
einer Auto-
firma

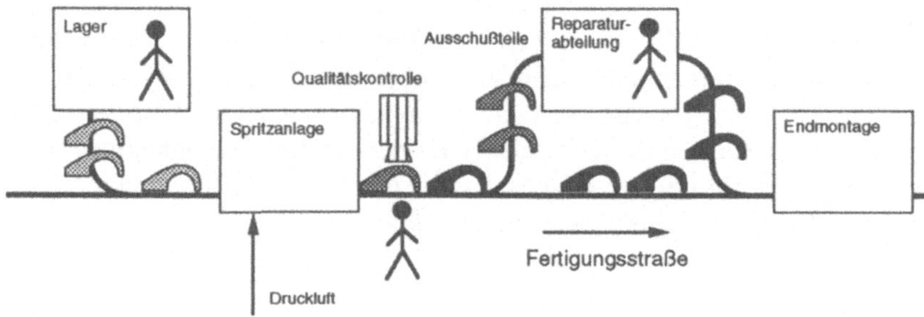

2.2.3   Einzelaufgaben

Systemanalyse
ist noch eine
"Kunst", aber
einige "Hand-
werksregeln"
können helfen

Die brauchbarsten Hinweise hat der Verfasser zu diesem Thema in einem
kleinen Buch eines Praktikers für Praktiker [Kaspers 76] gefunden, das
aber inzwischen leider vergriffen ist. Es sollen deshalb einige der wichtigsten darin dargelegten Gedanken hier noch einmal dargestellt werden.

2.2.3.1   Problemanalyse

Zielgrößen
quantitativ
festlegen

Zunächst muß eine Zielgrößenermittlung durchgeführt werden. Die Ziele
sollten vor allem quantitativ erfaßt und - soweit möglich - auch meßbar
sein, um Planungsunsicherheit und spätere end- und fruchtlose Diskussionen über ihre Erfülltheit zu vermeiden.

Problem klar
definieren

Weiterhin ist eine saubere Problemdefinition wichtig. In der Automatisierungstechnik könnte dies beispielsweise die Aufstellung von Optimie-

rungsbedingungen sein, bei anderen DV-Anwendungen explizite Vorgaben über die Beschleunigung eines Verwaltungsvorganges.

Sehr wesentlich ist die Abgrenzung des Projektumfanges. Man hat nur dann eine Chance, ein Projekt erfolgreich in einem überschaubaren Rahmen abzuwickeln, wenn vorher klar ist, wo die Grenzen der Leistung eines neuen Systems liegen sollen.

Projektumfang abgrenzen

Wie schon oben erwähnt, gehört auch die Feststellung der Randbedingungen zu einer sachgerechten Systemanalyse. Dabei kann es sich, wie ebenfalls schon erwähnt, um technische, wirtschaftliche, soziale, aber auch natürliche Wechselwirkungen des zu entwickelnden Systems mit seiner Umgebung handeln.

Randbedingungen festlegen

Fast schon trivial mag es erscheinen, die Abschätzung der Realisierbarkeit hier zu nennen. Gerade sie wird aber oft aus Wunschdenken vernachlässigt, was dann allenfalls zu ineffizienten Lösungen führt, meist aber zum Abbruch des Projekts oder zur Nichtbenutzung des Endprodukts.

Realisierbarkeit abschätzen

2.2.3.2 Probleme bei der Umstellung laufender Systeme auf Rechner

Beim Entwurf eines Rechnersystems vergißt man leicht (meist aus einer gewissen "konstruktiven Begeisterung" heraus), daß ein neues System nicht im Vakuum oder "auf der grünen Wiese" entsteht. Entweder gab es vorher schon ein funktionsfähiges System, das ohne Rechner auskam, oder das Rechnersystem muß in bestehende Strukturen eingepaßt werden. Dieser Gesichtspunkt gilt natürlich auch, wenn ein schon bestehendes rechnergestütztes System durch ein neues ersetzt werden soll oder wenn eine Organisation auf Rechnerunterstützung umgestellt wird. Wichtig ist in einem solchen Fall zunächst eine saubere, vollständige und vorurteilsfreie Erfassung des Istzustandes. Nur so können die Leistungsziele für das neue System zutreffend und klar formuliert werden. Es ist auch notwendig, zu einem möglichst frühen Zeitpunkt mögliche Veränderungen der bisherigen Anlage oder Organisation, die durch das neue Rechnersystem bewirkt werden können, in die Entwurfsüberlegungen einzubeziehen.

Das Rechnersystem muß sich an den vorgefundenen Aufgaben und Strukturen der Anwendung orientieren

Die gegenseitige Abhängigkeit wirtschaftlicher Vorteile ist ebenfalls ein Gesichtspunkt, der von rein technisch orientierten Projektleitern nur selten sofort erkannt wird. Es gilt deshalb, die zu automatisierende Anlage oder die auf Rechner umzustellende Organisation genau zu kennen, um prüfen zu können, ob nicht eine erhoffte Verbesserung bezüglich eines

Aspekts schwerwiegende Veschlechterungen bezüglich anderer nach sich zieht.

2.2.3.3   Auffinden von Methoden zur Beschreibung des Systems

Möglichst frühzeitig eine klare und eindeutige Beschreibungsweise finden

Die rein verbale Beschreibung einer Lösung ist für Techniker immer unbefriedigend. Dies gilt besonders für Datenverarbeiter mit ihrer meist mathematisch orientierten Ausbildung. Leider ist es aber so, daß eine vollständige formale Beschreibung (Spezifikation) einer Lösung auf mathematischer Basis wegen der Komplexität der Realität immer ein Traum bleiben wird. Diese Aussage sollte jedoch nicht dahingehend mißinterpretiert werden, daß man deswegen gar nicht zu versuchen brauche, das zu entwickelnde System so gut wie irgend möglich zu spezifizieren.

In der Automatisierungstechnik gibt es viele geeignete Beschreibungstechniken

Vergleichsweise einfach stellt sich die Situation in der Automatisierungstechnik dar. Auf der Basis vieler Jahrzehnte regelungstechnischer Forschung existieren für eine große Zahl relevanter Lösungsansätze mathematische Modelle. Für nicht in mathematisch geschlossener Form darstellbare Sachverhalte bieten sich Wahrheitstabellen oder neuerdings die aus dem Gebiet der "künstlichen Intelligenz" stammenden Regelsysteme als Werkzeuge zur rechnergerechten Notierung von Erfahrungswissen an.

Bei "nichttechnischen" Anwendungen ist die Lage zwar nicht gut, aber auch nicht hoffnungslos

Bei "nichttechnischen" Anwendungsproblemen - also in der überwiegenden Mehrzahl der Fälle - ist die Situation nicht so gut, aber es gibt doch eine Reihe von Vorgehensweisen und Verfahren, durch die eine verbale Beschreibung des Lösungsverfahrens so ergänzt werden kann, daß die Realisierung weniger abhängig wird von der "schriftdeuterischen Begabung" der Entwickler oder gar vom Zufall. Für juristische und verwaltungstechnische Probleme werden z.B. in den USA Petrinetze (siehe Abschnitt 3.4.2.1) mit Erfolg eingesetzt. SADT (siehe Abschnitt 3.3.2.4) ist zwar nicht so exakt, läßt sich aber fast für alle Anwendungen einsetzen und schafft zumindest eine brauchbare Gesprächsbasis zwischen Anwendern und Entwicklern.

"Prototyping", der Modellbau der Neuzeit

Neuerdings greift man mit großem Erfolg auf eine jahrhundertealte Technik zurück, die es schon in der Frühzeit der Technik ermöglicht hat, nicht berechen- oder beschreibbare Lösungen auf ihre Funktionstüchtigkeit zu überprüfen - den Modellbau. In der Datenverarbeitung hat er den Namen "Prototyping" (siehe auch Abschnitt 5.4).

2.2.3.4   Festlegung der Systemstruktur

Eine sauber beschriebene Grobstruktur des zu entwickelnden Systems mit den wesentlichen Komponenten und den Datenflüssen ist das Mindeste, was als Ergebnis einer fachgerechten Systemanalyse vorliegen sollte. Dabei ist besondere Sorgfalt auf eine klare und eindeutige Schnittstellenfestlegung zu verwenden, da diese später eine der entscheidendsten Voraussetzungen für die organisatorische Durchführbarkeit des Projektes ist.

Eine gut durchdachte und quantitativ analysierte Grobstruktur kann viel Geld sparen

Dieser wesentliche Schritt eines Systementwurfs wird leider immer noch viel zu sehr vernachlässigt. Dabei hat sich herausgestellt, daß grobe, aber korrekte Systemübersichten eines der wichtigsten Elemente einer guten Dokumentation und insbesondere wichtig für die spätere Wartbarkeit des Systems sind (siehe auch Abschnitt 5.2.3). Außerdem läßt sich die technische Realisierbarkeit eines Entwurfs schon zu einem sehr frühen Zeitpunkt überprüfen, wenn man z.B. versucht, Datenflüsse zwischen Subsystemen quantitativ abzuschätzen. So hat der Verfasser einmal miterlebt, wie ein erheblicher finanzieller Schaden dadurch entstand, daß ein hochleistungsfähiges Sichtgerät mittels einer seriellen Leitung an einen schnellen Rechner gekoppelt wurde, was zu einer völlig inakzeptablen Verlangsamung bei der Darstellung komplexer Grafiken führte. Eine einfache Abschätzung der über die Kopplung zu transportierenden Datenmengen hätte schon beim allerersten Systementwurf gezeigt, daß die Lösung nicht funktionsfähig sein konnte und so sehr viel Geld gespart.

2.2.3.5   Bestimmung des optimalen Rechneraufwandes

Techniker sind erfahrungsgemäß bestrebt, eine nach ihren Kriterien "vollständige" Lösung abzuliefern. Gerade beim Rechnereinsatz (und noch stärker in der Automatisierungstechnik) gilt es aber, realistisch die Möglichkeiten und Grenzen abzuschätzen. Meist wird eine übervollständige Lösung wieder ineffizient. Der durch technischen Aufwand erzielbare Effekt weist nämlich ein "Sättigungsverhalten" auf. Das heißt, daß oberhalb eines bestimmten Automatisierungsgrades die erzielbare Wirkung in keinem vernünftigen Verhältnis mehr zum Aufwand steht. Im täglichen Leben kann man das z.B. beim Kauf einer HiFi-Anlage erleben.

Automatisierung nicht um jeden Preis

Bei technischen Anwendungen ist deshalb hier eine Entscheidung zu treffen zwischen vollständiger Automation und "Rechnerüberwachung", die in vielen Fällen der Aufgabenstellung bereits gerecht werden würde. Eine recht anschauliche Illustration findet sich hierzu ebenfalls bei Rembold (Bild 2-2, aus [Rembold 79]). Aber auch bei nichttechnischen

Anwendungen sollte man sich vorher genau überlegen, ob nicht eine einfache Umorganisation die gleiche Wirkung hätte wie der Einsatz eines Rechnersystems mit all seinen Kosten und Nebenwirkungen.

Die Arbeit der Benutzer muß mit geplant werden

Nicht vergessen sollte auch werden, die Aufgaben des Bedienpersonals in die Planung des Gesamtkonzepts mit einzubeziehen. Dies kann zum einen dazu führen, daß das Rechnersystem einfacher und gebrauchstüchtiger wird, zum anderen wird es auf jeden Fall die Akzeptanz des Systems verbessern, da sinnvoll geplante Aufgaben für die späteren Benutzer (oder Betreuer) eine wesentlich stärkere Bindung an ihre Arbeit bewirken werden.

Bild 2-2: Kosten eines Prozeßrechnerprojektes mit zunehmendem Automatisierungsgrad (nach [Rembold 79])

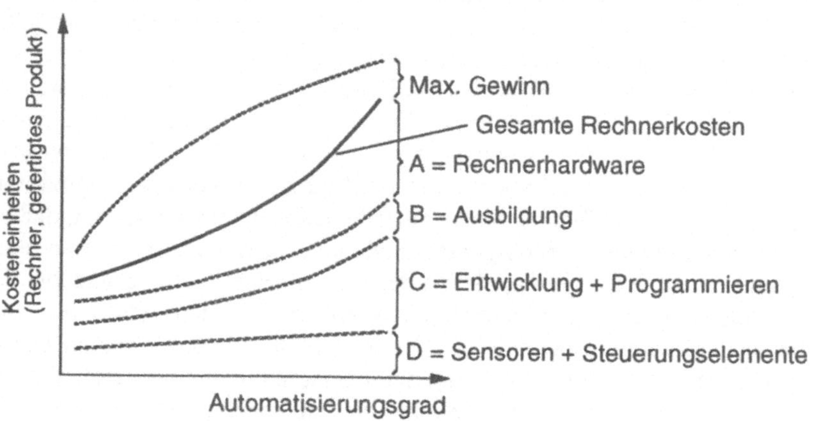

2.2.3.6   Ermittlung der Wirtschaftlichkeit

Ohne Wirtschaftlichkeitsrechnung geht es nicht

Da dies kein Buch über Betriebswirtschaft ist, soll im folgenden nur versucht werden, dem Leser einige der elementarsten Grundbegriffe nahezubringen. In Abschnitt 2.3.2 geht es hauptsächlich darum, Technikern das Prinzip einiger Berechnungsverfahren wie z.B. Kapitalwertfaktor, Kapitalrückfluß, Return on Investment, aufzuzeigen, so daß sie entweder beim Gespräch mit Kollegen von der kaufmännischen Seite nicht völlig unvorbereitet einer "fremdartigen" Terminologie gegenüberstehen oder aber motiviert werden, sich durch entsprechende Spezialkurse oder -literatur im Detail zu informieren.

In Abschnitt 2.3.3 soll am Beispiel eines Warmbandwerks, das ebenfalls [Kaspers 76] entnommen wurde, gezeigt werden, wie man durch geeignete Analyse der "Nutzenfaktoren" eine überschlägige Abschätzung der Rentabilität des zu entwickelnden Systems erzielen kann.

Breiten Raum wird die Ermittlung der Softwareentwicklungskosten in Abschnitt 2.5 einnehmen, da es sich hier, wie schon oben erwähnt, um ein sehr schwieriges Gebiet handelt.

Trotzdem soll davor gewarnt werden, sich als "Amateurbetriebswirt" zu betätigen. Nur zu leicht können bei unsachgemäßer Verwendung des Instrumentariums eines fremden Fachgebietes komplett irreale Ergebnisse entstehen, die zu einem völlig verzerrten Bild des Sachverhalts und damit zu falschen Entscheidungen führen können. Als Beispiel dafür kann die unzureichende Berücksichtigung der Bedingungen des Marktes dienen. Eine noch so genaue Berechnung der Rentabilität eines neuen Produktes kann völlig wertlos sein, wenn sie z.B. von einer falschen Einschätzung des Marktvolumens oder einem falschen Einführungszeitpunkt des Produktes auf dem Markt ausgeht. Bild 2-3, in dem auf stark vereinfachte Weise einige grundlegende Zusammenhänge zwischen Gewinnerwartung und Vermarktungszeitpunkt eines Produkts dargestellt sind, illustriert diese Gefahr.

Immer auch Fachleute konsultieren

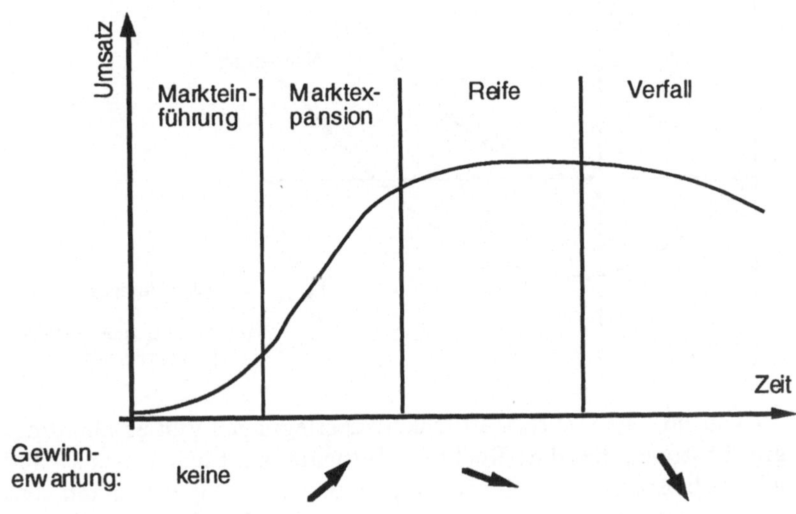

Bild 2-3: "Lebendauer-zyklus" eines Produkts

2.3   Wirtschaftlichkeitsüberlegungen

2.3.1   Das Grundprinzip

"Anlaufkosten" nicht vergessen!

"Jede Investition muß erst ihre Kosten verdienen." Diese Grundeinsicht jeder realistischen Rentabilitätsrechnung ist Technikern oft nicht geläufig. Motiviert von dem Wunsch, etwas Neues zu schaffen, wird die Rentabilität eines Systems ab dem Zeitpunkt seiner vollen Funktionsfähigkeit berechnet. Daß aber erst einmal Geld ausgegeben werden muß, um das System aufzubauen, und daß danach auch während des Betriebs laufende Kosten anfallen, die von den zu erwartenden Einnahmen abgezogen werden müssen, muß man sich meist erst bewußt machen. Dieses Grundprinzip illustriert Bild 2-4.

Bild 2-4: Zeitlicher Verlauf von Kosten und Ertrag bei Projektrealisierung (nach [Chestnut 67])

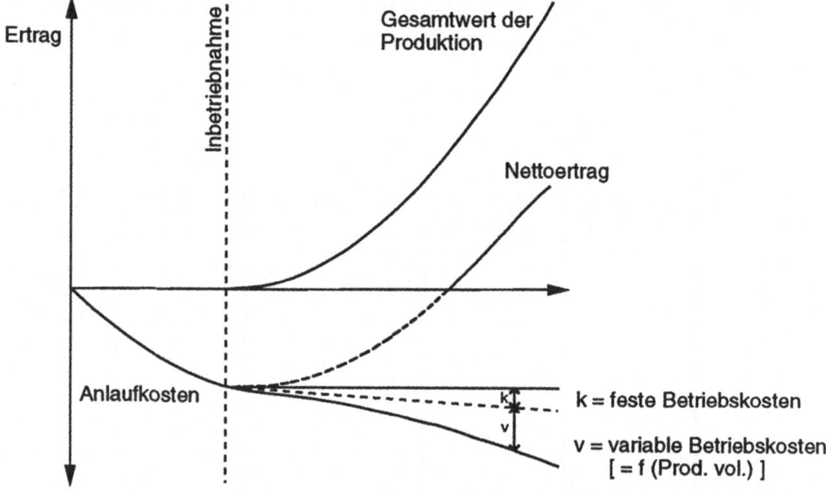

Manchmal ist ein Problem ohne Rechnereinsatz aber überhaupt nicht zu lösen

Eine Ausnahme von Wirtschaftlichkeitsüberlegungen gibt es allerdings: Es gibt Prozesse, die ohne Rechner überhaupt nicht beherrschbar sind! So gibt es beispielsweise Flugzeugtypen, deren Flugeigenschaften sonst einige sehr erwünschte Vorteile aufweisen, die aber das Reaktionsvermögen des Menschen überfordern können, oder komplexe integrierte Fertigungseinrichtungen, die zu ihrer "Steuerung" ohne Rechner eine so gewaltige Bürokratie verlangen würden, daß keine brauchbaren Reaktionszeiten mehr erzielbar wären. Die bei der Raumfahrt notwendige Genauigkeit der Navigation ist ohne Digitalrechner ohnehin nicht erreichbar.

2.3.2   Berechnungsverfahren

2.3.2.1   Einige Begriffe der Investitionsrechnung

Wie schon erwähnt, kann die folgende Auflistung nur einen ganz oberflächlichen Eindruck vermitteln. Jedoch ist es nützlich, wenn Techniker
zumindest die Definitionen einiger der am häufigsten gebrauchten einschlägigen Begriffe kennen. Sie sind zum Teil [Wöhe 90] entnommen,
teilweise stammen sie aus [Rembold 86].

Der Kapitalwiedergewinnungsfaktor (KWF) ist definiert als:

$$KWF = G_Z / G_g \, ,$$

Kapital-
wiedergewin-
nungsfaktor

wobei G_Z der durch das rechnerbasierte System erzielbare zusätzliche
Jahresgewinn ist und G_g für die Gesamtkosten der Rechneranlage steht.
Als Faustregel wird angegeben, daß der KWF für Rechner zwischen 20
und 100 % (im Mittel 50 %) betragen sollte. Dieser Wert erscheint auf
den ersten Blick recht hoch, da er bei üblichen Fertigungsmaschinen
zwischen 25 und 35 % beträgt. Dabei muß aber berücksichtigt werden,
daß Rechner wegen der immer noch andauernden schnellen technischen
Entwicklung und der dadurch bedingten raschen Veraltung eine kürzere
"Lebensdauer" haben als "traditionelle" Maschinen.

Ein ähnlich einfacher Begriff ist die Kapitalrückflußdauer. Sie soll am
Beispiel der folgenden kleinen Rechnung dargestellt werden:

Kapital-
rückflußdauer

Anfangskosten: 350.000 WE
Jährlicher Gewinn =
              Vorteile durch Rechner : 250.000 WE
      abzügl. Betriebskosten / Jahr :   50.000 WE
                           200.000 WE

Kapitalrückflußdauer = Anfangskosten: 350.000 WE
                   / Jährl.Gewinn: 200.000 WE
                                      = 1,75 Jahre

(WE : Währungseinheiten)

Eine andere Faustformel, die aus den USA stammt, ist die Ermittlung des "RoI"
"Return on Investment". Er ist folgendermaßen definiert:

$$Return \ on \ Investment = \frac{Gewinn}{Umsatz} \times \frac{Umsatz}{investiertes \ Kapital} \times 100$$

Der erste Faktor zeigt den Umsatzerfolg, der zweite den Kapitalumschlag. Als Produkt ergibt sich die jährliche Rendite des investierten Kapitals. Die Aufspaltung in die beiden Faktoren unter Berücksichtigung des Umsatzes liefert Kaufleuten zusätzliche Information zur genaueren Beurteilung des Wertes der geplanten Investition.

Kapitalwert-rechnung

Im Gegensatz zu den bisher genannten (etwas übermäßig vereinfachten) Kenngrössen geht die Kapitalwertrechnung - auch Diskontierungs- oder Barwertmethode genannt, davon aus, daß die Einzahlungen und Auszahlungen, die durch ein bestimmtes Investitionsobjekt hervorgerufen werden, im Zeitablauf nach Größe, zeitlichem Anfall und Dauer unterschiedlich sein können. Die einzelnen Beträge, die irgendwann während der Investitionsdauer anfallen, können nur vergleichbar gemacht werden, wenn der Faktor Zeit in der Rechnung berücksichtigt wird, da für den Betrieb eine Einzahlung um so weniger wert ist, je weiter sie in der Zukunft liegt, und entsprechend eine Auszahlung umso belastender, je näher der Zahlungszeitpunkt liegt.

Kapitalwert, Barwert etc.

Die Vergleichbarkeit wird dadurch erreicht, daß alle zukünftigen Einzahlungen und Auszahlungen auf den Zeitpunkt unmittelbar vor der Investition abgezinst werden. Eine auf einen Zeitpunkt abgezinste Zahlung bezeichnet man als "Barwert". Der "Kapitalwert" einer Investition ergibt sich als Differenz zwischen der Summe der Barwerte aller Einzahlungen und der Summe der Barwerte aller Auszahlungen, die mit dieser Investition zusammenhängen. Der Hauptpunkt dieses Verfahrens ist also die Berücksichtigung von Zinsverlusten.

In Formelschreibweise sind: Kapitalendwert: $K_n = K_0 * (1+i)^n$

Barwert: $K_0 = K_n * (1+i)^{-n}$

wobei n die Projektdauer und i den Zinssatz angibt.

Ein weiteres Ziel der Kapitalwertberechnung ist die Ermittlung eines Zinssatzes i, der folgende Gleichung erfüllt:

$$\sum_{i=0}^{m} F_t * (1 + i)^{-n} = 0$$

Dabei ist F_t gleich der Summe der Einnahmen und Ausgaben zwischen den Zeitpunkten t - 1 und t .

2.3.3 Wirtschaftlichkeitsüberlegungen am Beispiel eines Warmbandwerks

Diese wichtige Thematik, deren systematische Behandlung weit über den Rahmen dieses Buches hinausgehen würde, soll deshalb nur mit Hilfe eines Beispieles verdeutlicht werden, das einem inzwischen leider vergriffenen Büchlein von Kaspers [Kaspers 76] entnommen ist. Es stammt zwar aus der Welt der Automatisierungstechnik im engeren Sinne, wirkt aber vor allem dadurch so instruktiv, daß es zeigt, wie durch eine genaue Analyse der Nutzenfaktoren herausgearbeitet werden kann, an welcher Stelle der Rechnereinsatz den besten Nutzen bei gleichzeitiger Minimierung des technischen Risikos verspricht.

2.3.3.1   Der Prozeß

Im Beispiel ist ein Walzwerk für Stahlblech mit folgenden Kenngrößen angenommen:

2 Mio. Tonnen	sei die Gesamtproduktion pro Jahr bei einem durchschnittlichen Rollengewicht von	Quantifizierung der Problemstellung
20 Tonnen.	Daraus ergibt sich eine durchschnittliche Produktionsrate von:	
400 t / h	und ein Bearbeitungszeit pro Rolle von	
=> 3 min.	Weiterhin sei angenommen, daß pro Auftrag im Durchschnitt	
5 Rollen	produziert werden. Daraus ergibt sich, daß	
=> alle 15 min	jeweils ein neuer Auftrag bearbeitet werden muß! Es handelt sich also um einen ziemlich schnellen Prozeß, der hohe Anforderungen an das Bedienpersonal stellt! Dazu kommt, daß	
80 %	der Aufträge Änderungen in der Anstellung verlangen, was bedeutet, daß im Schnitt	
=> alle 20 min	eine Umstellung erfolgen muß.	
40" (=1.030 mm)	Für spätere Überlegungen ist noch von Interesse, daß die durchschnittliche Bandbreite beträgt.	

2.3.3.2   Kosten und Preise

Da es sich schon um ein etwas älteres Beispiel handelt, sind Kosten und Preise in ihrer Relation zueinander vielleicht nicht mehr ganz korrekt, was aber dem Prinzip keinen Abbruch tut. Außerdem ermöglicht die Angabe der Werte in abstrakten "Währungseinheiten" (WE) eine Abbildung auf ein beliebiges Land, in dem die angegebenen Relationen vielleicht noch gelten:

Verkaufspreis als erstklassiger Stahl: 95 WE / t
Verkaufspreis als zweitklassiger Stahl: 80 WE / t
Einkaufspreis für Schrott (EP_S):   35 WE / t
Produktionskosten für erstklassigen Stahl: 75 WE / t
Produktionskosten bei Schrott (PK_S):   65 WE / t
Kosten für Umkommissionierung bei Sperrungen: 10 WE / t

Weiterhin sollen die
Betriebskosten des Werkes pro Schicht   1.600 WE
und die
Abschreibung für das Rechnersystem im Jahr   300.000 WE
betragen.

2.3.3.3   Betriebskennzahlen ohne Rechner

Eine Analyse des Betriebes ergebe für übliche Produktionsmängel folgende Anteile:

Dickenabweichungen: 0,5 %
Breitenunterschreitungen: 0,3 %
Übermäßige Korngröße: 1,0 %
Nicht den Qualitätsanforderungen entsprechende
Oberfläche oder Profil: 0,9 %
Hochgehen der Anlage: 1,0 %
Rest (nicht analysiert):   3,0 %
Insgesamt: 6,7 %

Außerdem betrage der Zeitverlust beim Hochgehen 15 min.

Die Verluste können durch die folgenden Möglichkeiten der Verwendung gesperrter Bänder (=fehlerhafter Bleche) verringert werden:

Umkommissionieren als erstklassiges Band: 10 %
Verkauf als zweitklassiges Band: 60 %
Verkauf als Schrott: 30 %

2.3.3.4   Ersparnisse bei Rechnerbetrieb

Eine erste Einsparungsmöglichkeit ergibt sich durch die Verringerung des Hochgehens um 0,6% :

Jährlicher Betrag:

Ohne Rechner: 1% Hochgehen   => Verlust: 20.000 t

Verbesserung
durch Rechner: 0,6 %   => Ersparnis: 12.000 t

$PK_S - EP_S = 30$ WE/t   x 12.000 t   => Vermiedener
                                            Verlust :   360.000 WE

Außerdem kosten die Verzögerungen Betriebszeit, also
sind durch vermiedene Verzögerungen weitere Einsparungen möglich:

12.000 t ≙ 600 Rollen,
Zeitverlust pro Rolle: 15 min   => 150 Std

≙ 18 Schichten pro Jahr à 1.600 WE: <u>28.800 WE</u>

Jährliche Ersparnis insgesamt : <u>388.800 WE</u>

Eine andere Einsparungsmöglichkeit sei durch die Verminderung der ge-
sperrten Produktion um 1,5% (≙ 30.000t/Jahr) gegeben. Der vermiedene
Verlust entsteht dadurch, daß diese Menge jetzt als erstklassiges Blech
verkauft werden kann:

Jährlicher Betrag:

Weniger Umkommis-   10 % (=3.000 t) à   Vermiedener
sionierungen: 10 WE/t   Verlust: 30.000 WE

Verkauf als erstklassig   60 % (=18.000 t) à   Vermiedener
statt zweitklassig: 15 WE / t,   Verlust: 270.000 WE

Vermeidung von   30% (= 9.000 t) à
Schrott: $(PK_S - EP_S =) 30 +$
                        $(VP_1 - PK_1 =) 20 =$ Vermiedener
                                    50 WE / t   Verlust: 450.000 WE

Eingesparte Betriebs-   =75 Std.≙
zeit für 30.000 t :   9Schichten   <u>14.400 WE</u>

Insgesamt vermiedener Verlust: <u>764.400 WE</u>

Die größten Einsparungen sind aber durch höhere Präzision erzielbar:

So ergeben z.B. 0,5" (= 12.7 mm) Ersparnis in der Breite bei 40" durch-schnittlicher Breite ($\triangleq$ 1,25 %) eine Materialmenge von 25.000 t im Jahr, die statt als Schrott, als erstklassiger Stahl verkauft werden kann. Daraus ergibt sich ein vermiedener Verlust von:

$$25.000 \times (\text{à } PK_1 - EP_S = 40 \text{ WE} / t) = 1.000.000 \text{ WE/Jahr} !$$

Das bedeutet also bei diesem speziellen Prozeß, daß ein Rechnereinsatz, der die Präzision der Fertigung verbessert, den höchsten Nutzwert erzielen würde.

2.4 Die Abwicklung des Projektes

2.4.1 "Rückkopplungen" im Lebensdauerzyklus

Wie oben erwähnt, wurde das ursprüngliche Verständnis des Phasenmodells als eines strikt einzuhaltenden Ablaufs, der "top-down", d.h. vom Allgemeinen zum Besonderen, von der Idee über die Konzeption zur Realisierung verläuft und bei dem jeder (Denk-)Schritt erst sauber und vollständig ausgeführt sein muß, bevor der nächste begonnen werden kann, inzwischen von einer etwas realistischeren Sicht abgelöst. Die ingenieurmäßige Erfahrung, daß allgemeine Entwurfsentscheidungen dadurch in Frage gestellt werden können, daß bestimmte Detaillösungen nicht wie geplant realisierbar sind, führte zur Erkenntnis, daß ein Entwurfsmodell auch "Rückkopplungsschleifen" enthalten muß, durch die Einsichten, die auf "tieferen Ebenen" gewonnen wurden, "höhere Entwurfsebenen" beeinflussen können. Auf ausgeprägteste Weise ist diese Einsicht im "Spiralmodell" von Boehm realisiert, bei dem die eventuelle Korrektur von Entwurfsentscheidungen durch Erfahrungen, die mit Hilfe einer fortschreitenden Folge von "Prototypen" gewonnen werden, bereits vorgeplant ist [Boehm 88].

Entwurfsentscheidungen müssen bei Bedarf korrigierbar sein

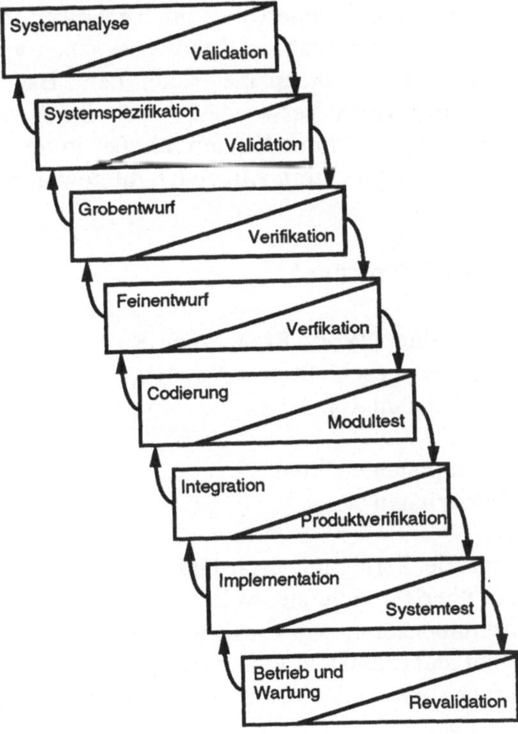

Bild 2-5:
Die Bedeutung von Verifikation und Validation im "Lebensweg" eines Softwareproduktes

Da dies aber eine für den Anfänger noch etwas zu schwierige Denkweise zu sein scheint, die vor allem wieder als Freibrief für völlig unplanmäs-
siges Vorgehen mißverstanden werden kann, soll für die Zwecke dieses
Buches das in Bild 2-5 dargestellte (ältere) "Wasserfallmodell" ausreichen, das ebenfalls von Boehm [Boehm 84] stammt. Die von "unten
nach oben" verlaufenden Pfeile werden als "Verifikation und Validation"
interpretiert. Darunter versteht man in diesem Zusammenhang die Überprüfung der Ergebnisse eines Entwurfsschrittes durch Vergleich mit ihrer
Spezifikation, die das Ergebnis des jeweils vorhergehenden Schrittes
war.

Auf die Bedeutung von Verifikation und Validation wird später (Abschnitt 5.1) noch einmal vertieft eingegangen. Außerdem werden dort
auch Verfahren zur Durchführung dieser wichtigen Arbeitsvorgänge
besprochen.

2.4.2   Planungsschritte

Planungstech-
niken und
-hilfsmittel
werden auf
anderen Inge-
nieurgebieten
schon lange
verwandt

Zunächst sollen einmal die wichtigsten Hilfsmittel besprochen werden,
die zur Planung eines Softwareprojektes verwendet werden können. Es
handelt sich dabei interessanterweise um Techniken, die in anderen In-
genieurgebieten gang und gäbe und teilweise schon viele Jahrzehnte alt
sind. So wurden z.B. "Balkenpläne" schon beim Bau von Eisenbahnen
um die Jahrhundertwende verwendet. Anscheinend ist das Wissen um
den Einsatz solcher bewährter Hilfsmittel aber in der Softwareentwicklung noch nicht genügend zum Allgemeingut geworden.

2.4.2.1   "Work-Breakdown-Structure"

Zerlegung der
Gesamtaufgabe

Zunächst wird eine "Work-Breakdown-Structure" (=Aufgabenzerle-
gung) erstellt. Dies geschieht grundsätzlich nach zwei Gesichtspunkten
(Dimensionen) [Boehm 81]:

- nach "Komponenten" und
- nach "Aktivitäten".

Bild 2-6 zeigt die Zerlegung nach Komponenten. Das Prinzip ist sehr
einfach: Man überlegt sich, aus welchen Teilaufgaben sich die Gesamtaufgabe zusammensetzt, wie diese wiederum zerlegt werden können
usw. Wie man sieht, entsteht eine einfache Baumstruktur, da natürlich
jede Teilaufgabe nur Teil einer einzigen übergeordneten Aufgabe sein
kann.

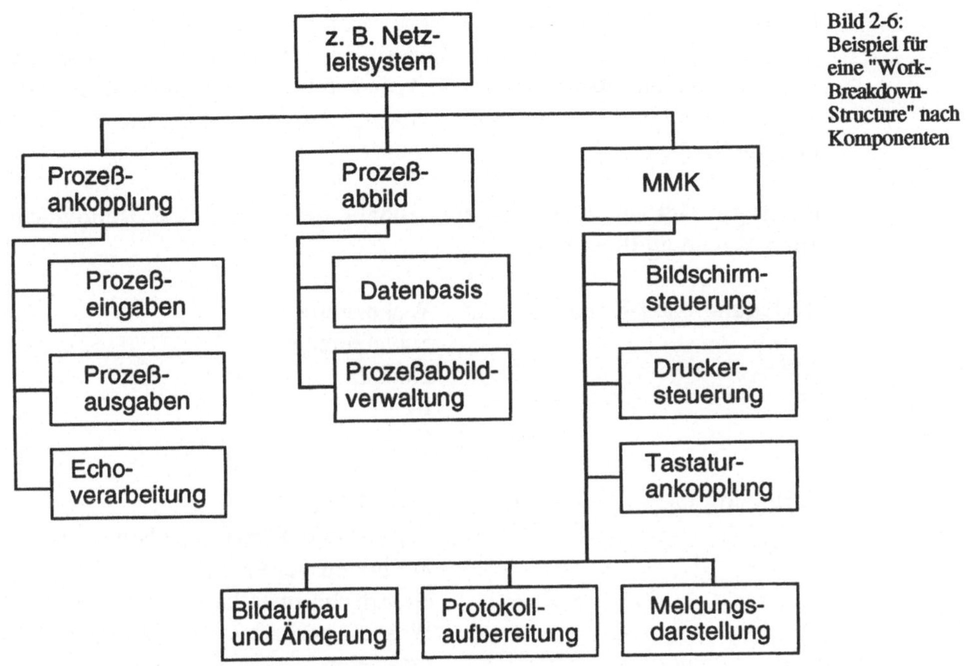

Bild 2-6:
Beispiel für
eine "Work-
Breakdown-
Structure" nach
Komponenten

Begrifflich weniger einfach ist die Zerlegung nach Aktivitäten, wie sie
Bild 2-7 zeigt. Es geht dabei im Grunde darum, die für die Durchführung
eines Projektes notwendigen Personen zu identifizieren, indem man
zunächst einmal auflistet, welche Arten von Tätigkeiten anfallen werden.
Daraus leiten sich dann die "Fähigkeitsprofile" der für die Durchführung
des Projekts notwendigen Mitarbeiter ab.

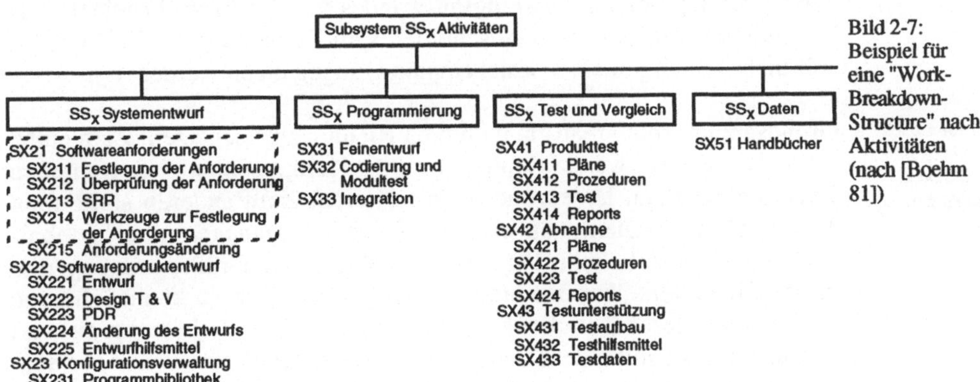

Bild 2-7:
Beispiel für
eine "Work-
Breakdown-
Structure" nach
Aktivitäten
(nach [Boehm
81])

Beide Zerlegungen hängen natürlich zusammen. Kombiniert man sie, so
erhält man eine Matrix, deren Spalten z.B. von den Teilaufgaben der

feinsten Zerlegung in Bild 2-6 und deren Zeilen von den Aktivitäten nach Bild 2-7 gebildet werden. Diesen Zusammenhang kann man etwa für die Plausibilitätsprüfung einer Aufwandsschätzung nutzen: die Summe der unabhängig voneinander geschätzten Aufwände für die Zeilen und die Spalten muß gleich sein!

Recht gut läßt sich dieser Zusammenhang am Beispiel der Renovierung einer Wohnung illustrieren:

Zerlegung nach Komponenten: Wohnzimmer,
Schlafzimmer,
Küche,
Bad,
Flur, etc.

Zerlegung nach Aktivitäten: Tapezieren,
Fenster und Türen streichen,
Fußboden verlegen,
elektrische Installation ergänzen,
Wasser- und Abwasserleitungen
reparieren,
Gasleitungen überprüfen, etc.

2.4.2.2   Aufwandsschätzung

An Hand der "Work-Breakdown-Structure" kann dann die Aufwandsschätzung vorgenommen werden. Welche speziellen Gesichtspunkte bei der Schätzung des Entwicklungsaufwandes von Software beachtet werden müssen, wird später in Abschnitt 2.5 im Detail dargestellt. Zunächst soll mehr auf allgemeine Gesichtspunkte eingegangen werden:

Immer nach mehreren Methoden schätzen

Grundsätzlich sollte man "in mehreren Richtungen" schätzen! Zum einen sollte man die Aufwände für die einzelnen Komponenten von erfahrenen Experten schätzen lassen und dann addieren. Zum anderen sollte man aber auch versuchen, von einem erfahrenen Manager eine "Globalschätzung" zu erhalten, "was ein Projekt dieser Größenordnung und dieses Charakters über den breiten Daumen denn kosten könne". Liegen die Summe dieser Detailschätzungen und die Globalschätzung zu weit auseinander, so sollte der Planer dies als ein erstes Warnzeichen betrachten und die Planung - oder auch die Zielsetzung des Projektes - noch einmal überprüfen.

Ganz allgemein gesehen sollte man natürlich immer versuchen, Schätzungen von mehreren (unabhängigen) Quellen zu erhalten. Daraus können sich bereits wertvolle Hinweise auf mögliche Gefahrenquellen im Projekt ergeben: Dies gilt sowohl, wenn die Schätzungen zu nahe beieinander liegen, als auch, wenn sie zu sehr streuen. Denjenigen, die sich näher mit dieser Materie befassen wollen, sei ein Büchlein über "Aufwandsschätzung im Software-Engineering" [Vollmann 90] empfohlen.

Ist die Planung so weit fortgeschritten und die Zerlegung in Komponenten und die Aufwandsschätzung einigermaßen konsolidiert, kann man an die Planung des zeitlichen Ablaufs gehen. Dazu dienen Netzplan und Balkenplan.

2.4.2.3 Netzplantechniken

Die Erstellung des Netzplans ist ein sehr wichtiger Schritt im Planungsablauf eines Projektes. Er stellt im Prinzip die logische Struktur des Projektes dar. Sein Prinzip ist für den Techniker am besten verständlich, wenn man ihn sich als ein Schaltnetz vorstellt, in dem die einzelnen Schaltglieder ein Verzögerungsverhalten haben.

Netzpläne beschreiben die logischen Zusammenhänge der einzelnen Aktivitäten im Projekt

Die Definition eines Netzplan nach DIN 69900 lautet: "Alle Verfahren zur Analyse, Beschreibung, Planung, Steuerung und Überwachung von Abläufen auf der Grundlage der Graphentheorie, wobei Zeit, Kosten, Einsatzmittel und weitere Einflußgrößen berücksichtigt werden können".

Das Prinzip der Netzpläne geht schon auf die 30-er Jahre zurück. Wegen der Wichtigkeit dieser Technik haben sich im Laufe der Zeit eine Reihe von Verfahren herausgebildet. Einige der gebräuchlichsten Namen seien hier erwähnt:

- CPM (Critical Path Method)
- PERT (Program Evaluation and Review Technique)
- MPM (Metra Potential Method)

Manche dieser Methoden sind patentiert, andere werden zusammen mit entsprechender Softwareunterstützung oder Schulung verkauft. Nach den Erfahrungen des Verfassers sind ihre Grundprinzipien aber sehr ähnlich. Genauere Darstellungen finden sich zB. in [Balzert 82] oder [Neumann 75].

Üblicherweise wird eine Gliederung des Projektes in "Vorgänge" und "Ereignisse" vorgenommen. Ein "Vorgang" - oft auch "Arbeitspaket" genannt - kann die Erstellung einer Komponente der "Work-Breakdown-Structure" sein, aber auch eine andere an der jeweiligen Stelle des Projektplanes logisch notwendige Tätigkeit. Ein solches Arbeitspaket wird üblicherweise durch ein Rechteck dargestellt, in dem eine kurze textliche Fassung der jeweiligen Aufgabenstellung enthalten ist. Außerdem wird der dafür nötige Aufwand, die geschätzte Dauer der Durchführung und meist auch die für sinnvoll gehaltene Anzahl der für die Bearbeitung notwendigen Mitarbeiter am oberen und/oder unteren Rand des Rechtecks angegeben (siehe Vorgang H6 in Bild 2-8).

Bei der Aufstellung eines Netzplanes arbeitet man üblicherweise "von rechts nach links", d.h. man geht vom zu erreichenden Ziel aus und ordnet links davon diejenigen Vorgänge an, die abgeschlossen sein müssen, damit der neue Vorgang begonnen werden kann. Ein Vorgang kann in diesem Sinne als ein "logisches UND" betrachtet werden. Der Abschluß eines Vorgangs (oder mehrerer zusammengehöriger Vorgänge) wird als "Ereignis" bezeichnet und dann besonders kenntlich gemacht, wenn dieses Ereignis für den Fortgang und die Beurteilung des Status des Projektes besonders wichtig ist ("Meilenstein"). Bei manchen Methoden werden Ereignisse durch eigene Symbole (z.B. Kreise) dargestellt und mit weiterer Information (z.B. Termin) versehen.

Es hat sich bewährt, die einzelnen Vorgänge in einem starren Raster mit geeigneter Kennung der Zeilen und Spalten anzuordnen. Dies erschwert zwar manchmal das - am Anfang der Planungsphase recht häufige - Ändern des Netzplans, erleichtert aber den Überblick entscheidend. Bei größeren Projekten sollte man auf jeden Fall von Anfang an versuchen, diese ganzen - bei reiner Handarbeit recht zeitaufwendigen - Tätigkeiten rechnergestützt durchzuführen.

Leider hatte der Verfasser jedoch noch keine Gelegenheit, ein rechnergestütztes Planungshilfmittel benutzen zu können, das sich für die hochgradig iterative Arbeitsweise in frühen Stadien der Planung eignete. Die ihm bekannten Werkzeuge besitzen zwar eine reichhaltige Funktionalität, liefern schöne Diagramme und detaillierte Listen, erfordern aber so genaue Eingaben, daß sie eigentlich erst benutzbar sind, wenn der schwierigste Teil der Planungsarbeit bereits getan ist. Man könnte sie eher als "Hilfsmittel zur Verfolgung der Projektabwicklung" bezeichnen denn als wirkliche Planungshilfen. Deshalb soll lieber kein derartiges Werkzeug erwähnt werden. Der Leser sei jedoch ermuntert, die Suche fortzusetzen.

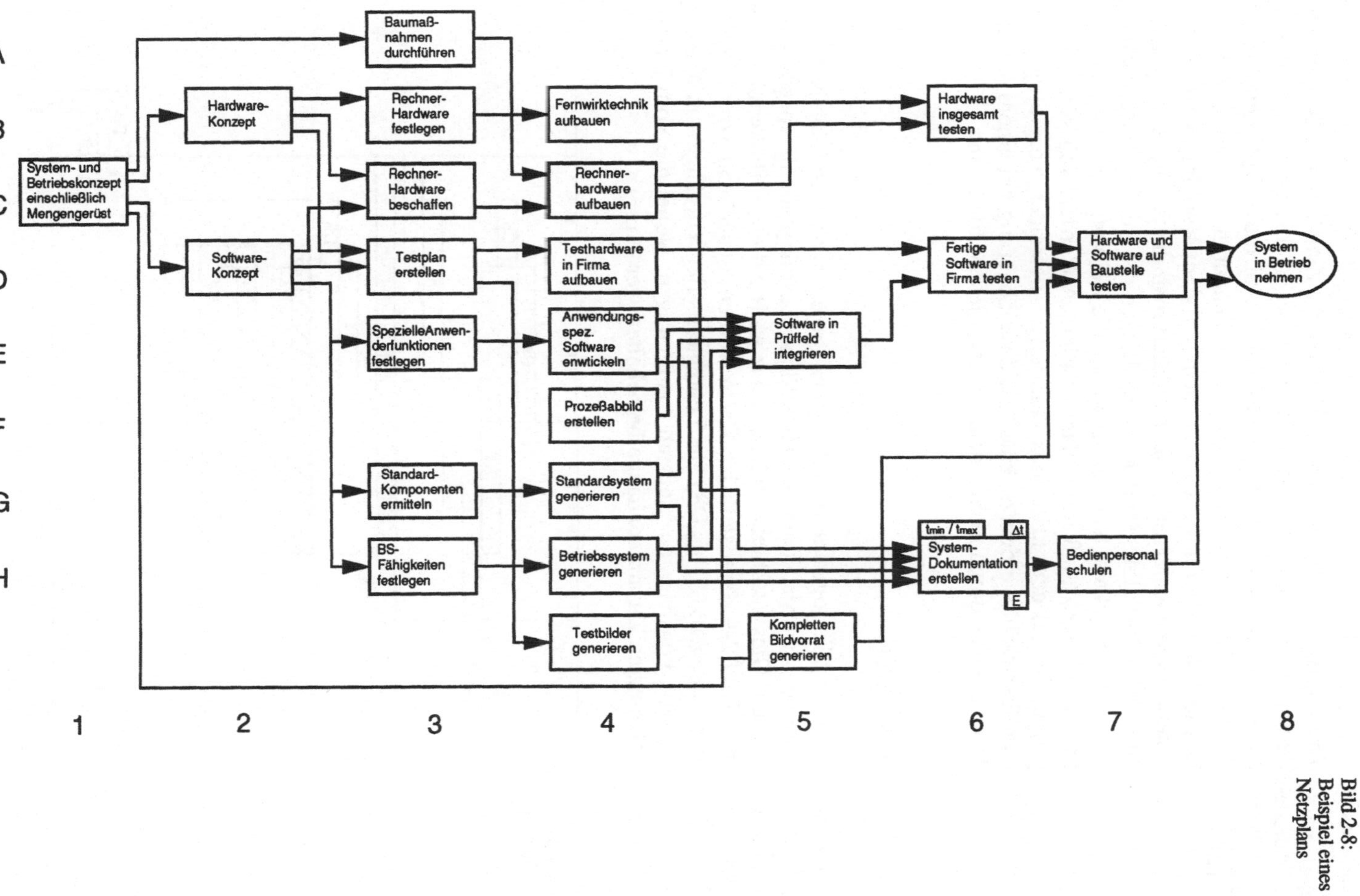

Bild 2-8:
Beispiel eines
Netzplans

<table>
<tr><td>Netzpläne sind keine Terminpläne - aber auf dem "kritischen Pfad" gibt es keine Zeittoleranz</td><td>

Zum Abschluß noch eine wichtige Warnung: Netzpläne dürfen nicht als Terminpläne mißverstanden werden, da die Zeitskala auf den einzelnen Zeilen unterschiedlich und willkürlich gewählt sein kann. Es gibt jedoch einen Aspekt, bezüglich dessen ihr Einsatz für die Zeitplanung entscheidend wird: den "kritischen Pfad". Er wird dadurch ermittelt, daß man den längsten Weg durch das Projekt sucht, auf dem Vorgänge ohne zeitliche Toleranz aneinandergereiht sind. Addiert man die für diese Vorgänge ermittelten Bearbeitungszeiten, so ergibt sich die minimale Bearbeitungsdauer des Projektes. Ist diese länger als die Zeitvorgabe - oder die eigene Erwartung - so muß umgeplant werden. Außerdem müssen alle Vorgänge, die auf dem kritischen Pfad liegen, besonders sorgfältig geplant und überwacht werden, da eine Terminverzögerung bei einem von ihnen üblicherweise durch nichts mehr kompensiert werden kann.

</td></tr>
</table>

2.4.2.4   Balkenplan

<table>
<tr><td>Der Balkenplan zeigt die zeitliche Abfolge und Verschachtelung der Aktivitäten</td><td>

Nachdem die logische Struktur eines Projektes an Hand des Netzplanes festgelegt wurde, kann die eigentliche Terminplanung vorgenommen werden. Dies geschieht üblicherweise an Hand eines Balkenplanes, wie er in Bild 2-9 dargestellt ist. Darin werden, ausgehend vom kritischen Pfad (hier z.B. C1 bis D8), die Zeitdauern aller Vorgänge - in einem geeigneten konsistenten Maßstab - aufgetragen, wobei die vom Netzplan festgelegten Zusammenhänge beibehalten werden.

</td></tr>
</table>

Bild 2-9:
Balkenplan
(1.Näherung)

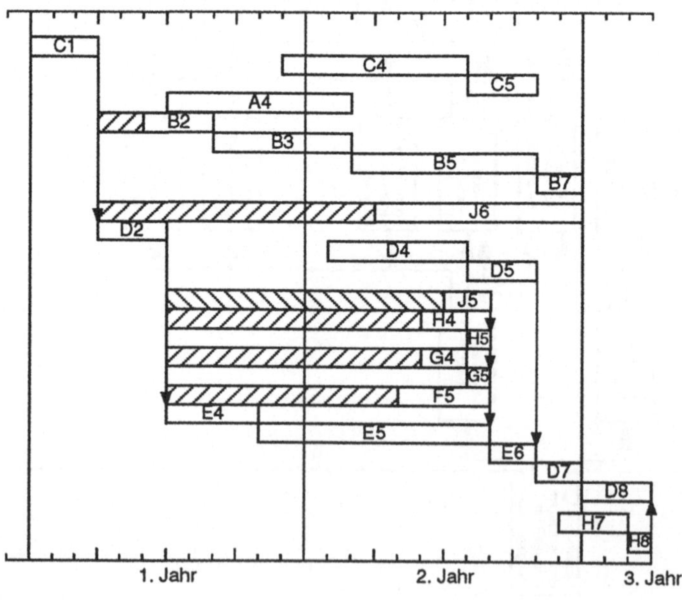

Aus dieser Darstellung sind nun die Projekttermine ablesbar, die für die einzelnen Vorgänge und Ereignisse gelten. Der Balkenplan kann aber auch sofort zur Personaleinsatzplanung verwendet werden. Das geschieht dadurch, daß man die im Netzplan vorgegebenen Sollstärken des Personaleinsatzes für die einzelnen Arbeitspakete den Balken zuordnet, die jetzt die Arbeitspakete repräsentieren, und die entsprechenden Werte in der vertikalen Achse addiert. Damit ergibt sich die "erste Näherung" des Personalauslastungsplanes für das Projekt (vergl. Bild 2-10).

2.4.2.5 Personalauslastungsplan

Diese erste Fassung des Personalauslastungsplanes führt üblicherweise sofort zu einer Umplanung des Projektes. Der Grund ist klar: Wenn nicht durch außerordentlich glückliche Umstände gleich beim ersten Mal ein einigermaßen ausgeglichenes "Manpowergebirge" entstanden ist, wird kein Personalvorgesetzter akzeptieren, daß seine Mitarbeiter in kurzen Zeitabständen in ein Projekt hinein- und wieder herausdelegiert werden. Abgesehen von den rein technischen Reibungsverlusten, die dabei durch die in kurzen Abständen auftretenden Lernphasen bei Mitarbeitern auftreten, würde sich kein qualifizierter Mitarbeiter an einem solchen Projekt lange beteiligen (vergl. die Überlegungen zur Menschenführung weiter oben).

Am Personalauslastungsplan sieht man, ob ein geordnetes Arbeiten möglich ist

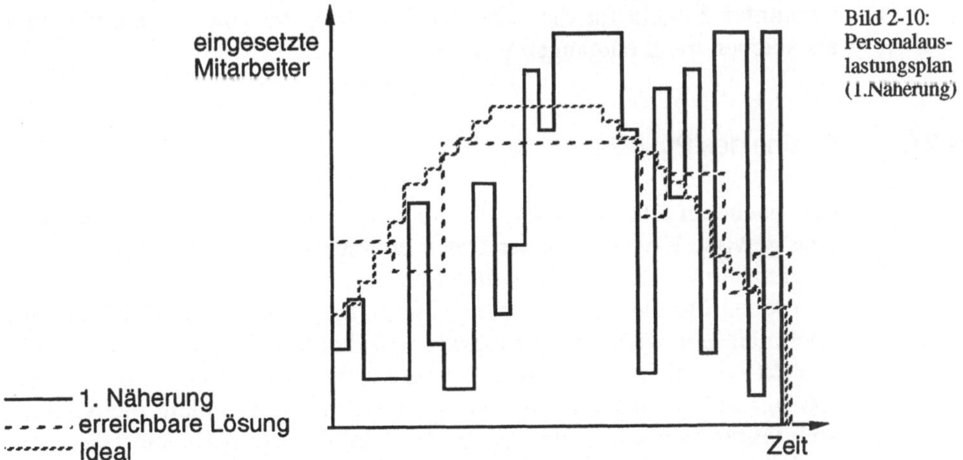

Bild 2-10: Personalauslastungsplan (1.Näherung)

Folglich muß der Balkenplan wieder diskutiert werden, was zur Überprüfung der Annahmen im Netzplan führt usw. Das Ganze ist also ein iterativer Prozeß.

Ein Projektleiter muß also alle drei Planungsarten - Netz-, Balken- und Personalauslastungsplan - beherrschen und möglichst gleichzeitig benutzen, um schon vor Beginn eines Projekts die gröbsten Fehler bei der Durchführung zu vermeiden. Außerdem können durch die im Rahmen einer sorgfältigen Planung notwendigen Diskussionen über die "Machbarkeit" eines Projekts auch teilweise schon echte technische Fehler gefunden werden.

Planen kann man nur durch Übung lernen

Zum Schluß dieses Abschnitts sollte gesagt werden, daß man die Anwendung dieser Art von Planung schlecht auf rein formale Weise lehren und lernen kann. Es bedarf unbedingt eigener praktischer Erfahrung. Auch die oft gestellt Frage nach Ober- und Untergrenzen z.B. für Anzahl und Umfang von Arbeitspaketen läßt sich nicht klar beantworten. So wird man bei insgesamt schwierigen Projekten feiner planen als bei einfachen. Es wird sich aber auch innerhalb eines Projekts die Planungsfeinheit insofern ändern können, als kritische Komponenten in kleinere Arbeitspakete zerlegt werden sollten als weniger kritische. Als ganz globale Faustregel kann gelten, daß man ein Projekt nicht ohne Not in mehr als 100 Arbeitspakete zerlegen sollte, da sonst die innere Komplexität zu hoch würde. In einem solchen Fall ist es sinnvoller, gesonderte "Unterprojekte" zu definieren, die mit dem Rest des Projektes nur wenige, aber scharf definierte Schnittstellen aufweisen.

Dem aufmerksamen Leser wird an dieser Stelle die Ähnlichkeit mit den bekannten Regeln für die sinnvolle Konstruktion von Softwarepaketen als solchen nicht entgangen sein!

2.4.2.6 Beginn des Projekts

Projektteams müssen allmählich aufgebaut werden

Erst nachdem alle genannten Planungsschritte durchgeführt wurden und eine gewisse Konvergenz der Daten erzielt ist, sollten Teamaufbau und -organisation erfolgen. Die dabei zu beachtenden Gesichtspunkte der Menschenführung wurden oben schon aufgeführt. Es sollte jedoch hier nochmals ein wichtiger Grundsatz erwähnt werden: Beginne nie ein Projekt mit voller Teamstärke! Wenige, dafür aber hochqualifizierte Mitarbeiter müssen die technischen Grundlagen, insbesondere die Systemarchitektur, erarbeiten, damit die Mehrzahl der (normalerweise weniger qualifizierten) Teammitglieder konstruktiv und produktiv eingebunden werden kann. Einer der Gründe dafür wird in Abschnitt 2.5 näher erläutert werden: die Notwendigkeit der Kommunikation im Team.

Eine der wichtigsten Aufgaben des Projektleiters in dieser Anfangsphase eines Projekts ist auch die Bereitstellung der technischen Hilfsmittel, um eine möglichst effiziente Arbeit des Teams zu gewährleisten. Darunter sind insbesondere Softwareentwicklungswerkzeuge und entwicklungsunterstützende Hardware zu verstehen. Hierauf wird später im Detail eingegangen werden.

Rechtzeitig an die technischen Hilfsmittel denken

2.5   Kostenschätzung

2.5.1   Übersicht über Kostenmodelle

Um Termine
und Kosten
einhalten zu
können, muß
man sie vorher
kennen

Dieses Thema ist eines der wesentlichsten für das Management von Softwareprojekten, da ein Projekt nur dann mit Aussicht auf Erfolg in einem Zeit- und Kostenrahmen gehalten werden kann, wenn dieser vorher mit vernünftiger Genauigkeit ermittelt wurde. Es wurde deshalb im Laufe der Jahre eine ganze Reihe von "Kostenmodellen" entwickelt, die versuchen, so viele Einflußfaktoren wie irgend möglich einzubeziehen und dadurch manchmal sehr umfangreich sind. Leider ist aber keines in der Lage, allgemein gültige, präzise und verläßliche Vorhersagen zu machen.

Faustregeln
sind fast so gut
wie Schätzver-
fahren, da diese
sehr streuen

Dies zeigte schon ein früher Vergleich solcher Kostenmodelle [Mohanty 81]. Bei seiner Überprüfung an Hand eines konkreten Projektes stellte sich insbesondere heraus, daß die alte Faustregel: "Schätze die voraussichtliche Größe des Codes im Projekt und teile sie durch die vom Teamleiter angegebene Produktivität des Teams", nahezu genau den Mittelwert der Vorhersagen einer Anzahl mehr oder weniger komplizierter Kostenmodelle ergab. Die Faustregel schnitt sogar noch besser ab, wenn man übliche statistische Fehlergrenzen auf die Schätzungen der Programmgröße anwendete. Natürlich ist allgemein bekannt, daß bei wirklich großen Programmen keine lineare Relation zwischen Programmgrösse und Projektkosten gilt, aber auch die anderen Modelle zur Kostenschätzung ergeben offenbar keine besseren Werte. In der neueren Literatur wird dieser Eindruck weiterhin bestätigt [Kemerer 87].

Trotzdem hel-
fen Schätzmo-
delle das Pro-
blem zu klären

Trotzdem ist der Einsatz von Kostenmodellen nützlich und notwendig, wie später gezeigt werden wird. Zumindestens erzwingen sie eine gewisse Klarstellung der Annahmen über Programmgrößen, Teamproduktivität, etc. Daneben verdeutlichen sie gewisse Einsichten in die Natur des Entwicklungsprozesses, die auf rein qualitativer Basis nur sehr schwer zu vermitteln wären. Es sollen deshalb im folgenden einige wenige der verbreitetsten Kostenmodelle vorgestellt werden.

"mikroskopi-
sche" und "ma-
kroskopische"
Modelle

Dabei hat es sich als nützlich erwiesen, zwischen "makroskopischen" (oder "phänomenologischen") und "mikroskopischen" Modellen zu unterscheiden. Die ersteren betrachten sowohl die Programme als auch den Entwicklungsprozeß "von außen", ohne auf innere Strukturen oder sonstige Details einzugehen. Der Entwicklungsaufwand wird rein als Funktion der Programmgröße gesehen, und Einflußgrößen wie die Schwierigkeit des Problems oder die Kompetenz der Entwickler finden ihren Niederschlag in numerischen Parametern. Diese Form der Kostenmodelle kann daher am besten mit einer Klasse von Modellrechnungen in Naturwissenschaft und Technik verglichen werden, die etwa die innere Struktur physikalischer Systeme außer acht lassen, ihr Verhalten durch ganz allgemeine mathematische Funktionen approximieren und die Besonderheiten des jeweiligen Systems durch Parameter berücksichtigen. Die zweite Art von Kostenmodellen hingegen versucht, aus den Detaileigenschaften der zu entwickelnden Programme beispielsweise die "Schwierigkeit" der Entwicklung abzuleiten, um auf diese Weise zu verläßlicheren Voraussagen für die Kosten der Entwicklung zu kommen.

		Anzahl Einflußgrößen:	Kosten in Tausend WE :
1	Farr and Zagorski	13	370
2	Naval Air Dev. Center	13	2.000
3	Wolverton	16	900
			1.200
			1.360
4	Simplified Wolverton	15	900 - 1.350
5	Kustanowitz	5	1.600 - 2.700
6	Aerospace	4	1.350
7	GRC	4	1.240
8	SDC	12	1.200
9	Price S	10	1.330
10	Walston and Felix	2	580
11	Aron	4	550
12	Schneider	keine Ang.	870
13	Doty	9	650
	Statist. Mittel 1-13		**1.125 ± 485**
14	**"π x Daumen"**	**1**	**1.250 ± 250**

Tabelle 2-1: Vergleich von Kostenschätzungsmodellen (nach [Mohanty 81])

(Schätzbasis war ein Programm von 36 kLOC)

2.5.2 "Makroskopische" Modelle

2.5.2.1 CoCoMo (Consolidated Cost Model)

Dies ist eines der bekanntesten Kostenschätzungsmodelle. Es wurde von CoCoMo B.Boehm entwickelt [Boehm 81] und arbeitet auf rein phänomenologischer Basis. Seine Anwendung ist daher übungsbedürftig und es muß auf eine Organisation "geeicht" werden.

Um das Verfahren leichter an die verschiedenen Anforderungen anpassen zu können, werden drei verschiedene Versionen benutzt, die sich hauptsächlich durch die Anzahl ihrer Parameter und Einflußgrößen unterscheiden:

- "Basic
- "Intermediate   }· Model"
- "Detailed

Der "Schwierigkeitsgrad" eines Programms, von dem der Erstellungsaufwand natürlich ganz erheblich abhängt, wird in der einfachsten Version, dem "Basic CoCoMo", durch die Zahlenwerte der entsprechenden Parameter ausgedrückt. Prinzipiell werden im Basic CoCoMo drei verschiedene Programmklassen unterschieden:

	MM	TDEV
"Organic Mode":	$2,4 \cdot (KDSI)^{1.05}$	$2,5 \cdot (MM)^{0.38}$
"Semidetached Mode":	$3,0 \cdot (KDSI)^{1.12}$	$2,5 \cdot (MM)^{0.35}$
"Embedded Mode":	$3,6 \cdot (KDSI)^{1.20}$	$2.5 \cdot (MM)^{0.32}$

"Basic CoCoMo":

Legende: KDSI: K delivered source code instructions
          TDEV: Time for development
          MM: Man-Months

Die verschiedenen Klassen werden etwa wie folgt abgegrenzt:

"klassische" Programmierung

"Organic Mode" stellt sozusagen die Softwareentwicklung unter optimalen Bedingungen dar. Die Programme weisen nicht allzu viele Schnittstellen mit ihrer Umgebung auf (insbesondere sind sie nicht Realzeitbedingungen unterworfen), die Problematik ist verstanden, so daß Schleifen im Entwicklungsgang weitgehend vermieden werden können, das Entwicklungsteam ist eingespielt etc.

Programmierung von Echtzeitsystemen

"Embedded Mode" gilt dagegen für schwierige Programmentwicklungen, insbesondere solche, bei denen das zu entwickelnde rechnerbasierte System "eingebettet" ist in ein anderes technisches System, wie z.B. in der Automatisierungstechnik. Dadurch ist notwendigerweise die Softwareentwicklung vielen äußeren Einflüssen unterworfen, Entwurfsentscheidungen können durch technische Änderungen an anderer Stelle beeinflußt oder umgestoßen werden, der Programmtest erfordert aufwendige Testumgebungen zur Modellierung des Verhaltens des restlichen Systems etc.

"Semidetached" sind dann alle Entwicklungen, deren Schwierigkeitsgrad zwischen diesen beiden Extremen liegt.

Die komplexeren Formen des "CoCoMo" gestatten es, eine große Anzahl der verschiedensten Einflußfaktoren - vor allem auch solche nicht-technischer Art - zu berücksichtigen. So ist es z.B. möglich, modellmäßig abzuwägen, ob für eine bestimmte Aufgabe ein sehr kompetenter Mitarbeiter mit weit überdurchschnittlichen Gehaltsforderungen nicht vielleicht doch kostengünstiger arbeitet als einer, der weniger fordert, dafür aber auch weniger kompetent ist.

2.5.2.2   SLIM

Bild 2-11 wurde nach einem anderen, ebenfalls sehr bekannten und häu- "SLIM" fig verwendeten, Modell der gleichen Klasse berechnet: "SLIM" (=Software Lifecycle Management) [Putnam 78], das aus dem Umfeld des US Verteidigungsministeriums stammt.

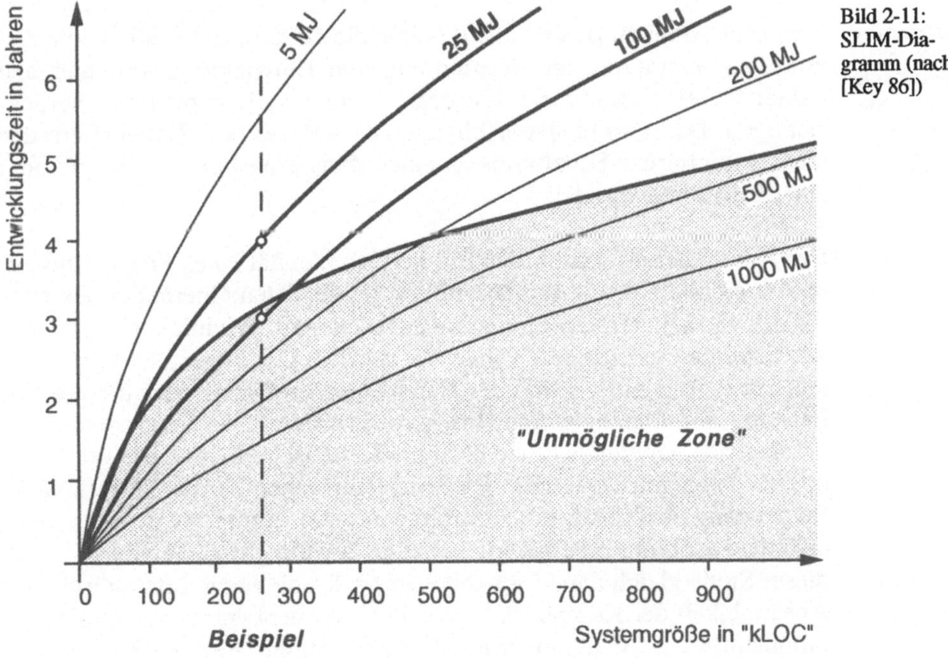

Bild 2-11: SLIM-Diagramm (nach [Key 86])

Der darin verwendete grundlegende Zusammenhang zwischen Systemgröße und Entwicklungszeit wird durch folgende Formel ("Softwaregleichung") dargestellt:

$$S_S = c * K^{1/3}\, t_d^{4/3}$$

wobei:
S_S : Anzahl "Delivered Source Code Instructions"
c : "Technologische Konstante"
K : Entwicklungsaufwand in Mannjahren
t_d : Entwicklungszeit in Jahren

Der Entwicklungsaufwand wird beschrieben durch:

$$y = k/t_d^2 * \tau * \exp(-1/2 * \tau^2/t_d^2)$$

wobei y der in der Zeiteinheit erforderliche Aufwand und τ die betreffende Zeiteinheit sind.

2.5.3   "Mikroskopische" Modelle

2.5.3.1   Die Grundüberlegungen von Halstead

Man kann den Programmieraufwand auch aus der Komplexität des Programms herleiten

Halsteads Arbeiten [Halstead 77] legten die Grundlage für alle heute diskutierten Verfahren zur Bestimmung von Entwicklungsaufwand und Fehlerrate eines Entwurfs, die dessen "inneren Komplexität" berücksichtigen. Dabei ist es unerheblich, ob es sich bei dem Entwurf um den eines integrierten Schaltkreises, eines rechnerbasierten Systems oder eines Programms handelt.

Der Ansatz beruht darauf, daß für die Komplexität eines Programms zunächst einmal sowohl die Anzahl der verwendeten Operanden als auch die der verfügbaren Operatoren maßgeblich sind. Wichtig ist dann noch, wie häufig diese Elemente verwendet werden. Das Prinzip ist relativ einleuchtend: Wesentlich sind der Handhabungsaufwand oder die geistige Leistung, die Elemente eines Programms während der Programmierung verursachen. Operanden, wie etwa große statische Listen, die nur selten in Berechnungen verwendet werden, verursachen bei der Programmierung wenig Aufwand, ein Operator, der nur einmal verwendet wird, erfordert auch nur eine mäßige geistige Anstrengung. Der Leser sei an dieser Stelle gleich darauf hingewiesen, daß sich damit automatisch eine Abhängigkeit der Komplexität eines Programmentwurfs vom Implementationsmittel (z.B. höhere Sprache) und dessen Beschreibungsdichte ergibt.

Daraus ergeben sich folgende Definitionen:

$$n = n_1 + n_2 = \text{Anzahl aller Operanden} + \text{Anzahl aller Operatoren}$$
$$N = \text{Summe aller Benutzungen obiger Elemente}$$

Auf dieser Basis definiert Halstead ein (Programm-)"Volumen"

$$V = N \cdot \log_2 n \, ,$$

das er als die Anzahl der "mental comparisons", die während eines Entwurfsvorganges gemacht werden müssen, deutet. Weiter wird mit Hilfe eines "minimalen Volumens"

$$V^* = (2 + n_2{}^*) \log_2 (2 + n_2{}^*)$$

die "Programmschwierigkeit"

$$D = V / V^* = (1 / \lambda) \, V^* \qquad\qquad \text{errechnet.}$$

Durch Einsetzen der "Stroud'schen Zahl" S, einer Erfahrungsgröße aus der Experimentalpsychologie, die die Zahl der "Elementarentscheidungen" pro Sekunde angibt, zu der ein Mensch fähig ist (5 - 20), kann weiterhin die Programmierzeit: Die "Stroud'-
sche Zahl",
ein Maß für
die "Denk-
geschwindig-
keit"?

$$T = V^{*3} / (\lambda^2 \, S) \qquad\qquad \text{abgeleitet werden.}$$

Interessanterweise ist diese "Stroud'sche Zahl" eine "Personalkonstante", die von Mensch zu Mensch beträchtlich variieren kann.

Aus einer weiteren Erfahrungstatsache, nämlich daß ein Mensch bei einem gewissen Prozentsatz dieser Elementarentscheidungen immer Fehler macht, kann schließlich sogar die Fehlerrate

$$B = V/3000 = V^{*2}/(3000 \, \lambda) \qquad \text{hergeleitet werden.}$$

Natürlich handelte es sich bei diesen Überlegungen von Halstead zunächst nur um plausible Annahmen, die noch weiterer Vertiefung bedurften. Dies führte zu einer Forschungsrichtung - der "Software Science" - deren Ergebnisse jedoch noch nicht ganz unumstritten sind. Daß der Grundansatz aber tragfähig ist, zeigt nach Ansicht des Verfassers Bild 2-12, das einen frühen Vergleich des Halstead'schen Modells mit Schätzungen auf makroskopischer Basis wiedergibt.

Bild 2-12:
Vergleich des
Halstead Mo-
dells mit linea-
ren Schätzun-
gen (nach
[Phister 79])

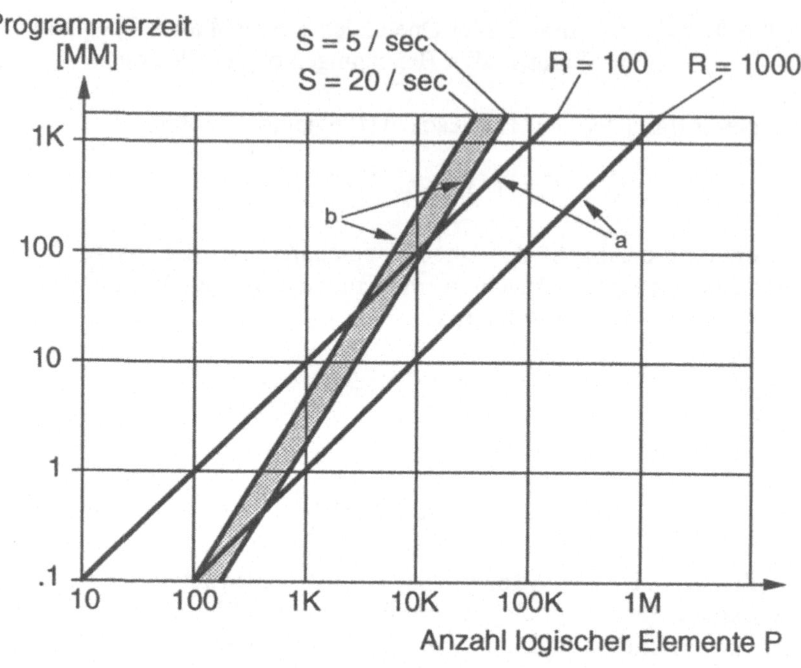

Legende: "a":   konventionell, T=P/R, R=P/MM, FORTRAN-Code
              "b":   nach Halstead, PL/I-Code

2.5.3.2   Die "Function Point" Methode

"Function
Points"

Die Überlegungen Halsteads und seiner Nachfolger führten zu einem tieferen Verständnis einer Reihe von Problemen bei der Aufwandsschätzung in der Softwareentwicklung. So verwendet z.B. die seit einigen
Jahren an Verbreitung gewinnende "Function Point" Methode [Noth 84]
einen ganz ähnlichen Ansatz. Prinzipiell geht man dabei in drei Schritten
vor:

Schritt 1:
Funktionsum-
fang festlegen

Zunächst wird der Funktionsumfang des zu entwickelnden Softwareproduktes auf wenige Grundfunktionen reduziert. Dabei ermittelt man,
wie viele Aufgaben geplant sind und welche Funktionen verlangt werden. Solche Grundfunktionen sind üblicherweise:

- Eingaben
- Ausgaben
- Abfragen
- Datenbestände
- Referenzdaten / Tabellen

Dann wird an Hand von - durch das Verfahren vorgegebenen - Fragen festgelegt, welche Qualitätsanforderungen für das zu entwickelnde Programm vorliegen. Dabei wird nur eine grobe Klassifizierung nach "leicht", "mittel" oder "komplex" vorgenommen.

Schritt 2: Qualitätsanforderungen einschätzen

Schließlich wird nach einer vorgegebenen Rechenregel aus Funktionsumfang und Qualitätsanforderungen die Anzahl der "Function Points" (FP's) berechnet, woraus schließlich der zu erwartende Entwicklungsaufwand ermittelt werden kann.

Schritt 3: Anzahl der "Function Points" berechnen

Die Anzahl der gesamten FP's ergibt sich aus Tabellen mit Erfahrungswerten für die den einzelnen Grundfunktionen zuzuordnenden FP's, der Aufwand schließlich mit Hilfe einer Funktionskurve "FP's pro Mannmonat".

Wichtig ist dabei, daß diese Funktionskurve abteilungs- oder gruppenspezifisch erstellt werden muß. In sie geht also die "Eichung" des Verfahrens auf die Leistungsfähigkeit und die Möglichkeiten der entwickelnden Organisationseinheit ein.

2.5.3.3   Das "Object-Point" Verfahren

Von Praktikern wird seit langem kritisiert, daß alle bekannten Schätzverfahren eigentlich erst anwendbar sind, wenn die Entwicklung der Software schon ziemlich weit fortgeschritten ist. Genau genommen ist die für das Function-Point-Verfahren nötige Ausgangsinformation erst nach dem Feinentwurf verfügbar, und das Programm müßte bereits fertig codiert sein, um "lines of code" zählen zu können. Außerdem hat sich herausgestellt, daß sich bei verschiedenen Entwicklungsmethoden der Aufwand auf unterschiedliche Weise auf die Entwicklungsphasen verteilt.

Zur Lösung des erstgenannten Problems kann kein einfaches Mittel angegeben werden. In der Praxis haben sich jedoch verschiedene relativ erfolgreiche Vorgehensweisen herauskristallisiert, um trotzdem zu brauchbaren Ausgangsschätzungen zu kommen. Einige davon sind in Abschnitt 2.5.5 erwähnt.

Das zweite Problem versucht man dadurch zu lösen, daß man Schätzverfahren entwickelt, die an verschiedene Entwicklungsmethoden anpaßbar sind. Eines davon ist die "Object-Point-Methode" [Oriolo 90]. Oberflächlich betrachtet, ähnelt es bezüglich der eigentlichen Schätzung dem

Function-Point-Verfahren, jedoch sind einige Phasen vorgeschaltet, die die Schätzsicherheit verbessern.

Damit ergeben sich folgende Vorgehensschritte:

- Entwicklungsumgebung wählen,
- Vorgehensmodell wählen,
- Schätzzeitpunkt bestimmen,
- Schätzobjekttypen bestimmen (auf Basis der zum Schätzzeitpunkt existierenden Teilergebnisse).

Tabelle 2-2 illustriert die Möglichkeiten bei drei verschiedenen weit verbreiteten Vorgehensweisen:

- Einsatz von Programmiersprachen der 3.Generation ("3GL", vergl. Abschnitt 4),
- Einsatz von Programmiersprachen der 4.Generation ("4GL", vergl. 4.4.4.1),
- Einsatz von "CASE-Tools" (vergl. 3.2 und 3.3).

Tabelle 2-2: Beispiel für die Anwendung dieser Regeln

Entwicklungs-modell wählen	3GL	4GL	CASE
Vorgehensmo-dell wählen	Fachkonzept, Systemkon-zept, Realisierung	Spezifikation, DV-Konzept, Realisierung	Anforderungsanalyse, Entwurf, Realisierung
Schätzzeit-punkt bestimmen	Ende Fachkonzept	Ende Spezifikation	Ende Anforderungsanalyse
Als Schätzbasis ergibt sich	Listen-, Masken-, Datendefini-tionen	Prototyp, Datenmodell	Informationsstruktur, Funktionsstruktur, Kommunikations-struktur, Systemfunktions-struktur
Schätzobjekt-typen bestimmen	evtl. wie bei Function-Point-Methode	Maske, Druckausgabe, Informations-objekt	Elementarfunktion, Informationsobjekt, Datengruppe, Systemfunktion

Tabelle 2-3 zeigt einige wesentliche Details der Auswahl und Bewertung der Schätzobjekte. Aus den Bewertungsfaktoren wird ersichtlich, daß das Verfahren die Komplexität eines Programms sehr weitgehend berücksichtigt. Im Lichte des in Abschnitt 2.5.1 Gesagten erscheint jedoch fraglich, ob dieser hohe Detaillierungsgrad auch eine entsprechende Verbesserung der Schätzgenauigkeit bewirkt.

Schätzobjekt-typ	Anforderung	Aussage Schätzer	Bewertung
Informations-objekt	Komplexität	Anzahl Datenelemente	Anzahl x 0,5
	Integrität	Anzahl Beziehungen	Anzahl x 2
	Datenvolumen	Intervallangabe	- 100 = 1 - 10.000 = 2 - 100.000 = 3 > 100.000 = 4
Elementar-funktion	Lesezugriffe	Anzahl Informationsobjekte	Anzahl x 1
	Schreibzugriffe	Anzahl Informationsobjekte	Anzahl x 2
	Verarbeitung von Kommunikationsdaten	Anzahl Datengruppen	Anzahl x 3
	. . .	. . .	. . .

Tabelle 2-3: Beispiele für Schätzobjekttypen

Ein weiteres wesentliches Element der Methode ist die Bewertung und Gewichtung der Gesamtanwendung durch einen Einflußfaktorenkatalog. Einige dieser Faktoren sind in der nachfolgenden Liste aufgeführt. Es sei dem Leser empfohlen, sie einmal mit den in Tabelle 2-5 in Abschnitt 2.5.6 aufgeführten Einflußfaktoren zu vergleichen.

- Systemumgebung,
- Ausnahmeverarbeitung,
- spezielle Zugriffsmechanismen,
- Datenkonvertierung,
- RZ-Hilfen,
- Endbenutzer-Hilfen,
- Mehrfachinstallation,
- Reisezeiten,
- Betreten von fachlichem Neuland,
- Betreten von technischem Neuland
- Mehrsprachigkeit,
- Test,
- Mitwirkung mehrerer Fachbereiche.

Analog zum Function Point Verfahren sind dann die Objektpunkte an Hand einer Erfahrungskurve in Aufwand umzurechnen. Dabei ist es wichtig, den Projektaufwand an einer unternehmensspezifischen Kurve abzulesen, d.h. auch dieses Verfahren muß selbstverständlich auf die anwendende Organisation "geeicht" werden.

Positiv fiel dem Verfasser an diesem Verfahren auf, daß es explizit eine gewisse Streubreite der Schätzwerte zuläßt (vergl. 2.5.1), also die Unsicherheit der Realität in Betracht zieht. So ist z.B. folgende Aussage möglich: "Projektaufwand beträgt von xx bis yy Manntagen mit z % Wahrscheinlichkeit."

2.5.4   Der Einfluß der Teamgröße

Eine Einsicht von Brooks: "Adding Manpower to a late Project makes it later."

Ein anderes wichtiges Prinzip, das Brooks [Brooks 75] als erster sehr detailliert beschrieben hat, das aber jedesmal vergessen wird, wenn ein Projekt in eine kritische Phase kommt, besagt: Ein Projekt, das im Verzug ist, gerät durch Hinzufügen neuer Mitarbeiter nur noch weiter in Verzug. Brooks erläutert eine Reihe von Ursachen dafür, wie z.B. den Einfluß von Lerneffekten. Der wesentlichste - wenn auch leider immer wieder übersehene - Grund ist aber:

Es gibt eine optimale Teamgröße, die nicht überschritten werden darf, wenn ein Softwareentwicklungsprojekt innerhalb einer vernünftigen Zeitspanne durchführbar sein soll!

Moderne Kostenmodelle stellen das in Rechnung, wie Bild 2-11 zeigt. Ein wichtiger Aspekt dieser Abbildung wird von ihrem Autor [Key 86] wie folgt beschrieben: "Sie zeigt auch einen "unmöglichen Bereich". Angesichts dieser Tatsache wird es für einen höheren Manager schwierig zu sagen: 'Gut, wenn Sie das nicht können, finde ich jemand anderen, der es kann!' Selbstverständlich muß das Management versuchen, ein Fertigstellungsdatum einzuhalten, das von einem Marktfenster bestimmt wird; es darf aber nicht in den 'unmöglichen Bereich' der Grafik geraten! Daher müssen die Planungen einen realistischen Zeitrahmen haben und einen Grad an Flexibilität aufweisen, der auch gewisse Verzögerungen abfangen kann."

Aber Bild 2-11 zeigt noch einen weiteren sehr wichtigen Aspekt: Aus der Arbeitsaufwandskurve ist ersichtlich, daß die gleiche Arbeit mit wesentlich weniger Aufwand geleistet werden kann, wenn man eine geringfügig höhere Dauer zuläßt. So kann man z.B. "250 K" Software mit einem Aufwand von 25 oder von 100 Mannjahren erstellen. Im letzteren

Fall gerät man sogar leicht in den "unmöglichen Bereich" d.h., das Projekt wird sehr schwierig. Und das, obwohl der Zeitgewinn nur 30 % beträgt, wo der naive Betrachter 75 % erwarten würde. Diese Beobachtung wird durch eine Analyse von Bild 2-13 erhärtet. Wenn man darin die Teamgrößen markiert, die sich aus den obigen Zahlen ergeben, d.h. 6 bzw. 33 Personen, und die daraus resultierenden Werte der Produktivität und der Projektdauer abliest, dann bestätigen sich die Ergebnisse von Bild 2-11: Die Produktivität des einzelnen Mitglieds in einer Gruppe von 6 Personen ist viermal größer als in einer Gruppe von 33. Der Zeitgewinn beträgt nur etwa 30%. Diese Beobachtung illustriert also offenbar eine ziemlich elementare Gesetzmäßigkeit.

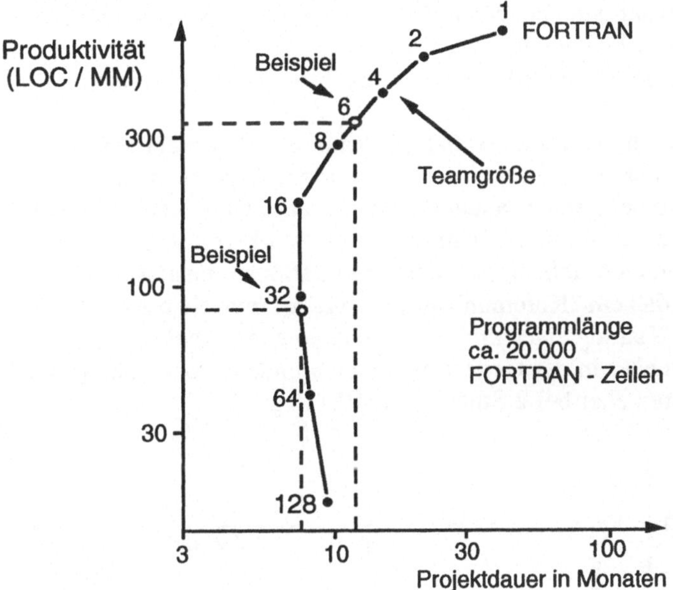

Bild 2-13: Abhängigkeit der Produktivität von der Teamgröße (nach [Phister 79])

Sie wurde ebenfalls zum ersten Mal von Brooks beschrieben, der auch eine Erklärung dafür fand: Es ist im wesentlichen der Einfluß der Kommunikation, die in einem Team notwendig ist! Er gab auch eine - inzwischen berühmt gewordene - Formel an, die diesen Effekt quantitativ beschreibt:

$$N = \frac{n\,(n-1)}{2}$$

Die Brooks'sche Formel für den Produktivitätsverlust durch Kommunikation

Dabei ist n die Anzahl der Mitglieder eines Teams und N die der Kommunikationsvorgänge oder -kanäle. Trägt man die Arbeitszeit, die zur Erledigung einer bestimmten Aufgabe nötig ist, in Abhängigkeit von der Teamgröße auf, so kann man recht anschaulich den Einfluß des Kommunikationsaufwandes veranschaulichen. Dies ist in Bild 2-14 geschehen und illustriert auf plastische Weise eines der zentralen Probleme des Führens von Programmierteams:

Menschen, die in einem Team arbeiten, müssen sich untereinander absprechen, um die Arbeit erledigen zu können. Dies gilt insbesondere für geistig anspruchsvollere Tätigkeiten, wie z.B. das Programmieren. Diese Kommunikation benötigt aber zum Teil sehr viel Zeit und verringert so die "Produktivität".

Aber da es nun einmal unmöglich ist, ein Projekt, das einen Aufwand von hundert Mannjahren erfordert, von einer Person realisieren zu lassen, die 100 Jahre lang daran arbeitet, muß man diese "Kommunikationsverluste" eben in Kauf nehmen. Man muß sich nur ihrer Existenz und Notwendigkeit bewußt bleiben und das Team so organisieren, daß sie nicht mehr als einen vertretbaren Teil des gesamten Zeitaufwands beanspruchen.

Der Kommunikationsaufwand im Team darf aber nicht nur als "produktivitätsmindernder Faktor" gesehen werden. Diskussionen dienen ja üblicherweise der gemeinsamen Problemlösung. Bild 2-14 illustriert deshalb auch, daß die optimale Teamgröße sehr stark von der Aufgabenstellung und der davon abhängigen Kommunikationsintensität abhängt. Nimmt man an, daß ein "Kommunikationsvorgang" zwischen zwei Teammitgliedern der Klärung eines Problems dient, so wird er bei schwierigen Aufgaben eben eher in der Gegend von vier Stunden pro Woche (k=10%), bei einfacheren eher bei 2 Stunden (k=5%) liegen.

Bild 2-14:
Beeinträchtigung der Produktivität durch Kommunikation im Team

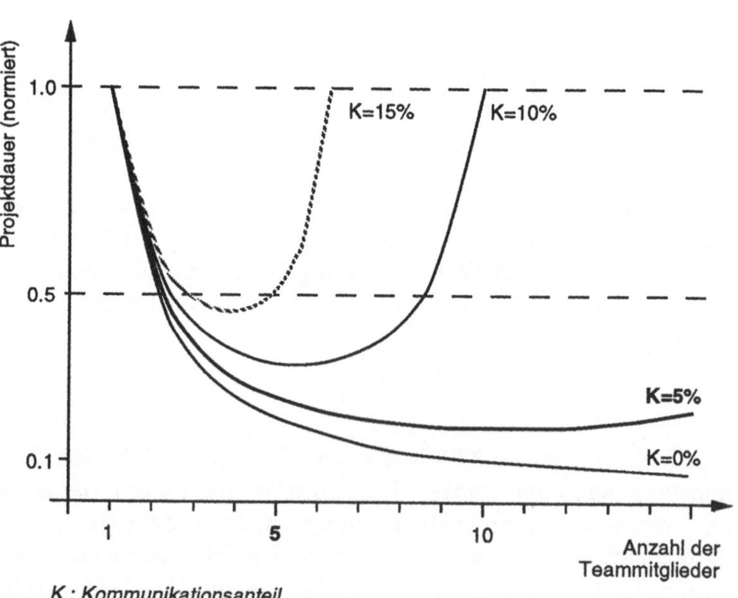

Zusammenfassend betrachtet haben also die Probleme der "Größe" bei der Entwicklung von Software zwei hauptsächliche Ursachen:

- Anzahl der Entscheidungen in einem Entwurf, berücksichtigt in Halstead's Modell;
- Anzahl der Kommunikationskanäle (Interaktionen) zwischen Teammitgliedern, beschrieben durch "Brooks' Gesetz":

$$N = \frac{n\,(n-1)}{2}$$

2.5.5 Produktivitätswerte

Das nächste Problem besteht in der Beschaffung von quantitativen Ausgangswerten für die beschriebenen Verfahren. Wegen der schon mehrfach angesprochenen Abhängigkeit der Produktivität bei der Programmentwicklung von spezifischen Eigenschaften des einzelnen Entwicklers und von Details der jeweiligen entwickelnden Organisation kann es keine allgemeingültigen Daten über die Produktivität von Programmierern geben. Der Projektleiter muß immer auf seine eigenen Erfahrungen zurückgreifen. Aber es gibt Möglichkeiten, diese Erfahrungen auf Plausibilität zu überprüfen und die Leistungen des eigenen Teams oder der eigenen Firma mit denen der Außenwelt zu vergleichen.

Wichtig sind quantitative Werte als Ausgangspunkt für Schätzverfahren

So enthalten z.B. fast alle Veröffentlichungen von B.Boehm wertvolle Zahlen, Vergleichswerte und praktische Hinweise allgemeiner Art. Ein - wenn auch weniger bekanntes - Buch von Phister stellt ebenfalls eine sehr wertvolle Quelle von Rohdaten dar [Phister 79]. Auch im Rahmen der "IFAC-Workshops on Experience with the Management of Software Projects" wurde eine Reihe von quantitativen und qualitativen Erfahrungen zusammengestellt (vergl. z.B. Bild 2-15 und [Elzer 87, Milovanovic 88, Mowle 89, Elzer 92]). Einige der vom Verfasser dabei ermittelten Erfahrungswerte sind in Tabelle 2-4 zusammengefaßt.

Bei der Verwendung dieser Zahlen muß man sich natürlich über ihren Gültigkeitsbereich im klaren sein: üblicherweise umfaßt dieser die Erstellung getesteten Codes, einschließlich des Grobdesigns.

Gültigkeitsbereich der Zahlen beachten

Wie schon in 2.5.3.3 erwähnt, besteht die hauptsächliche Kritik der Praktiker gegenüber allen Kostenschätzverfahren auf Modellbasis darin, daß die notwendigen Hauptparameter (Programmgröße in "lines of code" oder die Anzahl bestimmter Programmkonstrukte) strenggenommen erst bekannt sein können, wenn der Entwurf eines Programms schon relativ weit fortgeschritten ist. Doch auch für die Lösung dieses Problems gibt

"Lines of Code" ist allerdings als Maß sehr umstritten

es bewährte Ansätze. So kann man z.B. die notwendigen Daten aus vergleichbaren Projekten extrahieren oder erfahrene Entwickler und Teamleiter befragen, wieviel Zeit sie zur Lösung vergleichbarer Probleme benötigt haben oder benötigen würden. Es ist auch oft möglich, die Grössen von Programmen, die zur Lösung ähnlicher (Teil-) Probleme dienen, in Erfahrung zu bringen. Man kann z.B. die veröffentlichte Literatur nach Zahlen durchsehen oder von Preisen der Konkurrenz und/oder Projektlaufzeiten aus hochrechnen. Bei geeigneter Vertragsgestaltung kann man schließlich Vorphasen gesondert abrechnen, um das Risiko des Gesamtvertrags sowohl für den Kunden als auch den Systemlieferanten zu verringern etc.

Tabelle 2-4: Einige Erfahrungswerte zur Produktivität bei der Softwareentwicklung

Jahr:	"LOC/MJ":	Standardabweichung:	Anmerkungen:
1977	3200	n.bek.	Literaturwert
1982	2000	n.erm.	eigene Erfahrung, schwierige Assemblerprogramme
1984	4000	n.erm.	eigene Erfahrung, schwierige FORTRAN-Programme
1986	2600	*900*	IFAC-Workshop
1987	3900	*1200*	"
1988	4400	*2000*	"
1989	9200	*7400*	"

Wichtig ist aber in allen Fällen die Verwendung mehrerer Verfahren und Quellen, um systematische Fehler möglichst einzugrenzen oder sogar zu kompensieren.

Bild 2-15: Produktivitätswerte [Elzer 87]

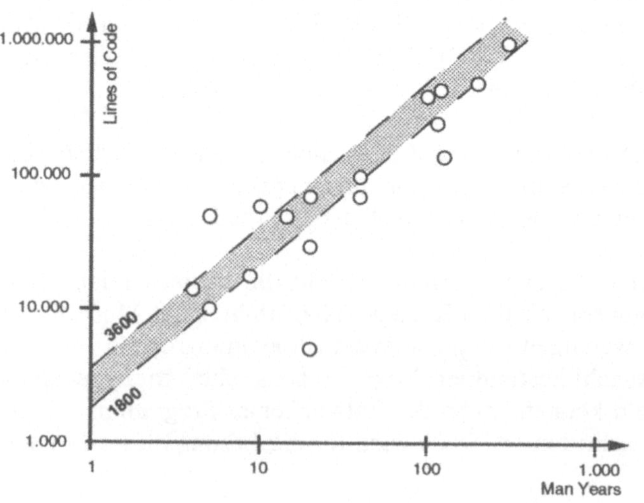

2.5.6   Weitere Einflußgrößen auf den Entwicklungsaufwand

Übermäßiger Aufwand bei der Ermittlung von Vergleichswerten ist aber streng genommen nicht nötig, da selbst beträchtliche Fehler in der Abschätzung der Programmgröße durch andere Einflußgrößen mehr als wettgemacht werden können. So wurden z.B. schon in einer sehr frühen Studie [Walston 77] 29 mögliche Störfaktoren untersucht. Die 10 wesentlichsten davon wurden der Deutlichkeit halber vom Verfasser in Tabelle 2-5 nach ihrer Größe geordnet dargestellt.

Nichttechnische Einflußgrößen sind oft bedeutsamer als Softwareentwicklungshilfsmittel

	Faktor:	Produktivität, wenn der Faktor			
		< Normal	=	> Normal ist	
1	Komplexität der Schnittstelle zum Kunden	4	:	1	
2	Erfahrung mit der verwendeten Programmiersprache	1	:	3,2	
3	Generelle Personalqualifikation	1	:	3,2	
4	Anwendungserfahrung	1	:	2,8	
5	Beteiligung der Entwickler an der Spezifikation	1	:	2,6	
6	Benutzerbeteiligung an der Definition der Anforderungen	2,4	:	1	(!)
7	Erfahrung mit Rechner	1	:	2,1	
8	Komplexität des Anwendungsalgorithmus	2,1	:	1	
9	Anteil des ausgelieferten Codes	1 : 2,1	:	1,7	(!)
10	Speicherplatzbeschränkungen	2	:	1	
:					
:					
29	Komplexität des Kontrollflusses und	1,4	:	1	(!)
30	Modulgrößen (aus [Phister 79])	1,25 : 1	:	1,35	(*)

Tabelle 2-5: Wesentliche Einflußgrößen auf die Produktivität bei der Softwareentwicklung

* : optimale Größe ist jeweils zu ermitteln
! : kontraintuitiv

Die Ziffern geben die relative Produktivität an und sind wie folgt zu lesen: Die erste Zahl gilt, wenn der betreffende Faktor kleiner als normal ist; die letzte, wenn er größer als normal ist. Die mittlere Zahl (falls angegeben) beschreibt die Produktivität unter normalen Bedingungen. So können z.B. sehr schwierige Beziehungen zu einem Kunden, d.h. etwas, das vom Verhandlungsgeschick und von der Qualität der Vertragsabteilung abhängt, die Produktivität auf ein Viertel eines guten Wertes herabdrücken. Andererseits hat man, wenn es einem gelingt, ein qualifiziertes Team zusammenzustellen, das mit der Anwendung und der Programmiersprache vertraut ist (Faktoren 2, 3 und 4), theoretisch die Chance, ein gegebenes Projekt 25 mal so schnell wie unter widrigen Umständen fertigzustellen. Ein solches Beispiel wird z.B. in [Wong 84] dargestellt. Die rein technologischen Faktoren (z.B. 29 und 30) haben einen bemerkenswert geringen Einfluß. Der Effekt der Faktoren 6, 9 und 2 ist kontraintuitiv, d.h. Experimente und Statistiken zeigen andere Ergebnisse, als sie auf Grund theoretischer Überlegungen immer erwartet wurden. Einige Faktoren, die üblicherweise in der theoretischen Diskussion eine große Rolle spielen, wie etwa 29 und 30, sind von geringerer Bedeutung als erwartet.

Ganz generell erklärt diese Liste sehr leicht, warum - abgesehen von individuellen Unterschieden - die angegebenen Produktivitätswerte von Programmentwicklern um den Faktor 20 variieren können. Für einen Projektleiter, der eine verläßliche Planung erstellen will, heißt das: "Beobachte dein Team, ermittle die darauf wirkenden Einflußfaktoren und baue einen vernünftigen Sicherheitspuffer in deine Annahmen ein!"

2.5.7 Kostenverteilung über die einzelnen Phasen des Lebensdauerzyklus

Entwicklungs-
kosten vertei-
len sich nicht
gleichmäßig
über die
Projektdauer

Wie bereits erwähnt, soll man ein Projekt nie mit der vollen Teamstärke beginnen. Wie aber sieht eine sinnvolle Verteilung der verfügbaren Arbeitskraft über die Dauer eines Projekts aus? Die Antwort auf diese Frage ist für den Projektleiter aus mehreren Gründen wichtig:

Erstens sind zuverlässige Produktivitätszahlen normalerweise nur für bestimmte Phasen des Entwicklungszyklus zu erhalten. Daher muß man die Gesamtentwicklungskosten aus bekannten Zahlen für einzelne Phasen hochrechnen, indem man empirisch ermittelte Werte für andere Phasen benutzt, wie sie z.B. Bild 2-16 und 2-17 zeigen. Üblicherweise verwendet man aber wesentlich gröbere Statistiken, die schon seit Jahren stabil geblieben sind. Durch die Praxis weitgehend bestätigt sind die in Tabelle 2-6 angegebenen Werte, die z.B schon von Phister [Phister 79] genannt wurden:

Tabelle 2-6:
Anteil an den
Entwicklungs-
kosten in %:

Programmentwurf	26	-	31
Codierung	24	-	24
Test	36	-	45
Dokumentation	14	-	

Zweitens verdeutlichen die meisten Verteilungsstatistiken auch das Wartungsproblem. Die Wartungskosten belaufen sich normalerweise auf 50 % der gesamten Lebensdauerkosten von Software. In einem Extremfall waren es sogar 90% .

Wartung von Software verursacht 50 - 90% der Lebensdauerkosten!

Programmentwicklung	50 %	-	10%
Wartung	50 %	-	90%
	[Boehm et al.]		[Bell Telephone]

Tabelle 2-7: Anteil der Wartung an den "Lebensdauerkosten"

Rein abstrakt und numerisch gesehen geben dabei diese Zahlen aber noch nicht einmal einen genügend drastischen Eindruck von der Schwere des Problems. Macht man sich jedoch klar, daß man bei einer angenommenen Produktlebensdauer von zehn Jahren eine Gruppe von zehn Personen für die Wartung eines Softwaresystems abstellen muß, das 100 Mannjahre zu seiner Entwicklung benötigt hat, so werden die Folgen für das Management sehr viel deutlicher. Natürlich ist diese Situation nicht akzeptabel, und man muß daher jede Anstrengung unternehmen, um die Wartungskosten von Software durch besseren Entwurf und eventuell durch den Einsatz geeigneter Werkzeuge zu reduzieren. Mehr über die Wartung von Software wird in Abschnitt 5.3 ausgeführt.

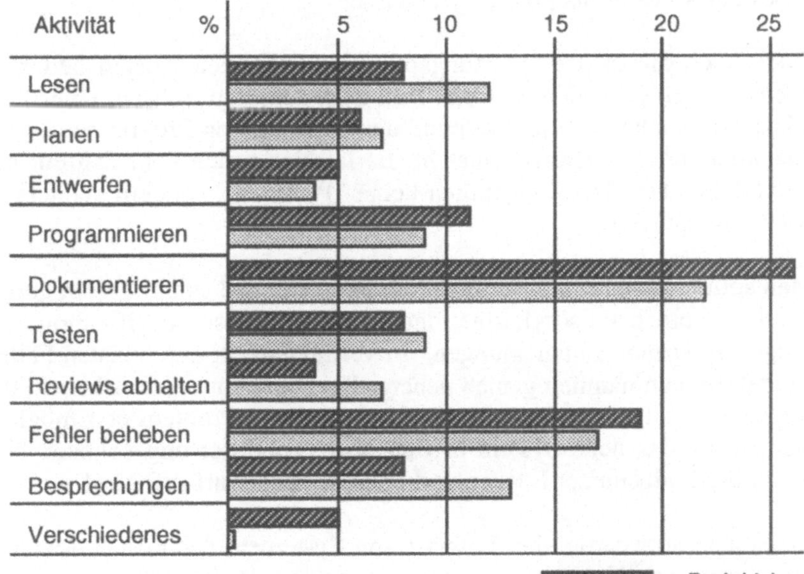

Bild 2-16: Kostenverteilung über die Entwicklungsphasen bei zwei (militärischen) Projekten

Bild 2-17:
Kostenvertei-
lung über die
Entwicklungs-
phasen in zwei
aufeinanderfol-
genden Jahren
eines (zivilen)
Großprojektes

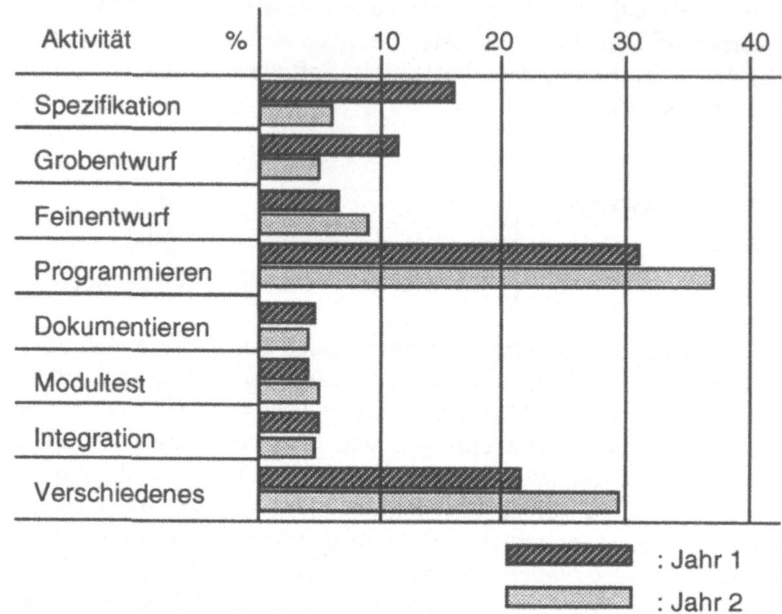

Schließlich erhält der Projektleiter durch die sorgfältige Auswertung von Verteilungsstatistiken Anhaltspunkte bezüglich Art und Tempo des Aufbaues eines Teams über die Projektlaufzeit.

Wartung ist oft weiter nichts als Weiterentwicklung Doch auch die in der "Wartungsphase" anfallenden Kosten bedürfen noch einer eingehenden Analyse. Bild 2-18 zeigt am Beispiel eines Projekts, für welche Arbeiten während der Wartung von Programmen üblicherweise noch Aufwand entsteht. Es ist klar ersichtlich, daß ein beträchtlicher Teil davon eigentlich keine "Wartung", sondern Weiterentwicklung darstellt.

Man sollte sich nun aber vor dem Schluß hüten, daß es nur darum ginge, durch entsprechend sorgfältige Planung und rigorose Spezifikation derartige "verspätete Entwicklungen" zu verhindern. In den meisten Fällen handelt es sich nämlich gemäß neuerer Einsichten um Nacharbeiten, die wegen ungenügender Einsicht in das zu lösende Problem erst möglich sind, wenn das neue System in Betrieb ist, und der ungeschönte Test durch die Endbenutzer Lücken und Fehler im Entwurf offenlegt.

Es ist also notwendig, den Entwurf von Systemen, deren Funktionalität einen gewissen Neuheitsgrad aufweist, so anzulegen, daß Änderungen nach der ersten Inbetriebnahme möglich sind und nicht zu einem technischen und wirtschaftlichen Abenteuer werden.

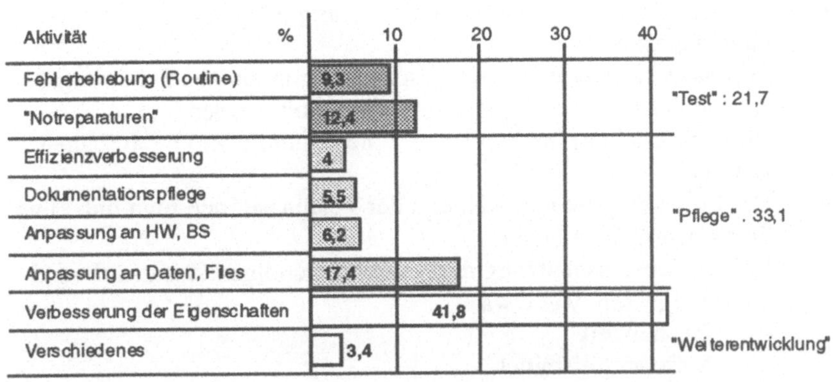

Bild 2-18: Kostenverteilung in der Wartungsphase

Für Projekte mit einer etwas konventionelleren Zielstellung gilt der alte Lehrsatz: Vorherige sorgfältige Spezifikation und Stabilhalten der Funktionalität sparen Wartungskosten!

Wird dieser nicht befolgt, so entsteht natürlich das Problem der Kostenverlagerung, das man überspitzt auch so formulieren könnte: "die bösen Folgen falscher Sparsamkeit und aufgeschobener Entscheidungen". Es wird durch Bild 2-19 illustriert.

Je früher in der Entwicklung Fehler erkannt und behoben werden, desto billiger ist es!

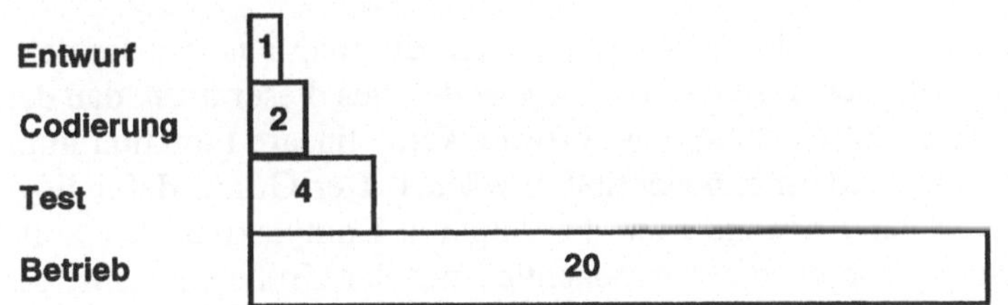

Bild 2-19: Kosten für die Behebung eines Fehlers während der verschiedenen Entwurfsphasen

2.5.8   Was kann man lernen?

Zum Abschluß dieses Abschnitts sollen noch einmal einige der wichtigsten Prinzipien der Abwicklung von Softwareprojekten in Form von Stichpunkten zusammengestellt werden. Die Auswahl ist sicher subjektiv und von den eigenen Erfahrungen des Verfassers beeinflußt, aber andererseits sicher auch repräsentativ:

- Kaufmännische Gesichtspunkte und solche der Menschenführung sind mindestens genau so wichtig wie die richtige Technik.

  Einige nützliche Regeln

- Gutes, anwendungsbezogenes und modulares Design spart Geld.
- Die Entwicklungskosten sind aus geschätzten Programmgrößen ableitbar, wenn man die entsprechenden Verfahren kennt und entsprechend ihrer Leistungsfähigkeit einsetzt.

- Faustregeln sind für die Kostenschätzung oft genau so gut wie lange Formeln.
- Produktivitätswerte und Arbeitsumfang müssen aus Erfahrungswerten der eigenen Organisation abgeleitet werden.
- Ein Projektleiter muß Statistiken führen, um Erfahrung aufbauen zu können.
- Bei Projektbeginn und während der Testphase muß man unbedingt Selbstbetrug vermeiden.
- Bei der Kostenschätzung darf man notwendigen Zusatzaufwand nicht vergessen, wie etwa:
  - Rechenzeit
  - Softwarehilfsmittel
  - nicht auszuliefernde Hilfsprogramme
  - Systemanalyse
  - Testaufbauten

  etc.

Reduktion der Komplexität

Ganz zum Schluß soll noch einmal auf einen technischen Gesichtspunkt hingewiesen werden, der dem Verfasser besonders am Herzen liegt: Man achte beim Entwurf von Anfang an auf eine modulare Programm- und Systemstruktur mit lose gekoppelten Komponenten!

Dies ist eine der einfachsten Konsequenzen, die man aus den Entdekkungen Halsteads ziehen kann. Wie dargestellt, wies dieser nach, daß der Aufwand für die Entwicklung von Software keine lineare Funktion ihrer Größe darstellt, sondern exponentiell anwächst. Der Grund dafür liegt darin, daß sich der Aufwand nach der "inneren Komplexität" der Software bemißt, welche ebenfalls exponentiell mit der Größe anwächst. Er zeigte jedoch auch, daß der Aufwand durch Modularisierung drastisch reduziert werden kann, da sich dadurch der Gesamtaufwand für ein großes Softwarepaket aus der Summe der Aufwendungen für die einzelnen Module ergibt, anstelle des exponentiellen Ergebnisses, das sich andernfalls für das gesamte Softwarepaket ergeben hätte. Besonders interessant erscheint es dem Verfasser, daß dieser schon über ein Jahrzehnt alte Grundsatz nun - wenn auch mit etwas anderen Worten - in Lehrbüchern über "objektorientierten Entwurf" wieder hervorgehoben wird.

Dieser technische Ratschlag bildet sicher die geeignete Überleitung zu den nächsten Kapiteln, die sich mit der Technik der Programmentwicklung befassen.

3

Technische Entwicklungshilfsmittel

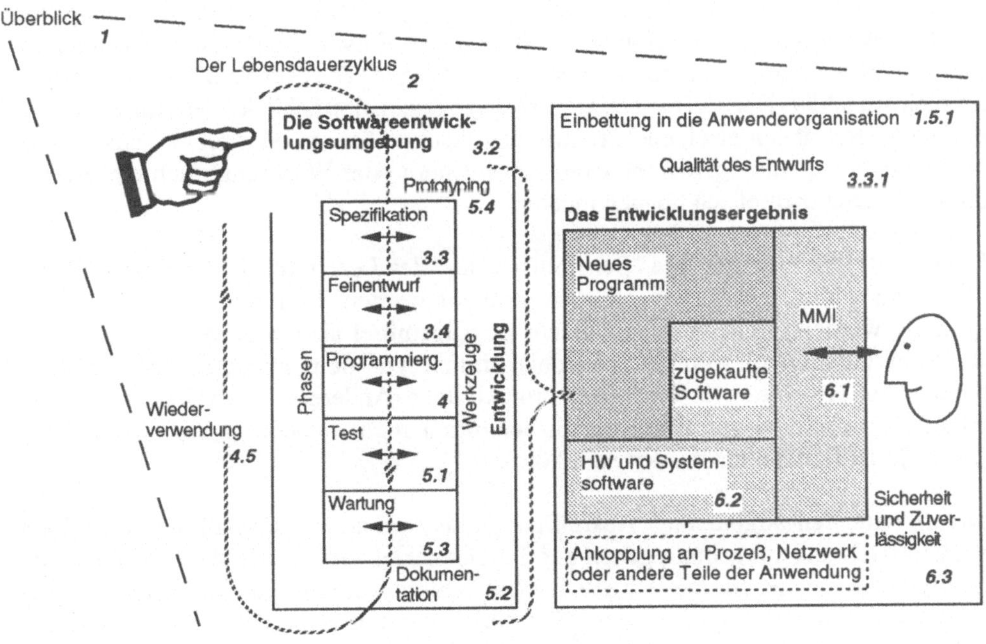

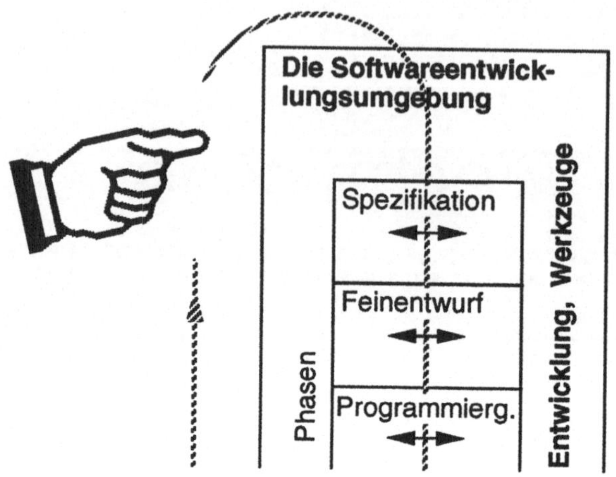

Das Ziel dieses Kapitels ist es nicht, ein Lehrbuch der Softwaretechnik zu ersetzen. Es soll lediglich einen Eindruck davon vermitteln, welche typischen Werkzeuge es zur Unterstützung der verschiedenen Phasen der Entwicklung von Software gibt und welche Leistungen sie in etwa erbringen können. Die Auswahl der Werkzeuge ist auch subjektiv. Der Verfasser hat es vorgezogen, hauptsächlich über Hilfsmittel zu berichten, mit denen er eigene Erfahrungen machen konnte oder mußte, anstatt nur wiederzugeben, was - gemäß anderen Lehrbüchern oder Werkzeugbeschreibungen - die Hilfsmittel theoretisch können müßten.

Dabei soll auch eine gewisse "Sensibilisierung" des Lesers für diesen Problemkreis und darin vorhandene Lösungsansätze erreicht werden. Dadurch soll er einerseits ermutigt werden, vielleicht auch andere Lösungsmittel als die bisher gewohnten in Betracht zu ziehen, wenn er (wieder) einmal vor dem Problem der Auswahl technischer Hilfmittel für ein neues Projekt steht. Andererseits wird vielleicht der Blick für Probleme geschärft, die bisher durch nicht unbedingt zur Anwendung passende Hilfsmittel entstanden sein könnten.

Die einleitenden allgemeinen Ausführungen zu Aufbau und Gestaltung einer Softwareentwicklungsumgebung gehen auf die Gedanken zurück, die sich der Verfasser als Verantwortlicher für die "PEBBLEMAN"-Dokumente machte, der ersten Spezifikation der Entwicklungsumgebung für die Programmiersprache Ada. Inzwischen gelten diese strukturellen Prinzipien als Allgemeingut, wenn sie auch noch in keiner realen Entwicklungsumgebung völlig verwirklicht sind. Sie können jedoch einem Projektleiter als Richtschnur bei der Auswahl eines konkreten Satzes von Werkzeugen für sein anstehendes Problem dienen.

3.1 Grundsätzliches

3.1.1 Die technische Qualität der Lösung

Wie schon in Abschnitt 1.3.1 betont wurde, ist die technische Qualität ei- Die anwen-
nes Entwurfs in Bezug auf die Anforderungen der Anwendung min- dungstechni-
destens genau so wichtig wie die Qualität seiner informationstechni- schen Eigen-
schen Ausführung. Die Umsetzung dieser Einsicht in die Praxis ist je- schaften des
doch üblicherweise sehr schwierig, da es dazu erforderlich ist, daß der Entwurfs sind
Entwerfende sowohl auf dem Gebiet der jeweiligen Anwendung zumin- ausschlagge-
dest Grundkenntnisse besitzt, als auch das Instrumentarium der Soft- bend für den
wareentwicklung sicher beherrscht. Darüberhinaus muß er es verstehen, Projekterfolg
aus einem Anwendungsproblem die softwaretechnische Problemstellung
herauszuarbeiten und einen funktionsfähigen Lösungsansatz zu finden.

Letztere Fähigkeit ist aber gegenwärtig nur lehrbar für Anwendungsgebiete, die selbst der Softwaretechnik angehören, wie z.B. Compiler, Betriebssysteme, Datenbanken, Informationssysteme etc. Für Softwarean-
wendungen in anderen Disziplinen, wie etwa Maschinenbau, Automatisierungstechnik, Bankwesen, Medizin etc. muß das - notwendigerweise
interdisziplinäre - Wissen erst aufgebaut werden.

Also muß sich der Manager zunächst noch an einige allgemeine, abstrak- Einige
te Prinzipien halten, um die Qualität eines Entwurfs daran zu messen. Die Prinzipien
wichtigsten sind nach dem derzeitigem Stand der Diskussion folgende:

Zunächst muß der Entwurf der zu lösenden Aufgabe angemessen sein, "Angemessen-
also weder zu futuristisch noch zu konservativ. Einerseits sollte man kei- heit"
ne unnötigen Entwicklungsrisiken eingehen, indem man z.B. eine uner-
probte Problemlösung auf einer neuen Computergeneration realisieren
möchte, andererseits muß man natürlich auch Entwicklungsstillstand vermeiden.

Weiterhin muß der Entwurf modular sein. Das hat sowohl technische als Modularität
auch organisatorische Gründe. Vom technischen Standpunkt aus ist bekannt, daß ein modulares System leichter zu entwerfen und zu warten ist
als ein monolithisches. Unter organisatorischen Gesichtspunkten ist es
wichtig, sich von Anfang an bewußt zu machen, daß die Arbeit in der
Regel in einem Team durchgeführt werden wird und deshalb so gegliedert sein muß, daß gut trennbare Arbeitsabschnitte verschiedenen Personen oder Untergruppen zugewiesen werden können.

Schließlich muß ein Entwurf änderbar sein. Das bezieht sich nicht nur auf Änderbarkeit
"Änderungen nach Auslieferung", an die Parnas gedacht haben mag, als

er sein "design for change" postulierte, sondern genauso auf Änderungen, die unausweichlich auch schon während der Entwicklung auftreten. "Unausweichlich" deshalb, weil Softwareprojekte üblicherweise wesentlich länger dauern als erwartet und deswegen Änderungen der Anforderungen auftreten können, die bei Projektbeginn niemand vorhersehen konnte. Es ist aber auch nicht unüblich, daß man erst während der Entwicklung Klarheit darüber gewinnt, welche Funktionalität die zukünftigen Benutzer von der in Entwicklung begriffenen Software genau erwarten.

Da gegenwärtig keine detaillierteren Empfehlungen zur Auslegung des anwendungstechnischen Entwurfs gegeben werden können, beschränken sich die folgenden Abschnitte darauf, die softwaretechnischen Gesichtspunkte eines Projekts und die entsprechenden Klassen von Hilfsmitteln darzustellen. Soweit möglich, sollen Hinweise und Hilfen für ihre zweckmäßige Auswahl und ihren Einsatz gegeben, sowie gegenseitige Beeinflussungen betrachtet werden.

3.1.2   Entwurfsverfahren

3.1.2.1   Allgemeines

In fast einem halben Jahrhundert der Softwareentwicklung hat sich viel nutzbares Erfahrungswissen angesammelt

Der Entwurf von Softwaresystemen hat inzwischen eine Tradition von einem knappen halben Jahrhundert. In dieser Zeit ist eine Reihe von Vorgehensweisen entstanden, von denen man sich jeweils versprach, daß sie es ermöglichen würden, die Probleme in den Griff zu bekommen, die mit dem jeweils vorigen Stand der Technik nicht beherrschbar waren. Dabei sammelte sich - neben viel Theorie (und leider auch Glaubenssätzen) - ein beträchtlicher Fundus an Erfahrungswissen bezüglich verschiedener Entwurfstechniken und ihrer jeweiligen Vor- und Nachteile an, der aber leider noch nicht systematisch erschlossen und damit lehrbar ist. Es ist aber durchaus möglich, aus Erfahrungsberichten, die bei entsprechenden Tagungen oder in praxisorientierten Zeitschriften gegeben werden, Rückschlüsse auf den tatsächlichen Erfolg gewisser Verfahren oder Werkzeuge zu schließen. Manchmal muß man dazu natürlich etwas zwischen den Zeilen lesen können.

Es gibt nämlich für jede Vorgehensweise, vom rein intuitiven "Hacken" über den "genialen" Ein-Mann-Entwurf bis hin zur kompletten formalen Spezifikation Berichte über nachweisbare Erfolge ebenso wie über komplette Katastrophen. Der Verfasser hat von beiden Kategorien auch schon einige miterlebt. Die Konsequenz erscheint selbstverständlich: Es gibt keine "bessere" oder "schlechtere" Entwurfstechnik, es gibt nur ein

jeweils angemessenes oder unangemessenes Vorgehen bei einem gegebenen Problem und Entwicklungsteam. Die Verantwortung für die Auswahl kann dem Projektleiter niemand abnehmen. Trotzdem können einige Hinweise bezüglich der grundlegenden Charakteristika wesentlicher
Klassen von Verfahren hilfreich sein.

Es ist wohl ziemlich einfach zu entscheiden, unter welchen Bedingungen eine völlig improvisierte Entwicklung - üblicherweise auch "Hakken" genannt - noch toleriert werden kann. Ein guter Projektleiter weiß
auch meist, wann er einem wirklichen "Starentwickler" nicht mehr ins
Handwerk reden sollte. Diese Fälle sind aber eher selten. Bei der überwiegenden Mehrheit aller Projekte muß heute irgendeine der anerkannten Entwicklungsmethoden eingesetzt werden, sei es, weil das Projekt zu
groß für ein kleines Team ist, weil die Personalfluktuation Abhängigkeit
von Einzelpersonen nicht zuläßt oder einfach, weil es der Kunde im
Rahmen von Zertifizierungsmaßnahmen fordert.

Beim heutigen Stand der Diskussion fällt die Entscheidung im wesentlichen zwischen verschiedenen Verfahren aus dem - inzwischen als "klassisch" zu bezeichnenden - Bereich des "strukturierten Entwurfs" oder
dem des "objektorientierten Entwurfs". Verfolgt man die gegenwärtige
Diskussion in der Fachwelt über die Vor- und Nachteile des "Objektorientierten Entwurfs" und der "Objektorientierten Programmierung" im
Vergleich zu "klassischen Verfahren", so entsteht (wieder einmal) der
Eindruck, daß hier zwei technische "Philosophien" gegeneinander stehen. Bei näherem Hinsehen ist dem aber nicht so.

Abstrahiert man nämlich von den Details der diesen beiden Vorgehensweisen zugrundeliegenden Beschreibungstechniken, Programmiersprachen oder Werkzeuge, so scheint es, als ob beide Verfahren zu gleichen
Ergebnissen führen können. Vorausgesetzt ist allerdings, daß sie mit
Sachverstand und Augenmaß eingesetzt und daß die Anforderungen der
jeweiligen Anwendung angemessen berücksichtigt werden.

3.1.2.2   "CASE"

Dieser Begriff beherrscht seit einigen Jahren die kommerzielle Landschaft der Softwareentwicklung. "Computer Aided Software Engineering" wird, trotz aller Fehlschläge, von vielen Firmen und Beratern, die
entsprechende Methoden und Werkzeuge verkaufen, immer noch als
das wirksamste Mittel zur Lösung von Problemen bei der Abwicklung
von Softwareprojekten dargestellt. Dies ist nicht einmal falsch.

Die heute marktüblichen Softwareentwurfsmethoden und -werkzeuge, die unter den Sammelbegriff des "CASE" fallen, sind nämlich alle bewährte Realisierungen von Basisverfahren, die in den 70-er Jahren entwickelt wurden. Grund dafür waren die sich schon damals häufenden Probleme bei der Abwicklung großer Softwareprojekte, Auslöser die Formulierung des Begriffes "Software Engineering" anläßlich der häufig zitierten NATO Konferenz in Garmisch-Partenkirchen 1968 [Buxton 70]. Tabelle 3-1 zeigt, welche Kombinationen dieser Basisverfahren in einigen heute marktgängigen "CASE"-Werkzeugen angeboten werden.

Tabelle 3-1: Kombination von Basisverfahren in CASE-Werkzeugen

	Promod	TeamWork	Turbo CASE	EPOS	Excelerator/ X-Tools	MAESTRO
Datenflußdiagramme		*	*	*		
Data Dictionary	*	*	*	*	*	
Entity Relationship Modell		*	*	*	*	
Pseudocode	*	*	*	*		*
Struktogramme					*	*
Programmablaufplan (PAP)		*		*		
Zustandsautomaten	*	*	*	*	*	
Petrinetze				*		
SA (Structured Analysis)	*	*	*	*	*	*
SADT				*		
RT (Real Time Analysis)	*	*	*	*	*	
SD (Structured Design)		*		*	*	*
Codegenerierung	*	*		*		*

Bild 3-1 gibt Hinweise darauf, in welchen Phasen des Softwarelebensdauerzyklus welche dieser Basisverfahren sinnvoll eingesetzt werden können. Diese Tabellen wurden auf der Basis entsprechender Darstellungen in einem Buch von Balzert [Balzert 89] entwickelt, in dem eine große Zahl von auf dem Markt verfügbaren CASE-Werkzeuge vorgestellt werden. In den Abschnitten 3.3 und 3.4 werden einige davon aus der eigenen Erfahrung des Verfassers heraus näher beschrieben.

Grundlage der klassischen Verfahren ist immer eine Art der hierarchischen Systemstruktur

Alle Verfahren basieren auf irgendeiner Form der "Strukturierten Analyse", die davon ausgeht, daß sich komplexe Systeme in Form einer (funktionalen) Hierarchie gliedern lassen. Es wird eine "Gesamtfunktionalität" auf höchster Ebene angenommen, die durch "schrittweise Verfeinerung" in immer kleinere Teilfunktionen zerlegt werden könne, bis schließlich die codierbaren Programmelemente (meist Routinen) erreicht seien. Dieser eindimensionale Ansatz, der auch den ersten "Lebensdauerzyklusmodellen" zu Grunde lag, war von Ingenieuren und Praktikern immer als unrealistisch und unzureichend kritisiert worden (siehe auch Abschnitt 2.4). In der Realität kann er jedoch bei rein manuellem Einsatz der jeweiligen Methode umgangen werden. Es ist prinzipiell möglich, Teilsysteme unabhängig voneinander zu entwerfen, so lange zu verändern, bis ihre Funktionalität ausgereift erscheint, und sie nachträglich in eine saubere Systemstruktur einzupassen. Das Werkzeug sorgt dann für die Aufdeckkung von Inkonsistenzen und Unplausibilitäten. Leider wird dieses ingenieurgerechte Vorgehen aber nicht von allen Werkzeugen unterstützt.

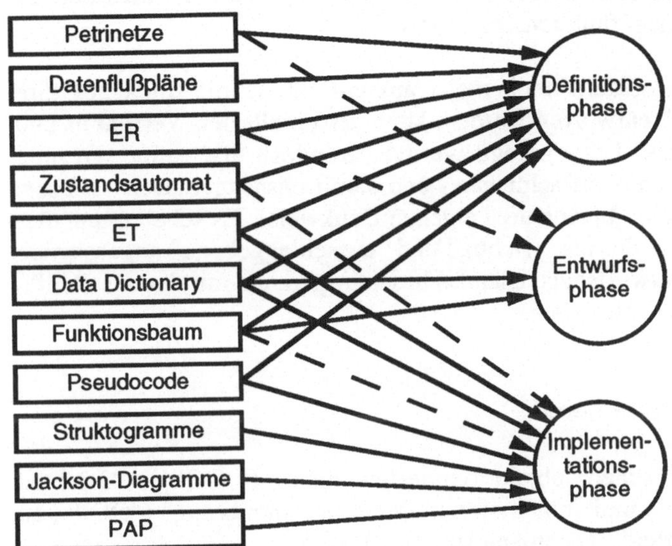

Bild 3-1: Einsetzbarkeit von Basisverfahren in verschiedenen Phasen des Lebensdauerzyklus

Ein weiterer Nachteil aller klassischen CASE-Methoden und -Werkzeuge ist ihre Inhaltsleere. Dies wurde dem Verfasser vor etwa zehn Jahren durch einen sehr fähigen Mitarbeiter klargemacht, der zunächst einige Monate lang geduldig eine Reihe solcher Verfahren ausprobiert hatte und dann mit folgender Bemerkung aufgab: "Chef, die Werkzeuge, die Sie mir da vorschreiben wollen, helfen mir nicht beim Lösen meiner Probleme. Sie zwingen mich nur, die Lösung sauberer hinzuschreiben, wenn ich sie gefunden habe. Aber das ist mir den Aufwand nicht wert." Diese Bemerkung hatte zur Folge, daß in dem betreffenden Projekt wegen Termindrucks der Einsatz von "Werkzeugen" - ohne nachteilige Folgen - wieder aufgegeben wurde, und daß der Verfasser begann, über Methoden zur Wiederverwendung von Lösungsansätzen nachzudenken, was schließlich zum PRACTITIONER-Projekt (ESPRIT P1094) führte.

CASE gibt die Form vor - der Inhalt ist Sache des Entwicklers

Einen Nachteil besitzen die klassischen Entwurfsverfahren aber nicht, der ihnen oft von Vetretern des "objektorientierten" Ansatzes zugeschrieben wird: Sie sind nicht rein funktions- oder vorgangsorientiert. Einmal abgesehen von der auch schon Jahrzehnte alten Methode von Jackson, die explizit der Entwicklung eines Datenmodells der Anwendung Priorität gibt, bieten praktisch alle üblichen Methoden und Werk-

Datenorientierten Entwurf gibt es auch schon lange

zeuge Hilfen für die sachgerechte Modellierung der Datenstrukturen, bis hin zum Aufbau eines "Datenlexikons", an. SADT (vergl. auch 3.3.2.4) unterstützt sogar den "dualen" Aufbau eines kompletten Datenmodells zusammen mit dem funktionalen Modell.

Daß Systeme trotzdem noch meist ausschließlich mit Blick auf ihre "Funktionalität" entworfen werden, kann also nicht den Verfahren und Werkzeugen zur Last gelegt werden, sondern hat seine Gründe entweder in ihrem oberflächlichen - und damit unsachgemäßen - Einsatz oder in einer vielen Ingenieuren eigenen Denkweise. Es scheint, daß diese sich lieber mit der als "wichtig" und "ausschlaggebend" angesehenen Funktion des Entwurfsgegenstandes beschäftigen, als mit den als "Hilfsgrößen" betrachteten Daten.

3.1.2.3   "Objektorientierter" Entwurf

Die "Weltrevolution" in der Softwareentwicklung oder wieder nur eine neue Mode?

Zunächst ist zwischen "objektorientiertem Entwurf" ("Object Oriented Design", "OOD") und "objektorientierter Programmierung" ("OOP") zu unterscheiden. Beide Techniken sind nicht neu!

Die "objektorientierte Programmierung" geht zurück auf die Programmiersprache "Simula 67" [Dahl 69], in der 1967 das Konzept der "Klasse" zum ersten Mal vorgeschlagen wurde. Der "objektorientierte Entwurf", wie er in dem Buch von G. Booch [Booch 91] in hervorragender Weise beschrieben wird, erscheint gemäß dieser Darstellung wie die Summe einer Reihe vernünftiger, ingenieurmäßiger Vorgehensregeln, angewandt auf den Entwurf von Softwaresystemen. Was ihn jedoch von den bisherigen Entwurfsverfahren unterscheidet, ist ebenfalls die Verwendung der "Klasse".

1970 wurde dieses Konzept dann in die Sprache "Smalltalk" [Ingalls 76] übernommen, da es sich besonders für die Programmierung grafischer Probleme eignete. 1978 diente es als Vorbild für das Typkonzept in Ada, das deshalb als "objektbasierte Sprache" gilt [Booch 91]. 1980 entstand in den AT&T Labors "C with classes", das 1983 in C++ umbenannt wurde und 1985 auf den Markt kam [Stroustrup 86]. 1988 wurde schließlich die Sprache "Eiffel" [Meyer 88] entwickelt, die als völlig konsequente Umsetzung des Prinzips der Objektorientiertheit in eine Programmiersprache gedacht war. Daneben gibt es noch "Objective-C", sowie objektorientierte Erweiterungen von LISP und PASCAL.

Was ist eine "Klasse"?

Eine offizielle Definition der Klasse lautet: "... ein Sprachkonstrukt, das die Aspekte Modul und Typ vereinigt ... " [Meyer 88]. Es definiert eine

Menge von "Objekten", auf die bestimmte Operationen möglich sind. Die Objekte sind dann Individuen aus dieser Menge.

Diese Definition ist aber für Nichtspezialisten nicht verständlich. Einen anderen Zugang zum Verständnis des Begriffs gibt Booch ([Booch 91], S.59 unten): " ... Für die meisten Sterblichen ist es jedoch außerordentlich verwirrend und trägt nur wenig zum Verständnis bei, die Konzepte der "Klasse" und des "Typs" zu unterscheiden. Es genügt zu sagen, daß eine Klasse einen Typ implementiert." Zum Begriff des "Typs" sei der Leser auf Abschnitt 4.2.3.2 verwiesen. An anderer Stelle erläutert Booch, wie man mit Hilfe des Typmechanismus in Ada Klassen nachbilden kann. Aus rein programmiertechnischer Sicht sind also offenbar die Übergänge zwischen der "klassischen" und der "objektorientierten" Programmierung fließend.

"Klasse" und "Typ" sind eng verwandt

Der wesentliche Unterschied liegt darin, daß das Konzept der "Klasse" seine Wurzeln in viel älteren Denktechniken hat. Die Klassifizierung von Begriffen (meist einfach mit Objekten gleichgesetzt) der realen Welt wurde schon von Aristoteles (384 - 322 v.Chr.) empfohlen, um Ordnung in unübersichtliche Sachverhalte zu bringen. Insbesondere geht es dabei darum, Objekte durch ein hierarchisches Schema von Begriffen so zu beschreiben und zu ordnen (zu "klassifizieren"), daß die Begriffe auf tieferen Ebenen spezieller und konkreter sind als die auf höheren Ebenen. Deren allgemeine Eigenschaften werden aber auf den unteren Ebenen beibehalten ("geerbt"). Ein Beispiel ist in Bild 3-2 dargestellt.

Aristoteles lehrte uns wie man klassifiziert

In der Realität sind nun solche Klassifizierungsschemata leider nie sauber baumförmig, da man Dinge immer auf verschiedene Weise ordnen kann. So wurden beispielsweise in Großbritannien aus Steuergründen Straßenfahrzeuge lange Zeit nach der Zahl ihrer Räder klassifiziert. Außerdem kann ein Ding ("Objekt") gleichzeitig verschiedenen Oberklassen angehören, wie etwa ein Amphibienfahrzeug im angegebenen Schema: Es hat Eigenschaften aus der Klasse der Straßenfahrzeuge (Räder) und aus der der Wasserfahrzeuge (Schiffsschraube). Dies wird mit dem Begriff der "Mehrfachvererbung" beschrieben.

In der Realität kann man immer nach mehreren Gesichtspunkten klassifizieren

Diese Konzepte der "Klasse" und der "Vererbung" sind nun ausschlaggebend für das Vorgehen beim objektorientierten Entwurf: Man versucht, Klassen von Objekten zu finden, die für das jeweilige Anwendungsgebiet besonders repräsentativ sind - wobei empfohlen wird, gleich eingeführte Begriffe aus dem Anwendungsgebiet ("domain language") zu wählen - und legt fest, welche Operationen damit ausgeführt werden können: fahren, bremsen, tanken, putzen etc.

Die Klassen im Programm sollten die Anwendung widerspiegeln

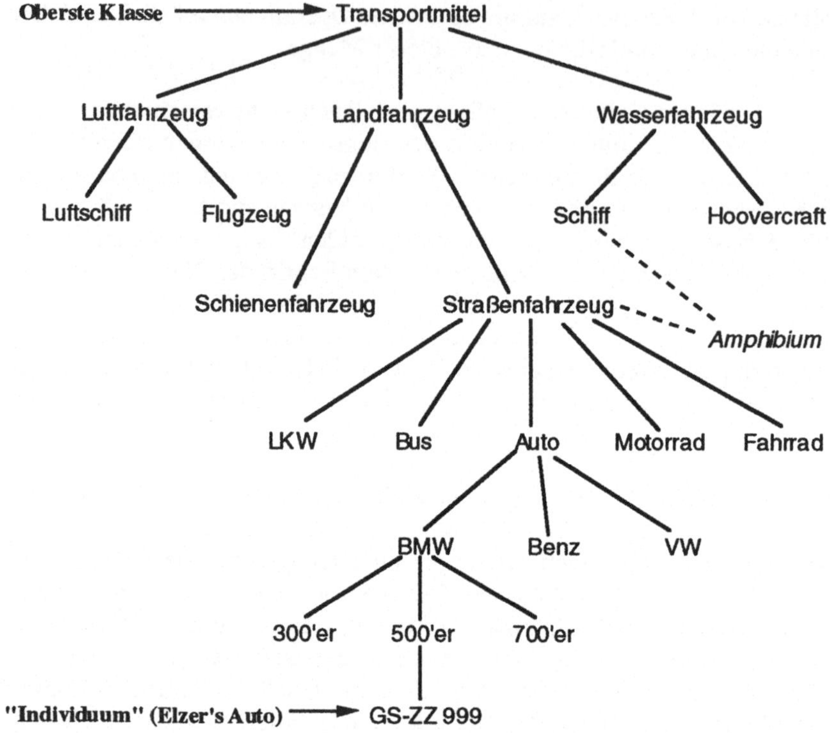

<table>
<tr><td>OOP denkt
mehr in
Dingen als in
Vorgängen</td><td>"OOP" ist also eine Denkweise oder Entwurfsmethode, "... die zu Softwarearchitekturen führt, die auf den von jedem System oder Teilsystem bearbeiteten Objekten beruhen (und nicht auf "der" Funktion, die das System angeblich realisiert)" [Meyer 88]. Als oberste Entwurfsregel läßt sich auch formulieren: "Frag nicht zuerst, was das System tut, frag, WORAN es etwas tut" [Meyer 88].</td></tr>
</table>

OOP denkt mehr in Dingen als in Vorgängen

"OOP" ist also eine Denkweise oder Entwurfsmethode, "... die zu Softwarearchitekturen führt, die auf den von jedem System oder Teilsystem bearbeiteten Objekten beruhen (und nicht auf "der" Funktion, die das System angeblich realisiert)" [Meyer 88]. Als oberste Entwurfsregel läßt sich auch formulieren: "Frag nicht zuerst, was das System tut, frag, WORAN es etwas tut" [Meyer 88].

Eine vollständige Klassifizierung kann Jahrhunderte in Anspruch nehmen

Zum Abschluß erscheint jedoch eine warnende Bemerkung angebracht: Die Auswahl der für ein bestimmtes Anwendungsgebiet relevanten "Klassen" ist ein nichttriviales Problem. Nicht ohne Grund ist die vor etwa zwei Jahrhunderten begonnene Klassifizierung der Tiere und Pflanzen noch nicht abgeschlossen. Es besteht also die Gefahr, daß man bei unbedachter Anwendung der Technik des objektorientierten Entwurfs in ähnlich langwierige und fruchtlose Diskussionen gerät wie bei einem Entwurf nach einem klassischen Verfahren, wenn man dort z.B. ohne tiefergehende Kenntnisse der Anwendung versucht, "Hauptfunktionen" festzulegen.

3.2 Die "Softwareentwicklungsumgebung"

3.2.1 Allgemeines

Wesentlich für einen geordneten und erfolgreichen Projektablauf ist, daß die verwendeten Methoden und Werkzeuge, mit Hilfe derer die Software für ein bestimmtes Projekt entwickelt werden soll, zusammenpassen und zusammenarbeiten können. Sie müssen ein System, eine "Softwareentwicklungsumgebung" bilden.

Die "Softwareentwicklungsumgebung", ein "Werkzeugsystem"

Dabei ist es nicht notwendig, daß alle Bestandteile dieser Umgebung, die einzelnen "Methoden" oder "Werkzeuge", selbst wieder rechnergestützt arbeiten. Ein gut organisierter Aktenschrank kann eine bessere "Projektdatenbasis" darstellen als eine laienhaft verwaltete Datenbank; und handschriftlich festgehaltene, aber systematisch durchdachte Testszenarien sind besser als zentimeterhohe Stapel von Ausdrucken eines planlos eingesetzten "Verifikationswerkzeuges".

Eine gut organisierte konventionelle Entwicklung ist besser als "Werkzeuge", die man nicht beherrscht

Wie sehr es auf eine bewußte Auswahl und sachgerechte Zusammenstellung einer Softwareentwicklungsumgebung aus (reichlich!) vorhandenen Einzelwerkzeugen ankommt, soll Tabelle 3-2 veranschaulichen. Sie wurde vom Verfasser anläßlich eines von ihm veranstalteten Workshops [Elzer 87] über "Erfahrungen mit dem Management von Softwareprojekten" auf der Basis von 25 anonym beantworteten Fragebogen zusammengestellt. 83 Methoden und Werkzeuge wurden genannt, aber davon nur FORTRAN, PASCAL, UNIX, VMS, "Strukturiertes Programmieren" und Symbolische Testhilfen mehr als einmal in positivem Sinne. Dagegen wurden vierzehn Methoden und Werkzeuge (darunter einige sehr namhafte) als "kontraproduktiv" eingestuft.

Werkzeuge gibt es genug - man muß sie nur sachgerecht benutzen

Aus dieser Beobachtung ist ersichtlich, daß es offenbar genügend Methoden und Werkzeuge gibt, um den Softwareentwicklungsprozeß instrumentell zu unterstützen, daß es aber darauf ankommt, sie sachverständig und in richtiger Kombination einzusetzen.

Ada	GESAL	Progr. stdds & docum.	*Tab.3-2: Benutzte Softwareentwicklungshilfsmittel (nach [Elzer 87])*
APE	GML	Progression charts	
APL	Information binding	PROLOG	
Application spec. tools	LSP, JSD	QS-Department	
Assembler	Langg. sensit. editor	RCS	
BIGAM (C GIAM)	LISP	Regression Testing	
BOIE	MASCOT	RMX 86	
C	Modula 2	RSX	
CADOS (CAMOS)	Module mgmt. system	SADT	

Chief progrmr. team	Module test env.ment	Separate testing team
CMS EXEC's	Motor	Signed task descr.
COBOL	MS-DOS	SINET
CoCoMo	Nassi-Shneiderman	SPADES
CODASYL	On-line-decoder	State transition diagr.
Code mgmnt. system	OS-DOS	Struct. programming
COMPASS	PASCAL	Test manager
Comp. asstd. mgmt.	PDL	Top down design
Configuration mgmt.	PEARL	Turbo - PASCAL
CORE (Contrlld. requ.)	Performance testing	Uniplex
Data-flow-diagrams	PERT	UNIX - tools
Debugging tools	PET-Maestro	VMS - RTE IV
Drawgs. for mssg. seq.	Petri-Nets	Waterfall model
EPOS	Phased development	Word processors
EPPR	Pilot projects	Work-breakdwn strctr.
FORTRAN	Powerhouse 4 GL	XEDIT-macros
Function point	Pretty printer	XENIX
Gencode	Progr. dev. tools	X-Tools

3.2.2   Das Beispiel der Entwicklungsumgebung von "Ada"

3.2.2.1   Ihre Entwicklung

"Ada" war
nicht nur ein
Sprachentwick-
lungsprojekt

Als Beispiel für eine systematisch durchdachte Softwareentwicklungsumgebung soll hier die für die Programmiersprache "Ada" spezifizierte
Werkzeugunterstützung dienen. Die Entwicklung von "Ada" war nämlich nie isoliert als die Entwicklung einer Programmiersprache zu sehen,
sondern immer eingebettct in allgemeine Bemühungen zur Konsolidie-
rung der Softwareproduktion im US-Verteidigungsbereich. Die Entwicklung der Programmierumgebung erfolgte zeitversetzt, aber parallel zu der
(in Absatz 4.4.1.4.1 näher beschriebenen) eigentlichen Sprachentwicklung und verlief etwa wie folgt:

Von 1977 bis zum Frühjahr 1978 wurden von einer US-amerikanischen
Firma vorbereitende Studien durchgeführt, deren Ergebnis das "SAND-
MAN" Dokument war. Es beschrieb - entsprechend dem damaligen
Stand der Diskussion - im Prinzip die zu einem hochwertigen Compiler
gehörenden Kernfunktionen und Hilfsdienste. Da dieses Ergebnis von
den Verantwortlichen (siehe Abschnitt 4.4.1.4.1) als unbefriedigend
betrachtet wurde, wurde im Juni 1978 an der University of California in
Irvine ein Workshop abgehalten, um eine breiter fundierte Meinung der
Fachwelt einzuholen. Bei diesem "Irvine-Workshop" [Standish 78]

wurden folgende Probleme bei der Softwareentwicklung hervorgehoben:

- Die Hauptschwierigkeiten liegen bei Entwurf und Wartung.
- Die Wartungskosten können bis zu 95 % der Lebensdauerkosten betragen.
- Rechnergestützte Entwicklungsmethoden erfordern erhebliche Rechenleistung.
- Zwischen Forschung und Anwendung besteht ein zu großer Zeitabstand.
- Formale Programmverifikation ist noch nicht reif für den praktischen Einsatz.

Der Verfasser wurde daraufhin beauftragt, die Ergebnisse des Workshop in Form einer neuen Anforderungsspezifikation zusammenzufassen. Diese wurde im Juli 1978 als "PEBBLEMAN" Dokument [PEBBLE 78] vorgelegt. Wie auch die eigentlichen Sprachentwicklungsdokumente wurde es einer internationalen Diskussion unterworfen, die dazu führte, daß bis Januar 1979 ein völlig überarbeitetes Dokument entstand: "PEBBLE-MAN Revised" [PEBBLE 79].

Diese Revision des PEBBLEMAN-Dokumentes führte zu einer völligen Abkehr von der bis dahin üblichen Betrachtungsweise. Auf Grund der Ergebnisse des Irvine-Workshops und der darauffolgenden Diskussion wurde klar, daß die Anforderungen an die Werkzeuge stark von den organisatorischen und sozialen Gegebenheiten des Umfeldes abhängen, in dem sie eingesetzt werden, also keine universelle Softwareentwicklungsumgebung für alle Zwecke sinnvoll ist. Deshalb wurde eine abstrakte Umgebung spezifiziert, die einen Rahmen für die Entwicklung von konkreten Entwicklungsumgebungen für spezielle Zwecke vorgeben sollte. Dieser bestand aus:

- Benutzerinterface
- Datenbasis
- Satz von Werkzeugen

Die so entstandene Struktur einer Softwareentwicklungsumgebung ist in Bild 3-3 dargestellt. Aus Benutzersicht ist wesentlich, daß alle entwicklungsunterstützenden Werkzeuge von einem einheitlichen Benutzerinterface aus bedient werden können und daß alle Entwicklungsstufen eines Programmes über die gesamte Dauer der Entwicklung in einer Projektdatenbasis verfügbar sein sollen. Alle Werkzeuge sollen in einheitlicher Weise auf diese zugreifen können.

Bild 3-3:
Prinzipielle
Struktur einer
Softwareent-
wicklungsum-
gebung nach
"PEBBLE-
MAN Revised"

Die Dreitei-
lung:
- Datenbasis,
- Satz von
  Werkzeugen
  und
- Benutzerinter-
  face
ist seitdem
maßgebend für
die Gestaltung
von Software-
entwicklungs-
umgebungen

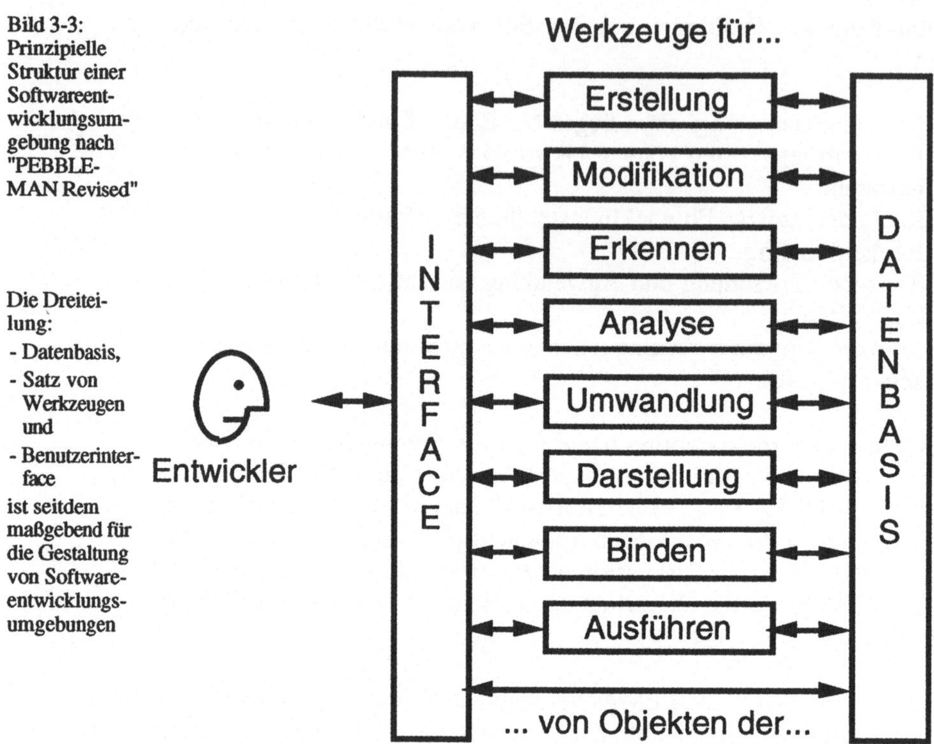

3.2.2.2 Die endgültige Form der "Ada" Softwareumgebung

Die endgültige Form der Softwareentwicklungsumgebung für Ada (Ada
Programming Support Environment, "APSE") wurde im STONEMAN-
Dokument [STONE 80] festgelegt. Es schlägt drei Ausbaustufen vor:

"APSE's"
sehen einen
abgestuften
Funktions-
umfang vor,
aufbauend auf
einem Kern-
system, mit
dessen Hilfe
sich alle Ent-
wicklungs-
werkzeuge
bauen lassen

I   KAPSE   (Kernel Ada Programming Support Environment)
II   MAPSE   (Minimal Ada Programming Support Environment)
III APSE   (Ada Programming Support Environment)

MAPSE und APSE sind zwei aufwärtskompatible Ausbaustufen, die sich
lediglich durch ihren Funktionsumfang unterscheiden. Das KAPSE ist
jedoch als das "Minimalsystem" gedacht, das sich nicht weiter reduzieren
läßt, aber mit dessen Hilfe sich die anderen beiden Ausbaustufen erstellen
lassen ("Bootstrapping"). Durch diese Technik sollte erreicht werden,
daß bei der Übertragung einer Ada-Entwicklungsumgebung von einem
Rechner auf einen anderen nur das KAPSE echt adaptiert (oder neu
implementiert) werden muß.

Eine solche Programmierumgebung sollte ihrerseits eingebettet sein in die "Sprachumgebung" ("Ada Language Environment", "ALE"), die auch noch die nötigen organisatorischen Maßnahmen zur Pflege und Weiterentwicklung der Sprache selbst umfaßt.

Ein APSE sollte folgende technischen Hauptcharakteristika besitzen:

Technische Charakteristika eines APSE

- Es wird grundsätzlich die "Host-target" Methode unterstützt, d.h. die Entwicklung findet auf einem "Gastrechner" statt, der üblicherweise größer und leistungsfähiger als die Zielmaschine ist und deshalb eine komfortablere und effizientere Entwicklung erlaubt.
- Die einzelnen Werkzeuge tauschen Information über die Datenbasis aus, so daß sich die Entwicklung einer vorher nicht absehbaren Zahl individueller Schnittstellen zwischen den einzelnen Werkzeugen erübrigt und veraltete Werkzeuge leicht durch bessere ersetzt oder neuartige eingefügt werden können.
- Das Benutzerinterface soll unabhängig von Gastmaschinen sein, um den Entwicklern ein zeitraubendes und fehleranfälliges Umlernen zu ersparen.
- Die einzelnen Werkzeuge sollen zwischen verschiedenen APSE's austauschbar sein.
- Die Entwicklung soll grundsätzlich quellsprachorientiert erfolgen, d.h. Kenntnisse der Assembler der verschiedenen Zielrechner sollen nicht nötig sein.
- Ein APSE soll erweiterbar sein.
- Die Benutzung von Bibliotheken soll unterstützt werden, um die Entwicklung von Software insgesamt dadurch effizienter zu gestalten, daß möglichst weitgehend auf bereits vorentwickelte Softwarekomponenten zurückgegriffen werden kann.

Ein MAPSE sollte mindestens folgende Entwicklungsschritte unterstützen:

"Minimal APSE"

- Erstellung
- Modifikation
- Erkennung
- Analyse
- Umwandlung   von Objekten der Datenbasis
- Darstellung
- Binden
- Ausführung
- allgemeine Textverarbeitung

Ein MAPSE
ist "methoden-
frei"

Dabei werden folgende Werkzeuge gefordert, ohne daß eine spezifische Methode impliziert wird:

- Editor
- "Prettyprinter"
- Übersetzer
- Binder
- Lader
- Statischer Analysator (für "set-use", Kontrollfluß)
- Dynamische Analysatoren
- Interfaceroutinen für Terminals
- Dateiverwaltung
- Interpreter für Steueranweisungen

Ein APSE im
Vollausbau

Ein APSE kann zusätzlich folgende Entwicklungsschritte unterstützen:

- Spezifikation von Anforderungen
- Gesamtsystementwurf
- Programmentwurf
- Programmverifikation
- Projektleitung

und es wird möglicherweise eine bestimmte Methodik voraussetzen. Im Gegensatz zu MAPSE's können APSE's auch in ihrem Ausbaugrad sehr variieren, d.h. ein APSE kann z.B. folgende zusätzliche Werkzeuge enthalten:

- "Intelligenter" Editor
- Dokumentationssystem
- Projektleitungsunterstützung
- Konfigurationskontrolle
- Störmeldesystem
- Hilfsmittel zur Spezifikation von Anforderungen
- Hilfsmittel zum Systementwurf
- Verifikation

APSE als
Referenzmodell

Obwohl sich die ursprüngliche Hoffnung einiger Initiatoren dieses Projekts, damit eine einheitliche Programmierumgebung für (mindestens) den ganzen Verteidigungsbereich der westlichen Welt festlegen zu können, nicht erfüllte, hat das Konzept der Ada-Programmierumgebung alle nachfolgenden Entwicklungen stark beeinflußt und ist deshalb nach wie vor als prototypisches Idealbeispiel gut geeignet.

3.2.3   Die Entwicklungsumgebung "UNIX"

3.2.3.1   Allgemeines

Schon während der Diskussionen um die Gestaltung des APSE war UNIX, eine
"UNIX" bekannt und wurde sogar einmal als möglicher Kandidat für eine praktisch
benutzte
Standardisierung im Verteidigungsbereich betrachtet. Da aber gemäß der Entwicklungs-
offiziellen Linie eine spezielle Ada-Programmierumgebung gefordert war, umgebung
wurde dieser Gedanke wieder fallen gelassen. In der industriellen Praxis
hat sich "UNIX" aber inzwischen als Entwicklungsumgebung durchgesetzt und stellt heute faktisch einen Industriestandard dar.

UNIX war um 1970 als "portables Betriebssystem" im Entwicklungslabor Ein Erfolg -
von AT&T entstanden, dessen Softwareentwickler sich den jeweils fast wider
Willen
hohen und unnötigen Aufwand für die Neuimplementierung oder Adap-
tierung von Betriebssystemen an die schnell wechselnde Hardware von
Rechnern ersparen wollten. Es war ursprünglich nicht als kommerzielles
Produkt gedacht und seine öffentliche Verbreitung wurde von der Firma
daher anfänglich eher behindert. Als es jedoch auf dem Umweg über
eine "Hochschulversion" ("Berkeley-UNIX") doch weite Verbreitung
fand, erkannte man die Marktchancen und unterstützte das System
offiziell. Durch seine weite Verbreitung vor allem im Hochschul- und
Forschungsbereich entstand inzwischen für UNIX eine so große Anzahl
wirksamer Softwareentwicklungswerkzeuge, daß es als nahezu vollständige Entwicklungsumgebung angesehen werden kann.

3.2.3.2   Das UNIX Betriebssystem

Das UNIX Betriebssystem stellt dem Benutzer folgende hauptsächlichen
Dienste zur Verfügung:

*   eine Kommandosprache ("Shell"),
*   ein hierarchisches Dateisystem, sowie
*   einen oder mehrere Prozesse.

Die UNIX Kommandosprache dient der Kommunikation zwischen Be- Kommando-
nutzer und Rechner sowie zwischen den einzelnen Programmen. Diese sprache
"Shell" ist aber mehr als ein reines Kommunikationsmittel, da sie aktiv an
der Benutzerinteraktion beteiligt ist und Mittel zur Verfügung stellt, um
kleinere Programme zum Zwecke der Lösung komplexerer Aufgaben zu
einem Gesamtprogramm zusammenzufügen ("Pipe"-Mechanismus).

Die Benutzer-
oberfläche ist
etwas veraltet,
wird aber wei-
terentwickelt

Bis vor kurzem bestand noch ein gewisser Nachteil von UNIX darin, daß die Bedieneroberfläche ursprünglich für Fernschreiber als Rechnerterminals ausgelegt war und deswegen rein zeichen- und zeilenorientiert und auf "möglichst wenige Tastenanschläge" optimiert war, d.h. die Befehlscodes und -sequenzen waren recht "gewöhnungsbedürftig". Hier zeichnet sich jedoch durch eine seit neuestem verfügbare ikonenorientierte grafische Bedieneroberfläche, die sich an den vom "Macintosh" der Firma Apple her bekannten Stil anlehnt, eine Besserung ab.

Hierarchisches
Dateisystem

In UNIX kann sich jeder Benutzer sein eigenes Dateisystem in Form einer Hierarchie aufbauen, indem er Unterverzeichnisse anlegt, die dann neue Hierarchieebenen eröffnen. Damit sind ihm Mittel an die Hand gegeben, um seine Daten gut strukturiert zu organisieren. Dateien können Daten und Programme enthalten oder auch auf Gerätetreiber verweisen und damit die Kopplung zur Geräteperipherie herstellen. Der Benutzer bemerkt diesen Unterschied nur an der Verschiedenheit der durch die Datei repräsentierten Dienste. Die für ihn sichtbaren Mechanismen zum Zugriff auf diese Dateien bleiben jedoch gleich - mit der Ausnahme, daß nicht alle Zugriffsmechanismen auf jede Dateiart anwendbar sind (z.B. ist ein lesender Zugriff auf einen Drucker natürlich nicht möglich).

Ausführung
durch Prozesse

Die Kommandoausführung erfolgt durch Prozesse, wobei jeder Prozeß ein Abbild des UNIX-Rechners darstellt und seine eigene Ablaufumgebung besitzt. Aus der Sicht des Betriebssystems ist ein Prozeß die Einheit der Ressourcenzuteilung, etwa in Bezug auf Speicher und CPU-Zeit.

Als Nachteil des ursprünglichen UNIX Betriebssystems sollte jedoch erwähnt werden, daß es selbst nicht für Realzeitanwendungen geeignet ist. Man kann aber unter Benutzung seiner Hilfsmittel Realzeitbetriebssysteme entwickeln, generieren und verwalten.

3.2.3.3   UNIX als Entwicklungsumgebung

UNIX als
Entwicklungs-
umgebung

Als Entwicklungsumgebung stellt UNIX dem Anwender eine Sammlung leistungsfähiger Softwarewerkzeuge zur Verfügung, wie z.B. Compiler, Editoren, Programmgeneratoren, Textverarbeitungsprogramme, allgemeine Dienstprogramme etc.

Darüber hinaus zeigt es aber auch Mittel und Wege auf, wie mit diesem Werkzeugkasten modulare, flexible und wiederverwendbare Programme erstellt werden können. Diese, als Richtlinien der modularen Softwareentwicklung charakterisierbaren Grundkonzepte, sind nie explizit festgelegt, jedoch als die sogenannte "UNIX-Philosophie" bekannt und in [MTP78] veröffenlicht worden. Nachfolgend sind die Hauptideen sinngemäß dargestellt:

- Jedes Programm sollte nur eine bestimmte wohldefinierbare Aufgabe erfüllen. Um neue Aufgaben zu implementieren, sollte man lieber ein neues Programm erstellen, als alte weiter zu verkomplizieren. — Der "UNIX-Programmierstil"
- Die Programmschnittstelle sollte so gestaltet sein, daß die Ausgabe eines Programmes jederzeit als Eingabe für ein anderes - vielleicht noch nicht existierendes - Programm verwendet werden kann.
- Software sollte so entworfen und programmiert werden, daß sie möglichst frühzeitig ausprobiert und getestet werden kann.
- Es sollten lieber Werkzeuge als unqualifizierte und "einfache" Hilfsmittel benutzt werden - auch dann, wenn sich daraus die Notwendigkeit ergibt, sie erst programmieren zu müssen.

Unter Beachtung dieser Grundregeln wird UNIX ein "offenes System", in dem der Benutzer seine Programmierumgebung in flexibler Weise seinen eigenen Vorstellungen unter Wiederverwendung vorhandener Software anpassen kann. — UNIX ist ein "offenes System"

3.2.4　　Die Auswahl einer Softwareentwicklungsumgebung

3.2.4.1　　Die Unterstützung der einzelnen Phasen des "Lebensdauerzyklus"

Bei der Zusammenstellung oder der Beschaffung der Softwareentwicklungsumgebung für ein Projekt muß darauf geachtet werden, daß alle Phasen des "Lebensdauerzyklus" (vergl. Kap.2) des aktuellen Projektes möglichst gleichmäßig und durchgängig unterstützt werden. Dies ist nicht immer einfach, da aus verschiedenen Gründen - teils technischer, teils historischer Art - für einige Phasen wesentlich mehr unterstützende Hilfsmittel existieren als für andere. Die Bilder 3-4 und 3-5 veranschaulichen diesen Sachverhalt. — Werkzeugunterstützung muß "durchgängig" sein

Leider ist es aber auch so, daß diejenigen Phasen, die den höchsten Kostenanteil beitragen, am schlechtesten durch Werkzeuge unterstützt werden. Der Verfasser möchte hier nicht näher auf die Diskussion in der Fachwelt eingehen, bei der einerseits behauptet wird, daß z.B. die Testphase nur deswegen so aufwendig und teuer sei, weil zu wenig in die Spezifikationsphase investiert werde, andererseits unterstellt wird, daß die Testphase deswegen so schlecht unterstützt würde, weil sie aus dem mathematisch-theoretischen Gesichtswinkel uninteressant sei. Für den Projektleiter ist es nur wesentlich, den gegenwärtigen Ist-Zustand zu kennen, um geeignete Abhilfemaßnahmen vornehmen zu können. — Da, wo man Hilfsmittel am nötigsten braucht, fehlen sie eigentlich

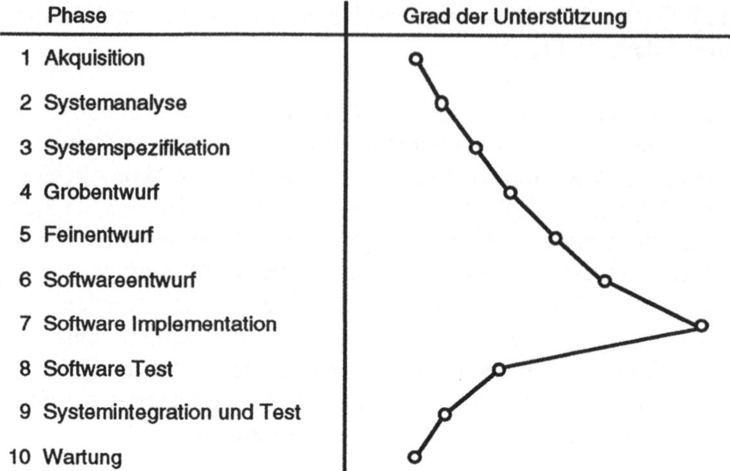

Bild 3-4:
Abdeckung des
Lebensdauer-
zyklus durch
"Softwarewerk-
zeuge"

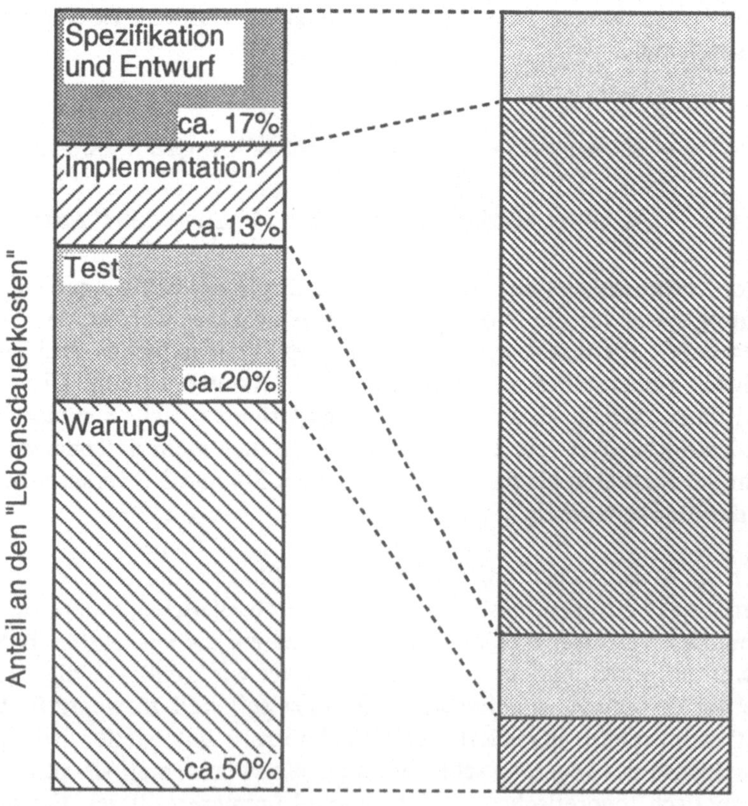

Bild 3-5:
Vergleich der
Unterstützung
von Entwick-
lungsphasen
durch Werk-
zeuge mit
ihrem jeweili-
gen anteiligen
Kostenaufwand
am Projekt

### 3.2.4.2	Allgemeine Auswahlkriterien

Wie schon eingangs erwähnt, ist es nicht so wesentlich, welche Methoden oder Hilfsmittel im einzelnen eingesetzt werden, solange sie gewissen technischen Mindestanforderungen genügen und ihr Einsatz professionell und konsequent erfolgt. Es ist viel wichtiger für den Erfolg eines Projekts, daß das Team Erfahrungen mit den verwendeten Softwarewerkzeugen hat und daß diese verfügbar, stabil und nicht zu kompliziert zu handhaben sind [Wong84]. Unkritischer Einsatz von Entwicklungshilfsmitteln kann dagegen sogar ein Projekt an den Rand des Zusammenbruchs führen [Fisher 81].

Generell kann man sagen, daß der Praktiker vom Einsatz von Softwareentwicklungswerkzeugen eine Netto-Arbeitserleichterung erwartet. Tritt diese nicht ein, so wird er bei nächster Gelegenheit die Verwendung der Hilfsmittel wieder aufgeben. Etwas anders hat dies der Verfasser einmal in [Elzer 82] so formuliert: "Der Einsatz eines Hilfsmittels darf keine grössere intellektuelle Anstrengung erfordern als die Lösung des anstehenden Problems." Damit ist ausdrücklich nicht nur der Lernaufwand für eine Methode oder ein Werkzeug gemeint, sondern der auch bei guter Beherrschung noch notwendige geistige Aufwand für den optimalen Einsatz. Erschwerend kommt hinzu, daß in der Praxis immer mehrere Programmiersprachen, Entwicklungshilfsmittel, Betriebssysteme etc. nebeneinander verwendet werden müssen.

> Werkzeuge müssen helfen, nicht belasten!

Wichtig ist es auch, daß eine Softwareentwicklungsumgebung selbst nicht mehr im Entwicklungsstadium ist. Man sollte sich bei ihrer Auswahl nicht auf technologische Abenteuer einlassen. Dem Verfasser sind selbst einige Fälle bekannt, in denen der Ehrgeiz, sich bezüglich der eingesetzten Softwareentwicklungshilfsmittel jeweils dem neuesten Trend anpassen zu wollen, zu schweren Problemen in den betroffenen Entwicklungsprojekten führte.

> Versuche nie, ein neues Anwendungsproblem mit neuen Hilfsmitteln zu lösen!

Die im folgenden genannten Punkte stellen eine Art "Checkliste" dar, die der Projektleiter als Entscheidungsgrundlage für die Auswahl oder die Zusammenstellung einer Softwareentwicklungsumgebung für ein in Planung begriffenes Projekt benutzen sollte:

- **Eignung der Hilfsmittel für die Problemklasse**

Hier können z.B. die in den Abschnitten über Entwurfshilfsmittel und Programmiersprachen genannten Kriterien angewandt werden.

> Eine Checkliste für die Auswahl einer Entwicklungsumgebung

- **Eignung für die Projektgröße**

Hier ist vor allem die Kosteneffizienz der in Betracht gezogenen
Hilfsmittel zu prüfen. Es muß natürlich nicht immer der Fall sein, daß sich
eine Entwicklungsumgebung schon beim ersten Projekt amortisiert; der
Nutzen sollte aber in einer überschaubaren Zeit eintreten und nicht nur
vermutet werden.

- **Verfügbarkeit**

Wie schon erwähnt, muß die volle Verfügbarkeit einer Softwareentwicklungsumgebung sowohl für den Ziel- als auch den Entwicklungsrechner
spätestens zum Zeitpunkt ihres Einsatzes im Projekt garantiert sein.

- **Stabilität**

Die Funktionalität der ausgewählten Softwareentwicklungsumgebung
sollte sich zumindest für die Dauer des Projektes nicht wesentlich ändern. Bei der Entwicklung von Systemen für die Automatisierungstechnik, die Telekommunikation oder den Bereich der Luft- und Raumfahrt,
deren Nutzungsdauer üblicherweise die mehrerer "Rechnergeneratio-
nen" überschreitet, sollte sogar sichergestellt werden, daß eine Version
der Entwicklungsumgebung für Wartungszwecke über die Gesamtle-
bensdauer des Systems zur Verfügung steht.

- **Innere Konsistenz**

Da nur selten eine Softwareentwicklungsumgebung zum Einsatz kommen wird, die von einem Lieferanten stammt und "aus einem Guß" ist,
muß bei ihrer Zusammenstellung darauf geachtet werden, daß die gewählten Werkzeuge über geeignete Schnittstellen problemlos Information austauschen können. Als Leitlinie kann die Struktur eines APSE
dienen.

- **Verträglichkeit mit dem Arbeitsstil**

Die ausgewählten Entwicklungswerkzeuge müssen zum Arbeitsstil des
vorhandenen oder im Aufbau begriffenen Entwicklungsteams passen.
Als Gesichtspunkte wären hier z.B. Art und Umfang der Kommunikation,
Stil der Benutzeroberfläche oder notwendiges Maß an formaler Denkweise zu nennen.

- **Verträglichkeit mit der Organisation**

Vor dem Einsatz neuer Softwareentwicklungswerkzeuge ist zu prüfen,
ob die bisherige Organisationsstruktur einen optimalen Einsatz der in
Betracht gezogenen Werkzeuge überhaupt möglich macht. Ist dies nicht

der Fall, so müssen entweder andere Werkzeuge ausgewählt oder eine (vorsichtige) Umorganisation eingeleitet werden.

- **Akzeptanz**

Dieser Punkt wurde in der Vergangenheit bei der Einführung von Softwareentwicklungsumgebungen häufig vernachlässigt oder aber sogar bewußt zum Konfliktfall hochgespielt ("wer sich nicht an die neue Technik anpassen will, kann ja gehen"). Natürlich muß ein Projektleiter die übliche Abneigung der meisten Mitarbeiter gegen Änderungen wesentlicher Randbedingungen überwinden, aber eine sorgfältige Beachtung der bisher genannten Punkte und eine Beteiligung der Betroffenen an der Entscheidungsfindung werden die Einführung neuer Arbeitstechniken wesentlich erleichtern und ihre Erfolgschancen deutlich vergrößern.

3.2.4.3   Kostenwirksamkeit

Eigentlich müßte es, wie bei jeder anderen technischen Neuerung, selbstverständlich sein, vor dem Einsatz von Softwareentwicklungshilfsmitteln eine Wirtschaftlichkeitsrechnung anzustellen. Leider scheitert dies aber bisher am Mangel an quantitativen Erfahrungswerten. Anerkannt und durch sorgfältige Vergleichsstudien belegt ist bisher nur die Wirtschaftlichkeit höherer Programmiersprachen. Bei ihrem Einsatz beträgt die Produktivitätszunahme und damit die Ersparnis mindestens 50 % gegenüber der Assemblerprogrammierung, gerechnet vom Feinentwurf bis einschließlich Modultest!

Dabei dürfen aber die Kosten für die notwendigen Werkzeuge wie Compiler, Binder, Testhilfen etc. nicht vergessen werden. Bei Systemen, die in höheren Stückzahlen produziert werden, wie z.B. Steuerungen auf Mikroprozessorbasis, kann sich auch noch der Mehrbedarf an Speicher bemerkbar machen. Deshalb ist es in solchen Fällen ratsam, die Mehrkosten einer Programmentwicklung in Assembler auf die erwartete Stückzahl umzulegen und mit den möglichen Einsparungen bei der Hardware zu vergleichen.

Dagegen ist die Kostenwirksamkeit von Entwurfshilfsmitteln noch ungeklärt. Es gibt in der Literatur einige wenige Zahlenwerte wie z.B. in [Basili 1978], wo bei der Verwendung von SADT (vergl. 3.3.2.3) 20 % der Gesamtentwicklungskosten gespart werden konnten, 50 - 90% weniger Fehler auftraten, aber hohe Ausbildungskosten entstanden. Neuere Zahlen wurden bei einem Managementseminar genannt: So z.B. 9% bei der Verwendung der Entwicklungsumgebung "EPOS" oder 15% als geschätzter Durchschnittswert für den Fall, daß die Kosten einer Entwicklungsumgebung auf mindestens 3 Projekte umgelegt werden konnten [Küchle 91].

Qualitativer Nutzen ist aber nachweisbar

Sonst kann bisher der Nutzen von Werkzeugen für Entwurf und Spezifikation nur qualitativ begründet werden. Als hauptsächliche Vorteile werden meist genannt:

- weniger Fehler während der Entwicklung;
- bessere Dokumentation;
- bessere Zusammenarbeit im Team;
- bessere Kommunikation nach außen.

Dem stehen als häufig beobachtete Nachteile gegenüber:

- hohe Rechnerkosten;
- unverhältnismäßige Vermehrung des ausgegebenen und vom Entwickler zu lesenden Papiers;
- Notwendigkeit einer intensiven Ausbildung.

Diese Nachteile können aber durch sorgfältige Vorbereitung der Einführung von entwicklungsunterstützenden Werkzeugen und durch begleitende organisatorische Maßnahmen abgemildert oder völlig kompensiert werden.

3.3　　　Hilfsmittel für Spezifikation und Grobentwurf

3.3.1.　　Funktionsprinzipien

Die in diesen Phasen zu erledigenden Aufgaben wurden in Abschnitt 2.2 schon ausführlich dargestellt, hier sollen jetzt einige Werkzeuge erwähnt werden, die der Systementwickler bei der Abwicklung dieser Aufgaben einsetzen kann. Wegen der noch relativ geringen Präzision sowohl der Aufgabenstellung als auch des Lösungskonzeptes in diesen frühen Phasen der Entwicklung können aber die Werkzeuge nicht so präzise ausgewählt werden, wie dies z.B. bei den Programmiersprachen der Fall ist (siehe Abschnitt 4.2). Wie Bild 3-1 zeigt, ist aber doch eine gewisse Zuordnung möglich.

In der Praxis haben sich auch noch gröbere Klassifizierungen bewährt. So teilt z.B. Rembold [Rembold 87] die verfügbaren Beschreibungsmittel in drei Klassen ein:

Klassifizierung nach dem Charakter der Beschreibungstechnik

* **Natürlichsprachliche Darstellung des Sachverhaltes**

Sie stellt die bisher noch gebräuchlichste Form der Aufgabendefinition dar. Umgangssprachliche Formulierungen werden zwar von jedem der an der Entwicklung Beteiligten verstanden, können jedoch auch zu Mißverständnissen und Fehlinterpretationen führen. Bei umfangreichen Pflichtenheften tritt häufig das Problem auf, daß die Beschreibungen unvollständig oder gar widersprüchlich sind.

Natürliche Sprache

* **Semiformale Beschreibung der Aufgaben**

Diese bieten gegenüber der natürlichsprachlichen Darstellung den Vorteil, daß durch eine vorgegebene Strukturierung dem Anwender sozusagen eine Checkliste an die Hand gegeben wird, nach der er sich richten kann. In diese Klasse fallen insbesondere grafische Hilfsmittel zur Aufgabendefinition, für die inzwischen auch Programme existieren, um die Beschreibung mit Hilfe eines Rechners zu erstellen. Diese Programme führen jedoch keine Prüfungen des Inhalts dieser Beschreibungen durch.

Halbformale Strukturierung des Entwurfs

* **Formale Notation**

Diese ist dadurch gekennzeichnet, daß das Beschreibungsmittel - ähnlich einer Programmiersprache - einen vorgegebenen Sprachumfang (eine Syntax) besitzt, sowie eine Semantik zur Festlegung der Bedeutung der Sprachkonstrukte. Dies schränkt die Möglichkeiten des Anwenders in der Regel stark ein und erfordert eine gewissen Übung im Umgang mit

Formale Spezifikation des Lösungsansatzes

diesen Darstellungsmitteln. Wird aber ein System zur rechnerunterstütz-
ten Aufgabenbeschreibung verwendet, so stehen dem Anwender eine
Reihe von Analysewerkzeugen (sowohl textlicher als auch grafischer
Art) zur Verfügung, die Aufschluß über den Grad der Vollständigkeit und
Widerspruchsfreiheit der Beschreibung geben.

Eine ähnlich kursorische Einteilung in drei Klassen schlägt B.Boehm
[Boehm 79] für die Auswahl von Entwurfs- und Spezifikationshilfsmit-
teln vor. Er stellt zunächst einmal fest, daß die meisten der Softwareent-
wurfshilfsmittel, die landläufig mit dem Attribut "formal" versehen werden, eigentlich nur eine Formatierung des Entwurfs bewirken, was aber
für die meisten Anwendungen ausreicht. Dann empfiehlt er, den Ort der
in Frage kommenden Anwendung auf einer durch "erforderliche Korrektheit" und "Stabilität der Anforderungen" aufgespannten Ebene zu
bestimmen und den Charakter der zu wählenden Entwurfsmethode danach festzulegen. Bild 3-6 ist der ursprünglichen Darstellung nachempfunden und zeigt Anwendungsbereiche von "formalen", "formatierten"
und "informellen" Softwarespezifikationsmethoden und -werkzeugen.

Text und
Grafik sind
komplementäre
Techniken der
Beschreibung

Es sind auch noch andere Klassifizierungsschemata denkbar. So hält der
Verfasser eine Einteilung der Verfahren in text- und grafikorientierte
Verfahren deswegen für interessant, weil sie die Arbeitsweise und die
kognitiven Besonderheiten verschiedener Menschen berücksichtigt.

Bild 3-6:
Anwendbar-
keitsbereiche
von Entwurfs-
hilfsmitteln
(nach [Boehm
79])

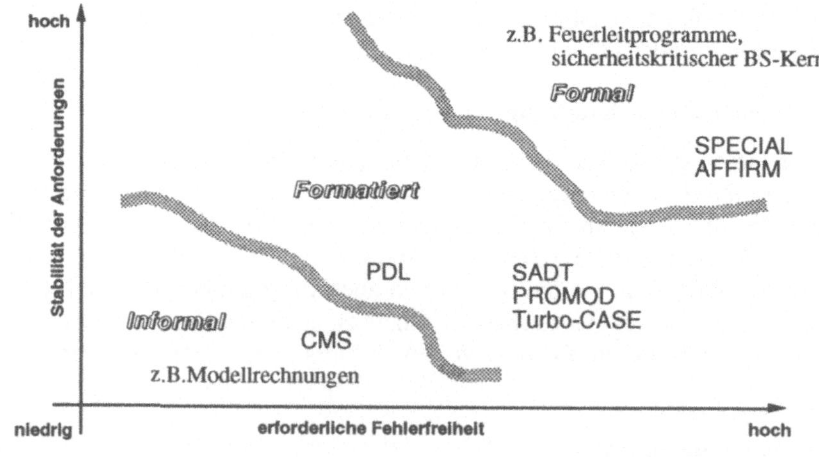

Weiterhin erscheint dem Verfasser eine ebenfalls bei Rembold [Rembold
87] gegebene Definition wichtig zum Verständnis:

Modell,
Methode,
Werkzeug

"Dem (formalen oder formatierten) Beschreibungsmittel liegt meist ein
Modell zugrunde. Das Modell ist eine vereinfachte, strukturierte Darstel-

lung des Beschreibungsmittels. Im Modell spiegelt sich die Strukturierungsvorschrift, nach der die Anforderungen an die Software beschrieben werden sollen, wider. Auf dem Modell basiert die Methode, die angibt, wie der Anwender vorgehen soll, um sein Ziel zu erreichen. Sie soll zeigen, wie Beschreibungsmittel und Werkzeuge systematisch angewandt werden können, um eine vollständige und widerspruchsfreie Aufgabenbeschreibung zu erreichen. Der Methode können allgemeine Methoden wie

- top-down-Verfahren,
- bottom-up-Vorgehen,
- datenflußorientierte oder
- aufgabenorientierte Vorgehensweisen

zugrunde liegen. Sie muß jedoch an das Beschreibungsmittel und das zugrundeliegende Modell angepaßt sein."

Die im folgenden beschriebenen Methoden und Werkzeuge stellen (absichtlich) eine sehr subjektive Auswahl aus dem reichhaltigen Angebot dar. Dem Verfasser erschien es nämlich wichtig, nur solche Methoden und Werkzeuge vorzustellen, mit denen er entweder selbst gearbeitet hat, oder deren industriellen Einsatz er aus nächster Nähe mitverfolgen konnte. Sie sollen nur schlaglichtartig solche Vertreter ihrer Klasse vorstellen, die der Verfasser für typisch hält. Komplettere und systematischere Übersichten enthalten z.B. die Bücher von Hommel [Hommel 80], Balzert [Balzert 89] oder der "STARTS-Guide" des englischen "Department of Trade and Industry" (DTI).

Dieses Kapitel soll kein Lehrbuch ersetzen, sondern stellt die subjektiven Erfahrungen des Verfassers zusammen

3.3.2   Kurzbeschreibungen einiger Werkzeuge

3.3.2.1   CMS (Configuration Management System)

Dieses Werkzeug, das von der Firma Digital Equipment z.B. auf deren VAX-Rechnern angeboten wurde, soll hier stellvertretend für eine Reihe ähnlicher Hilfsmittel stehen (z.B. auch SCCS in UNIX-Umgebungen). Im Prinzip war es geeignet für die Verwaltung jeder Art von Text - bis hin zum Programm.

Konfigurationskontrolle

Ausgehend von einem Ausgangstext speichern solche Werkzeuge alle daran vorgenommenen Änderungen und bilden so einen "Änderungsbaum" von Texten, mit dessen Hilfe es dann möglich ist, frühere Entwicklungsstände oder die ganze "Entwicklungsgeschichte" zu rekonstruieren, Versionen zu bilden, zu speichern, zu vergleichen etc.

Wegen der an und für sich sehr einfachen Funktionalität wird diese Art von Werkzeugen von Entwicklern teilweise sogar ohne jeden "Druck von oben" eingesetzt. Ihre Vorteile liegen auf der Hand:

- sie sind leicht zu erlernen,
- universell verwendbar,
- und helfen Teams straff zu organisieren, da jeweils auf die neueste Version einer Entwicklung zugegriffen werden kann.

Diesen Vorteilen stehen - zumindest, was die dem Verfasser bekannten frühen Versionen betrifft - folgende Nachteile gegenüber:

- Bei Projekten realistischer Größenordnung mit zwangsläufig häufigen Änderungen kann relativ hoher Rechenaufwand entstehen.
- Damit wird das Werkzeug langsam und
- blockiert bei ungeschickter Organisation die Arbeit, da jeweils nur ein Entwickler auf einen in Änderung begriffenen Text (=Modul) zugreifen kann.
- Damit wird es bei Projektdruck umgangen, was wiederum zu einer - meist irreparablen - Erosion der Projektdatenbasis führt.

Da aber die Vorteile einer derartigen rechnergestützten Konfigurationskontrolle die Nachteile deutlich überwiegen, müssen eben geeignete organisatorische Maßnahmen getroffen werden, um ein solches Werkzeug effizient einzusetzen. Auch eine sinnvolle Modularisierung des in Entwicklung begriffenen Programmsystems, die es z.B. unnötig macht, daß zu viele Entwickler gleichzeitig an einem Modul arbeiten, kann sowohl den Entwurf insgesamt verbessern als auch die Verwendung des Werkzeugs erleichtern.

3.3.2.2   PDL (Problem Definition Language)

Pseudocode und Strukturierte Programmierung

Diese Methode mit dem zugehörigen Werkzeug entstand schon 1975 - ursprünglich als ein Produkt der Firm "Caine, Farber & Gordon" in Pasadena, USA. Sie wurde zum Urbild einer ganzen Reihe ähnlicher Ansätze. In Deutschland wurde sie z.B. von der Firma GEI in Aachen vertrieben, ergänzt und später in ein CASE-Werkzeug (PROMOD) eingebracht.

Sie basiert auf dem Ansatz des "PSEUDOCODE", der ursprünglich von IBM im Rahmen der "Improved Programming Techniques" entwickelt wurde. Damit ist sie ebenfalls ein rein textorientiertes Hilfsmittel und bewirkt im Prinzip eine formatierte (im Sinne von Boehm) Gliederung der Programme nach den Prinzipien der "Strukturierten Programmierung".

Folgende Konstrukte werden unterstützt:

- IF   (mit den Sonderformen ELSEIF, ELSE, ENDIF)
- DO   (ebenfalls mit den Sonderformen UNDO, CYCLE, ENDDO)
- Return
- "Calls"
- "Labels"

Darüber hinaus gestattet es PDL, einen Systementwurf in eine Menge von Entwurfssegmenten zu gliedern, die in einer Baumstruktur verknüpft sind. Die Detaillierung des Systementwurfs erfolgt durch die schrittweise Verfeinerung dieser Struktur. Ein mit PDL erstelltes Entwicklungsdokument enthält unter anderem:

- ein "Entwurfsprogramm", bestehend aus:

  - Datensegmenten (Definitionen von Datenobjekten)
  - Textsegmenten (ergänzende Kommentare)
  - Ablaufsegmenten (Kontrollflußinformationen)
  - Externsegmenten (Bezüge zu Ablaufsegmenten in anderen Entwurfsteilen)

- einen Datenindex;
- einen Segmentindex;
- einen Segmentaufrufbaum.

Als Vorteile dieses Verfahrens stellten sich heraus, daß es leicht zu erlernen war und damit auch freiwillig von Entwicklern eingesetzt wurde und daß es nur einen relativ geringen Rechneraufwand verursachte.

Sein hauptsächlicher Nachteil - den es allerdings mit allen anderen Verfahren dieser Art gemein hat - war, daß es auch sinnlose Programme gut aussehen ließ.

3.3.2.3   SADT (Structured Analysis and Design Technique)

Diese Methode wurde ebenfalls um 1975 von der Firma SOFTECH in Boston entwickelt. Sie basiert auf dem Grundsatz, daß es für jede Systemstruktur eine grafische Darstellung geben müsse. Sie besteht aus einer Darstellungsform und aus einer Reihe von Interview-, Analyse- und Dokumentationstechniken. Ursprünglich war die Methode dazu bestimmt, ohne Rechnerunterstützung eingesetzt werden zu können; inzwischen sind aber auch geeignete Unterstützungsprogramme erhältlich.

SADT und die daraus resultierende Dokumentation sind streng top-down-orientiert. Es entsteht eine hierarchisch geschichtete Systembeschreibung, bei der von oben nach unten streng nach dem Prinzip der "strukturierten Verfeinerung" vorgegangen wird. Innerhalb einer Ebene ist aber eine Netzstruktur mit Rückführungen (Schleifen) z.B. von Daten erlaubt.

Interessant an SADT ist, daß es sowohl ein Aktionsmodell als auch ein Datenmodell eines Systems aufzubauen gestattet. Im Aktionsmodell werden die Tätigkeiten (=Aktionen) verfeinert und die Daten verbinden die einzelnen Aktionsdiagramme. Im Datenmodell werden die Daten aufgegliedert und die verarbeitenden Aktionen als Pfeile zwischen diesen Daten dargestellt.

Die Methode liefert ein Daten- und ein Aktionsmodell des zu entwerfenden Systems:

Bild 3-7: Das Grundelement von SADT

Es gibt nur ein Grundelement für alle SADT-Darstellungen - ein Rechteck mit Eingangs- und Ausgangspfeilen. Die Lage der Pfeile relativ zum Rechteck definiert ihre Bedeutung. Bild 3-7 zeigt das Grundelement für das Aktions- und für das Datenmodell.

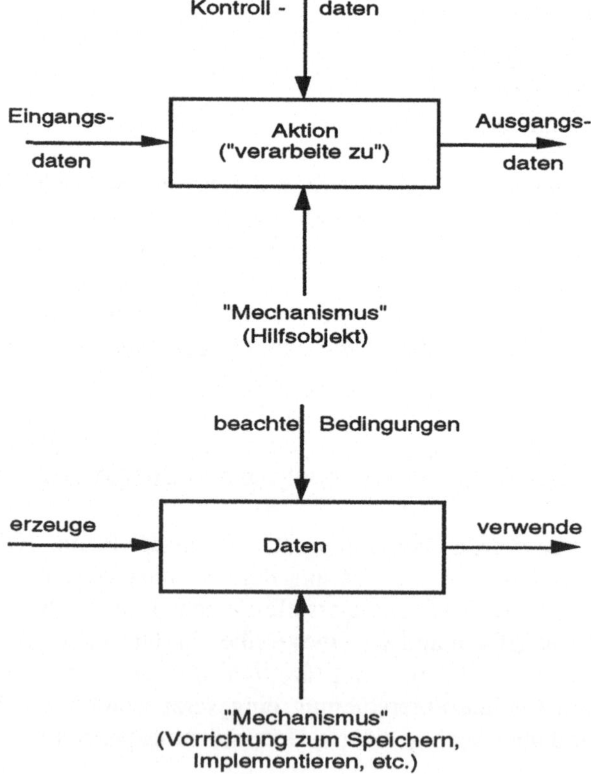

Der Verfasser verwendet SADT selbst relativ häufig, um sich Klarheit über die Struktur von Systementwürfen zu verschaffen. Nach den dabei gemachten Erfahrungen zu urteilen, hat das Verfahren folgende Vorteile:

- es ist sehr allgemein anwendbar,
- es ist grafisch orientiert und kommt somit den Gewohnheiten des Ingenieurs sehr entgegen, und
- es liefert sehr saubere Entwürfe.

Dem gegenüber stehen natürlich auch Nachteile:

- Die Methode ist sehr übungsbedürftig,
- die Umsetzung von SADT-Diagrammen in Programme ist schwierig, und
- ohne Werkzeugunterstützung ist der Zeichen- und Änderungsaufwand sehr hoch.

Endgültig überzeugt vom Nutzen des Verfahrens war der Verfasser allerdings, als er vor einigen Jahren miterleben konnte, daß bei der Umstellung eines großen Programmsystems aus der Prozeßleittechnik auf eine neue Rechnergeneration lediglich der SADT-Entwurf die Umstellung überlebte. Dies war allerdings von großem Nutzen, da dadurch sowohl die für den Kunden sichtbare Funktionalität des Systems erhalten blieb als auch eine Einsparung von etwa 15% der Umstellungskosten erzielt wurde.

3.4   Hilfsmittel für den Feinentwurf

3.4.1   Allgemeines

Eine ganz saubere Trennung ist zwischen den Hilfsmitteln dieser Klasse
und denen für Spezifikation und Grobentwurf nicht vornehmbar; manche sind auch für alle Phasen des Entwurfs bis hin zur Implementation
brauchbar. Man kann aber in etwa doch sagen, daß die im folgenden genannten Methoden und Werkzeuge es schon gestatten, reale technische
Details der Funktion des in Entwicklung begriffenen Systems zu beschreiben, teilweise sogar zu simulieren und damit einige Eigenschaften
des Entwurfs frühzeitig zu verifizieren. Dies gilt z.B. in besonderem
Maße für die Überprüfung der Realzeiteigenschaften eines Systems mit
Hilfe der Petrinetze.

3.4.2   Kurzbeschreibung einiger Hilfsmittel

3.4.2.1   Petri-Netze

Ein Verfahren
auf der Basis
der Graphen-
theorie

Die theoretischen Grundlagen dieser Darstellungstechnik wurden 1962
von C.A.Petri gelegt. Mit ihr ist es möglich, das Verhalten von System zu
modellieren, die parallele Abläufe enthalten. Eine Kurzdarstellung findet
sich z.B. in [Tsichritzis 74], ansonsten sei auf die sehr reichhaltige Literatur zu diesem Thema verwiesen. Die Methode beruht auf Ansätzen der
Graphentheorie und gilt als ein leistungsfähigeres Beschreibungsmittel
als die Automatentheorie. Im folgenden können nur die allereinfachsten
Grundlagen dargestellt werden, die aber nach der Erfahrung des Verfassers schon ausreichen, um sich während des Entwurfs von Systemen mit
parallelen Aktivitäten Klarheit über deren gegenseitige Beeinflussung
und die generelle Funktionsfähigkeit des Systems zu verschaffen.

In der Terminologie der Graphentheorie ist ein "Petrinetz" ein markierter
gerichteter Graph mit zwei Typen von "Knoten":

- **"Stellen"** (Kapazitäten, Bedingungen),
  meist dargestellt durch einen **Kreis**, und
- **"Transitionen"** (Aktivitäten, Ereignisse),
  meist dargestellt durch eine **gerade Linie**.

"Kanten" - das sind die Verbindungslinien zwischen diesen Knoten -
können bei Petri-Netzen nur zwischen Knoten verschiedenen Typs verlaufen.

Die Grundfigur eines Petrinetzes, die Abfolge "Stelle" - "Transition" - "Stelle", ist in Bild 3-8. dargestellt.

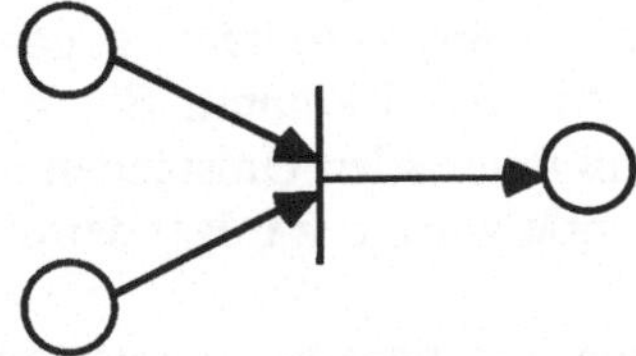

Bild 3-8: Ein "Petri-Graph"

Damit ist die statische Struktur eines Systems beschreibbar. Sein dynamisches Verhalten wird durch sogenannte "Markierungen" beschrieben. Eine solche Markierung ist eine Abbildung der Menge der "Stellen" auf die nicht-negativen ganzen Zahlen, d.h. jeder Stelle wird eine ganze Zahl zugeordnet. Bild 3-9 gibt ein Beispiel für eine solche Markierung "m": Die Stelle s_1 ist mit 1, s_2 mit 2 und s_3 mit 0 "vorbelegt".

Petrinetze ermöglichen die Modellierung des dynamischen Verhaltens

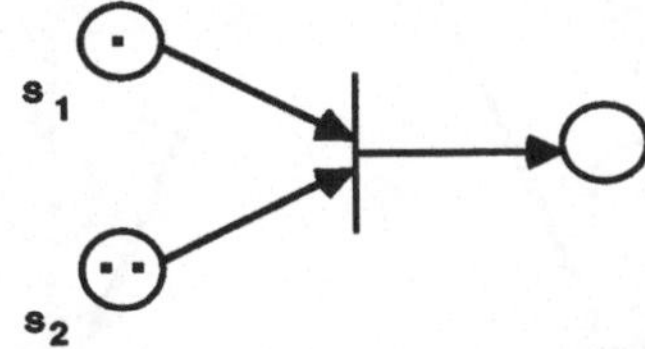

Markierung: $m(s_1) = 1$, $m(s_2) = 2$, $m(s_3) = 0$;

Bild 3-9: Ein "markiertes Petrinetz"

Petrinetze sind eine "dynamische" Darstellungsweise. Markierungen können sich nämlich ändern. Das geschieht durch das "Feuern" von Transitionen. Dabei wird die Markierung der der betreffenden Transition vorgelagerten Stelle - der "Eingangsstelle" - um 1 erniedrigt, die der nachfolgenden Stelle - der "Ausgangsstelle" - um 1 erhöht. Dieser Vorgang ist aber nur möglich, wenn alle Eingangsstellen einer Transition mindestens mit 1 markiert sind. Bild 3-10 erklärt den Mechanismus.

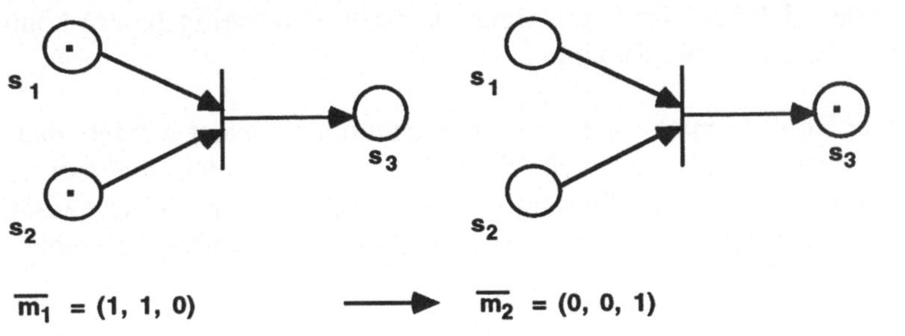

Bild 3-10: "Feuern" einer Transition

$\overline{m_1} = (1, 1, 0)$ ⟶ $\overline{m_2} = (0, 0, 1)$

<table>
<tr><td>Petrinetze er-
möglichen die
Entdeckung
unerwünschter
Systemeigen-
schaften</td><td>Wichtig - vor allem für den Entwerfer von Systemen mit parallelen Aktivitäten - ist nun, daß sich mit Hilfe dieser Eigenschaft entdecken läßt, wann das System in einen Zustand geraten kann, in dem sich - aus welchen Gründen auch immer - die Aktivitäten gegenseitig blockieren und das ganze System zum Stillstand kommt. Ein solcher Zustand - auch "Deadlock" genannt, muß unter allen Umständen vermieden werden. Im Rahmen der Petrinetztheorie wird dies folgendermaßen ausgedrückt:</td></tr>
</table>

"Deadlock"

Ein Petrinetz "lebt", wenn von einer bestimmten Markierung aus unendlich viele Ausführungssequenzen möglich sind, das durch das Netz beschriebene System also beliebig lange funktionsfähig ist. Wenn eine Markierung erreicht ist, bei der keine Transition mehr "feuern" kann, ist das Netz "tot" - im "Deadlock". Bild 3-11 zeigt ein Netz mit dieser gefährlichen Eigenschaft.

Bild 3-11.:
Beispiel für ein
Petrinetz, das
in einen Dead-
lock laufen
kann

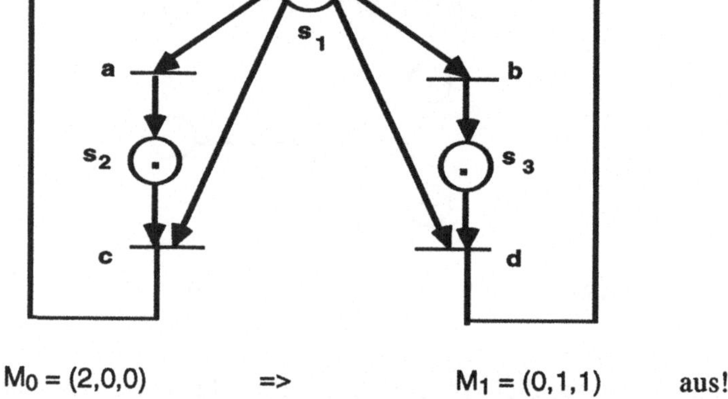

"Konflikt"

Auch eine andere, wenn auch nicht unbedingt gefährliche, so doch unerwünschte Systemeigenschaft kann mit Hilfe eines Petrinetzes vorher entdeckt werden; wenn nämlich irgendein Entscheidungsparameter fehlt, der festlegt, welcher von mehreren möglichen Prozessen ablaufen soll. Dies wird durch folgende Definition abgedeckt: Zwei Transitionen befinden sich im "Konflikt", wenn sie nicht gleichzeitig feuern können. Bild 3-12 zeigt diese Situation.

Dieser Konflikt muß - und kann - nun dadurch aufgelöst werden, daß vor beide Transitionen zusätzliche Stellen geschaltet werden, die über andere Wege mit einer Markierung belegt werden. Damit sind die zusätzlichen Entscheidungsparameter eingeführt und der Konflikt aufgelöst.

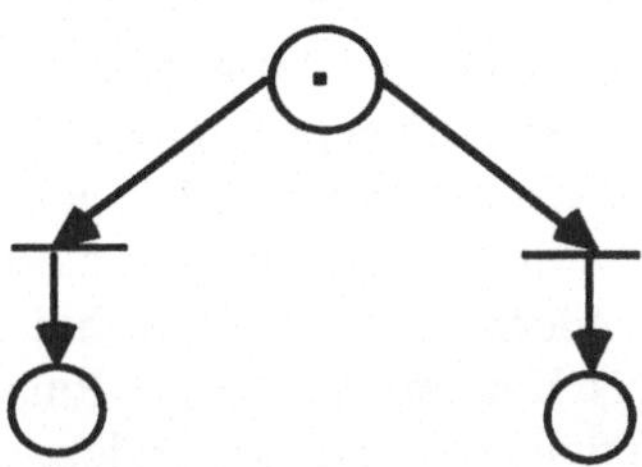

Der Verfasser benutzt Petrinetze selbst seit vielen Jahren, um sich Klarheit über das Verhalten unklarer dynamischer Strukturen in Systemen zu verschaffen, die auf verbale Weise oder mit Hilfe der bisher genannten, mehr statisch orientierten Entwurfshilfsmittel nicht faßbar sind. Dabei ist es in fast allen Fällen ausreichend, ein entspechendes Petrinetz auf Papier zu entwerfen und die Markierungen durch Verschieben aufgelegter Papiermarken ("Token") durchzuprobieren. Für komplexere Anwendungen gibt es inzwischen rechnergestützte Werkzeuge, die es gestatten, den Ablauf einer Simulation eines Petrinetzes auf dem Bildschirm zu beobachten und so das Verhalten des in Entwurf begriffenen Systems zu beurteilen.

Jedoch soll auch der hauptsächliche Nachteil von Petrinetzen, ihre teilweise Unübersichtlichkeit schon bei mäßiger Komplexität des Problems, nicht verschwiegen werden. Seit der Verfügbarkeit leistungsfähiger Simulatoren sollte er jedoch keine große Rolle mehr spielen.

3.4.2.2   Struktogramme

Eines der am weitesten verbreiteten und bewährten Hilfsmittel für den Programmentwurf sind die "Klassischen" Struktogramme, die nach den Autoren, die sie vorschlugen, auch "Nassi-Shneiderman Diagramme" [Nassi 73] genannt werden. Sie stellen die in grafische Form gebrachte Essenz der jahrelangen Diskussion über die "Strukturierte Programmierung" dar und könnten deshalb vielleicht auch als "grafischer Pseudocode" bezeichnet werden. In der am weitest verbreiteten Form werden vier Grundkonstrukte zur Verfügung gestellt, die in Bild 3-13 zusammengestellt sind:

Ein Endergebnis der jahrelangen Diskussion über die "Strukturierte Programmierung"

Die weite Verbreitung der Struktogramme erklärt sich aus ihren eindeutigen Vorteilen: Sie sind leicht zu erlernen und zwingen zu einem sehr sauberen Entwurf des Kontrollflusses des Programmsystems.

Trotzdem besitzen sie einige Nachteile, die auch von denjenigen Entwicklern bemängelt werden, die sie häufig verwenden: Ohne die Hilfe eines geeigneten interaktiven Zeichenprogramms ist der Zeichenaufwand bei nichttrivialen Entwürfen beträchtlich. Die entstehenden Diagramme führen zwar zu sehr fehlerarmen Programmen, sind aber selbst manchmal wenig übersichtlich. Außerdem wird - wie bei allen flußorientierten Entwurfsverfahren - das Datenmodell beim Entwurf und damit meist während der ganzen Entwicklung nur unzureichend berücksichtigt.

Als besonders wirksam haben sie sich aber in der Praxis des Verfassers als Hilfsmittel zur Rückdokumentation erwiesen. Es gelingt fast immer, die Funktion eines schlecht dokumentierten Programms, das in irgendeiner Programmiersprache vorliegt, durch Ableitung des zugehörigen Struktogrammes zu erschließen und zu verstehen.

Bild 3-13: Die vier Grundstruktogramme

Sequenz (Anweisungsfolge)

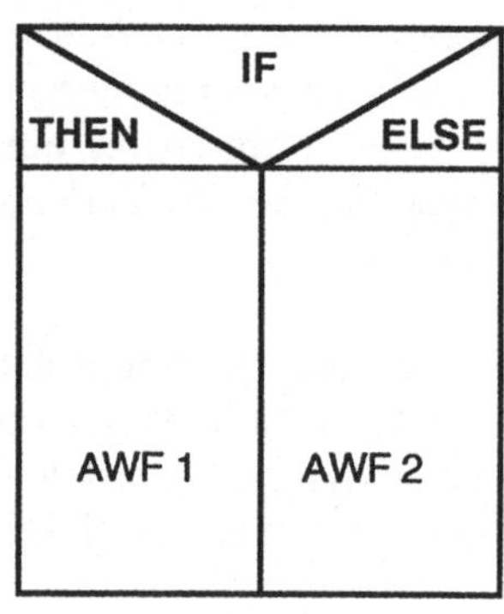

Entscheidung

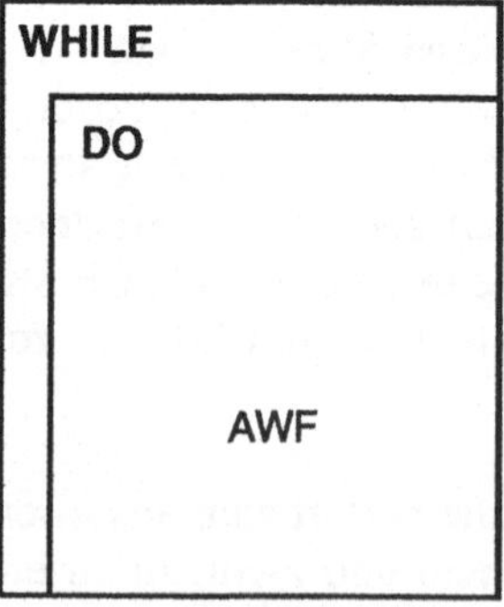

Schleife

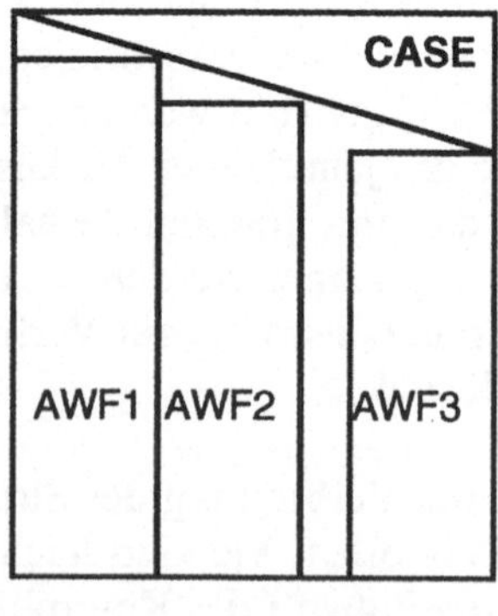

Verzweigung

4

Programmiersprachen

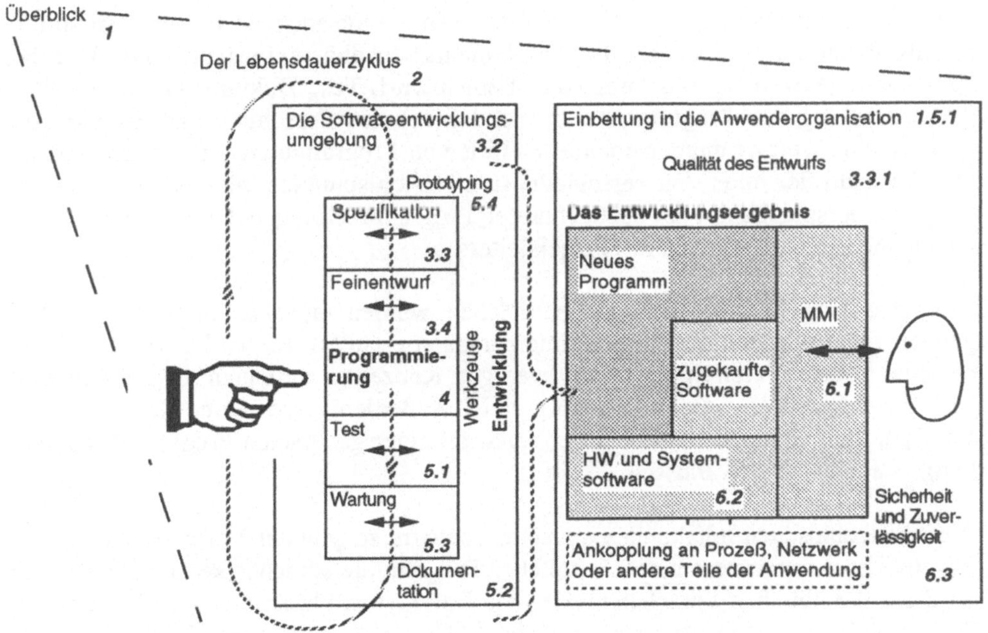

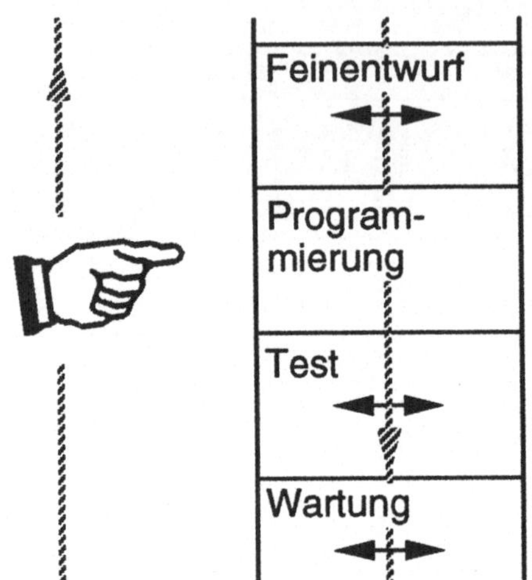

Die höheren Programmiersprachen sind das bisher wirksamste technische Hilfsmittel für die Programmierung, d.h. die Implementationsphase eines Projekts. Darüber hinaus unterstützen sie in hohem Maße Feinentwurf, Test, Dokumentation und Wiederverwendung von Programmen. In vier Jahrzehnten Forschung und Entwicklung ist aber eine nahezu unübersehbare Vielfalt von Programmiersprachen entstanden. Die Auswahl der unter den verschiedensten Gesichtspunkten am besten geeigneten Programmiersprache mit der dazugehörigen Programmierumgebung ist daher eine der wichtigsten Einzelaufgaben des Projektleiters.

Um diese Aufgabe überschaubarer zu machen, werden zunächst einige der grundlegenden Eigenschaften der Programmiersprachen erläutert. Es wird gezeigt, daß sie bei aller äußeren Vielfalt auf relativ wenigen Konzepten aufbauen, und einige weit verbreitete Sprachen werden kurz vorgestellt. Außerdem werden eine Reihe von Gesichtspunkten angegeben, die bei der Auswahl einer geeigneten Programmierumgebung beachtet werden müssen.

Was die technischen Inhalte dieses Kapitels betrifft, so geht der Verfasser davon aus, daß die Leser mindestens eine der üblichen Programmiersprachen kennen. Deswegen wird auf die üblichen Sprachelemente, wie Datentypen klassischer Art, Prozeduren, Schreibweise von Anweisungen, einfache Abfragen, Verzweigungen oder Schleifen nicht eingegangen. Die Leser sollen vielmehr einen Eindruck von denjenigen (neueren) Spracheigenschaften bekommen, die für eine bessere Teamorganisation - wie etwa die Modularisierung - oder für die Behandlung schwieriger Anwendungen - wie die parallelen Prozesse - gedacht sind.

4.1 Entwicklung und Funktionsprinzipien

Nach jahrzehntelangen zum Teil heftigen Diskussionen hat sich für die eigentliche Programmierung in praktisch allen Anwendungsbereichen eine Klasse von Hilfsmitteln durchgesetzt, die "höheren Programmiersprachen" ("High Order Languages" - HOL's). Ihre Entwicklung begann schon in den 50er Jahren mit FORTRAN (="Formula Translator") und COBOL (Common Business Oriented Language). FORTRAN ist heute noch die am weitesten verbreitete Sprache für technisch wissenschaftliches Rechnen. COBOL, die Programmiersprache für kaufmännische und verwaltungstechnische Aufgaben, gilt als die am weitesten verbreitete Programmiersprache überhaupt. Für wissenschaftliche und Lehrzwecke gewann seit den 70er Jahren PASCAL an Bedeutung, und auf einigen Anwendungsgebieten, wie der Automatisierungstechnik oder dem Fernmeldewesen, haben sich eigene Programmiersprachen wie z.B. PEARL oder CHILL bewährt.

Die "höheren Programmiersprachen", das bisher wichtigste Programmierhilfsmittel

Einen vorläufigen Schlußpunkt der Entwicklung dieser "klassischen Universalprogrammiersprachen" scheint die Sprache "Ada"© darzustellen, die wie COBOL vom Verteidigungsministerium der USA finanziert und durchgesetzt wurde. Sie wird auf Grund einer Anordnung dieses Ministeriums, der sich später die meisten NATO-Stellen anschlossen, seit Mitte der 80er Jahre im Verteidigungsbereich eingesetzt. Ihre Bedeutung liegt vor allem bei der Entwicklung großer und komplexer Softwaresysteme mit Realzeiteigenschaften. Eine für Insider überraschende Entwicklung hat die Programmiersprache "C" mitgemacht. Ursprünglich als Systemprogrammiersprache für das Betriebssystem UNIX konzipiert, wird sie heute mehr und mehr als Universalprogrammiersprache eingesetzt.

Seit Anfang der 80er Jahre erscheint die Entwicklung der HOL's weitgehend abgeschlossen

Für wichtige Anwendungsgebiete, die einen großen Markt darstellen, sind schon frühzeitig Spezialsprachen entstanden, die sehr genau auf die Anforderungen der jeweiligen Anwendungsgebiete zugeschnitten sind, wie etwa schon in den 50er und 60er Jahren APT und EXAPT für numerisch gesteuerte Werkzeugmaschinen. Seit Anfang der 80er Jahre haben sich für datenbankorientierte Anwendungen vor allem im kaufmännischen Bereich die "Sprachen der 4.Generation" ("4 GL's") etabliert.

Für wichtige Anwendungsgebiete haben sich spezielle Sprachen etabliert

Wie schon erwähnt, sind die höheren Programmiersprachen bisher das einzige technische Entwicklungshilfsmittel, von dem eine substantielle Steigerung der Produktivität quantitativ belegbar ist. Dafür gibt es eine Reihe von Ursachen, die zum Teil tief in den menschlichen Denkstruk-

Warum sind sie so wirksam?

© "Ada" ist ein eingetragenes Warenzeichen der US-Regierung (Ada Joint Program Office)

turen zu suchen sind, die bei Entwurf und Programmierung eine Rolle spielen. Da eine Darstellung dieser Zusammenhänge den Rahmen dieses Buches sprengen würde, soll hier nur versucht werden, noch einmal einige der bekanntesten Eigenschaften der höheren Programmiersprachen kurz zu veranschaulichen.

<table>
<tr><td>Man muß weniger schreiben</td><td>Am wesentlichsten erscheint die Erhöhung der Beschreibungsdichte: So könnte beispielsweise die einfache "Formel" A:=B-C bei Programmierung im Assembler eines sehr billigen und damit einfachen Rechners folgendermaßen aussehen:</td></tr>
</table>

```
     .
  LDA  C        /* Lade C ins Rechenregister
  CMP           /* Bilde negativen Wert
  ADD  B        /* Addiere B
  STO  A        /* Speichere Ergebnis ab
     .
```

Diese Form erfordert nicht nur mehr Schreibaufwand, sie ist auch nicht "selbsterklärend", d.h. ohne den Kommentar versteht beim Lesen nur ein Rechnerspezialist, daß es sich hierbei um eine Subtraktion handelt.

<table>
<tr><td>Man muß sich den Kopf nicht mehr mit so vielen Einzelheiten belasten</td><td>Diese Eigenschaft ist der Hauptgrund für die bei der Verwendung höherer Programmiersprachen beobachtete Produktivitätssteigerung. Gemäß Halstead [Halstead 77] ist die Produktivität beim Programmieren direkt abhängig von der Anzahl der "Elementarentscheidungen", die ein Programmierer pro Zeiteinheit treffen muß (siehe auch Abschnitt 2.5.3.1). Wenn er nun zur Formulierung einer bestimmten Problemlösung "in größeren Einheiten denken" kann, wird dies genau so schnell erfolgen, wie wenn er mit den "atomischen Einheiten" der Assemblerbefehle umgeht - es wird aber ein größeres Programm dabei entstehen.</td></tr>
<tr><td>Man sieht leichter, was das Programm bewirken soll</td><td>Ein zweiter wesentlicher Vorteil der höheren Programmiersprachen ist die Verbesserung der Problembezogenheit. So ist z.B "ISZ COUNTER" ("Increment and skip if zero") ein gerne verwendeter Assemblerbefehl, der bewirkt, daß der Inhalt des Akkumulators um 1 erhöht wird, und, wenn sich als Ergebnis 0 ergibt, auch der Befehlszähler um 1 weitergezählt wird, was dazu führt, daß der nächste Befehl im Assemblerprogramm übersprungen wird. Je nach Problem kann eine solche einfach aussehende Operation aber ganz verschiedene Bedeutungen haben:</td></tr>
</table>

- Erhöhe einen Zeitzähler und führe eine Anweisungsfolge aus, wenn dieser abgelaufen ist:

  ```
  "AFTER N SEC DO...."
  ```

* Zähle denWiederholungszähler für eine n-fach durchzuführende Anweisungsfolge herunter:

  ```
  "FOR I=1 TO N DO...."
  ```

* Triff eine einfache Entscheidung: `"IF I<1 THEN...."`

Es ist leicht ersichtlich, daß die in einer anderen Schriftart gedruckten Formulierungen, (die hier der Sprache PEARL entnommen sind) fast ohne weitere Erläuterungen verständlich sind. Dadurch erhöht sich natürlich die nachträgliche Lesbarkeit von Programmen, die in einer höheren Programmiersprache geschrieben sind, ihre Fehleranfälligkeit sinkt, sie sind leichter zu testen und später auch leichter zu warten. *Man macht weniger Fehler*

Eine andere für den Anwender sehr wichtige Eigenschaft ist die Bereitstellung vorgefertigter Teilfunktionen, wie z.B. schwierig zu programmierende mathematische Funktionen, etwa A:=SIN(B). Dies kann als ein Aspekt der Erhöhung der Beschreibungsdichte gesehen werden, fällt aber mehr in die Kategorie der allgemeinen Programmiererleichterungen, und ist durch Makrobefehle auch bei der Assemblerprogrammierung zu erreichen. *Man hat Zugriff zu vorgefertigten Funktionen*

Schließlich ist zu bemerken, daß die in den heute üblichen höheren Programmiersprachen mögliche Formulierung einer Problemlösung eine Art Kompromiß darstellt. Einerseits ist sie weit genug von den Details des jeweils benutzten konkreten Rechners entfernt, um einen auch für "Nichteingeweihte" einigermaßen lesbaren Programmtext zu ergeben, andererseits ist sie abstrakt genug, um für eine breite Klasse von Anwendungen brauchbar zu sein. Damit lassen sich mit Hilfe dieser Sprachen sowohl Anwendungspakete erstellen, die dann für ganze Anwendungsklassen eine Art Spezialprogrammiersprache darstellen können, als auch Einzellösungen mit vernünftigem Aufwand entwickeln. Eine Art solcher Spezialprogrammiersprachen mit engem Anwendungsbezug sind die sogenannten "Sprachen der 4.Generation", auf die später noch gesondert eingegangen wird. Andere gebräuchliche Bezeichnungen für solche Spezialsprachen sind auch "POL" (Problem Oriented Language) oder "VHLL" (Very High Level Language). Bild 4-1, das der Verfasser in einschlägigen Vorlesungen verwendet, illustriert die Schlüsselrolle, die die HOL's für die Programmentwicklung einnehmen. *Als Beschreibungsmittel für spezielle Lösungen sind HOL's meist der "goldene Mittelweg"*

Als Hauptvorteile der höheren Programmiersprachen können wir also zusammenfassend nennen:

* Beschleunigung der Programmierung durch weniger Schreibaufwand,
* Verbesserung der Lesbarkeit und Verständlichkeit der Programme,

- Verringerung der Fehlerhäufigkeit und leichterer Test,
- Vielseitige Verwendbarkeit.

Bild 4-1:
HOL's als
Schlüssel-
komponente
bei der
Programm-
entwicklung

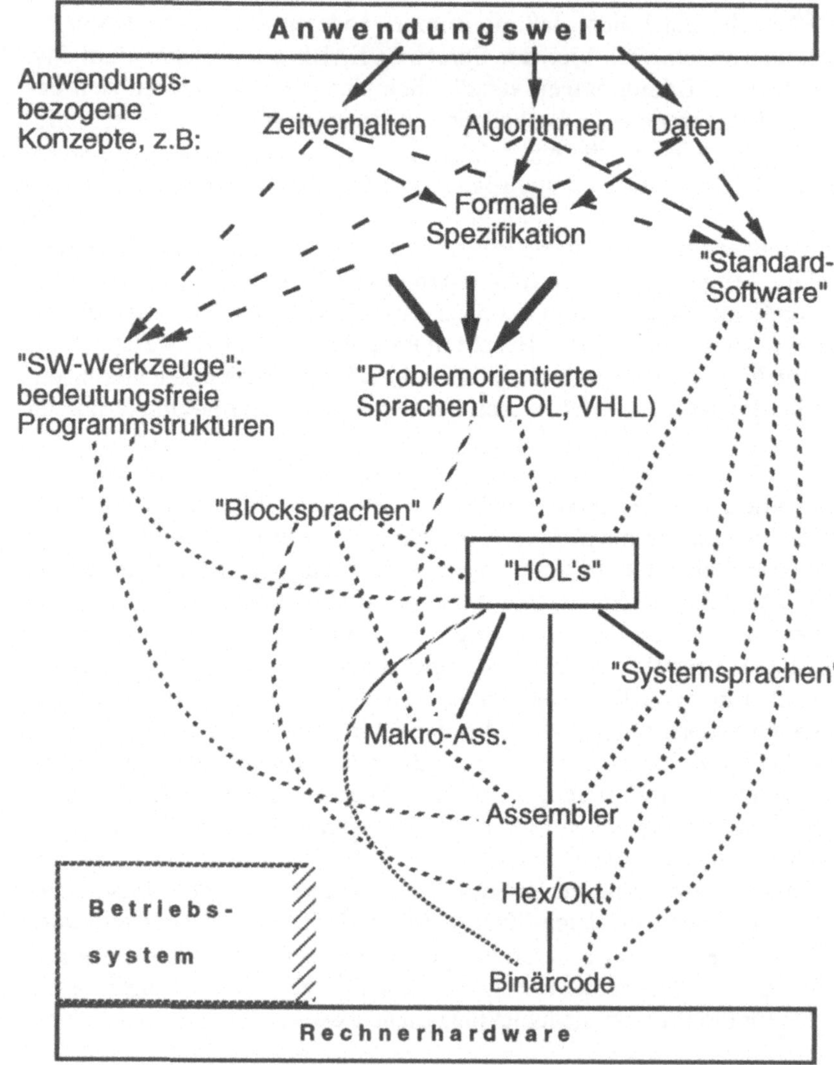

4.2   Die Auswahl einer Programmiersprache

4.2.1   Grundsätzliches Vorgehen

Entsprechend den obigen Ausführungen ist die Auswahl der für ein Projekt optimalen Programmiersprache eine der wichtigsten technischen Einzelaufgaben des Projektleiters. Sie wird insbesondere dadurch außerordentlich schwierig, daß für eine sachgerechte Entscheidung sowohl technische als auch nichttechnische Gesichtspunkte gleichermaßen berücksichtigt werden müssen und daß eigentlich keine klaren Kriterien zur Verfügung stehen, mit Hilfe derer eine Entscheidung vorher beurteilt werden kann. Überspitzt könnte man sagen, daß man zwar häufig bei einem schlechten Verlauf des Projektes nachweisen kann, daß die falsche Programmiersprache gewählt wurde, daß aber kaum je ähnlich klar bewiesen werden kann, daß der Erfolg eines Projektes auf die verwendete Sprache zurückzuführen ist.

> "Wer die Wahl hat, hat die Qual."

Wegen der Schwierigkeit dieser Entscheidung wird deshalb oft der Versuch gemacht, ein sogenanntes "objektives Bewertungsverfahren" zur Auswahl der für ein Projekt am besten geeigneten Programmiersprache anzuwenden oder sogar zu entwickeln. Auf Grund eigener Erfahrungen möchte der Verfasser von diesem Vorgehen dringend abraten. Der Arbeitsaufwand steht praktisch nie in einem vernünftigen Verhältnis zum Ergebnis. Die relative technische Qualität der verschiedenen Programmiersprachen, Softwareentwicklungsmethoden und -hilfsmittel war von jeher eines der beliebtesten Diskussionsthemen in der Informatik. In der Praxis ist es aber meist so, daß die Ergebnisse solcher Vergleiche von vornherein feststehen oder aber, falls dies nicht der Fall ist, hinterher im Lichte nichttechnischer Randbedingungen uminterpretiert werden. Im Rahmen eines besonders sorgfältig durchgeführten Sprachvergleichs wurde sogar einmal gezeigt, daß gerade "technische" Bewertungen ausserordentlich empfindlich von der Wahl der Gewichtungsfaktoren abhängen [Schenk 75]. Diese wiederum sind aber durchweg das Spiegelbild zum Teil höchst subjektiver und "untechnischer" Wertvorstellungen derjenigen, die den Vergleich durchführen. Was dagegen in der Praxis immer wieder vermißt wird, sind quantitative Untersuchungen über die ökonomische oder qualitätssteigernde Wirksamkeit von Softwareentwicklungshilfsmitteln.

> Man kann die Auswahl nicht schematisieren und dadurch "objektiv" machen

Da es aber selbstverständlich genau so wenig sinnvoll ist, die Auswahl der Programmiersprache nicht bewußt zu treffen, sondern vielleicht dem Zufall zu überlassen, muß ein Vorgehen gewählt werden, das mit tolerierbarem Aufwand zu einem brauchbaren Ergebnis führt.

> Man muß sich aber bewußt entscheiden!

Programmier-
sprachen sind
festgeschriebe-
ne Program-
mierkonzepte

In Bezug auf die Programmiersprachen hat sich ein Ansatz als recht praktikabel herausgestellt, der darauf beruht, nicht die "softwaretechnische Qualität" einzelner Sprachelemente, sondern ihre beschreibungstechnische Wirksamkeit ("descriptive power") aus dem Blickwinkel der jeweiligen Anwendung zu bewerten. Diese Methode wird vom Verfasser seit einigen Jahren benutzt und erweist sich vor allem für Anwender als leicht verständlich und handhabbar. Bild 4-2 illustriert das Vorgehen. Sie wurde vom Verfasser entwickelt und zuerst in [Elzer 81] verwandt. Die Idee hinter diesem Schema ist, daß Programmiersprachen als formalisierte Sammlung derjenigen Programmierkonzepte betrachtet werden können, die zur Zeit der Entwicklung der entsprechenden Sprache verstanden, durchdacht und daher reif für eine Formalisierung waren. Diese "konzeptorientierte" Betrachtungsweise der Programmiersprachen findet sich auch in neueren Lehrbüchern, wie z.B. in [Horowitz 84, Schauer 86].

Bild 4-2:
"Problemüber-
deckung" durch
höhere Pro-
grammier-
sprachen

Konzeptklasse:	FORTRAN	COBOL	PASCAL	MODULA 2	Ada	PEARL	Prozeß-FORTRAN	"C"
1 Algorithmen								
2 Datentypen								
3 Standard E/A								
4 Programmstruktur								
5 Fehlerbehandlung								
6 Erweiterbarkeit								
7 Parallelismus und Zeitverhalten								
8 Prozeß E/A und HW-Umgebung								
9 Maschineneigenschaften								

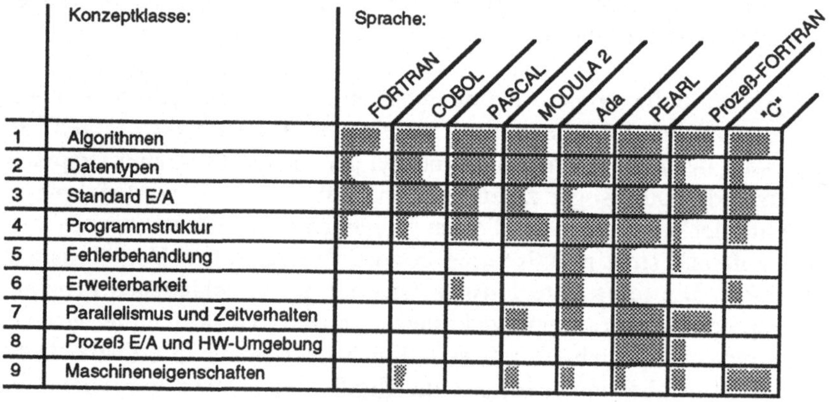

Die schraffierten Flächen symbolisieren den Grad der Ausprägung der jeweiligen Konzeptklasse in den einzelnen Programmiersprachen

Kurz: man
überlege sich,
was man be-
schreiben will!

Diese Sicht kann von einem Projektleiter, der die technische Auswahl einer Programmiersprache trifft, folgendermaßen angewandt werden: "Identifiziere die für das Anwendungsgebiet des in Frage stehenden Projekts wichtigsten Klassen von Programmierkonzepten und wähle die dafür am besten geeignete Programmiersprache aus."

Eine übliche
Kategorisie-
rung

Wenn man diese Klassifizierung noch weiter vereinfacht, gelangt man zu einer in der Praxis viel verwendeten Kategorisierung von Programmiersprachen. Man unterscheidet dabei nur noch wenige grob umrissene Kategorien von Sprachen, die jeweils nach dem ungefähr festgelegten Einsatzschwerpunkt charakterisiert werden:

Universalprogrammiersprachen: Das sind solche Sprachen, die in großen Einsatzgebieten für die Mehrzahl der Anwendungsfälle brauchbar sind, ohne Anspruch auf optimale Lösung des jeweiligen Spezialproblems zu erheben. Interessanterweise sind dies im wesentlichen auch diejenigen Sprachen, auf die sich in den vergangenen Jahrzehnten Forschung und Standardisierung auf internationaler Ebene hauptsächlich konzentriert haben, was dazu geführt hat, daß sie im Detail meist sehr gut durchkonstruiert sind. Man könnte sie deshalb auch "Main-line" Sprachen nennen.

Sprachen für - fast - alle Fälle

Echtzeitprogrammiersprachen: Diese Sprachen wurden, meist auf der Basis von Main-line Sprachen, für das schwierige Anwendungsgebiet der Automatisierungstechnik entwickelt. Sie zeichnen sich vor allem dadurch aus, daß sie es dem Programmentwickler erlauben, das Zeitverhalten eines ablaufenden Programms explizit zu beeinflussen, parallele Prozesse und deren Zugriff zu Ressourcen zu koordinieren und nicht standardisierte Peripheriegeräte zu bedienen.

Werkzeuge für schwierige Probleme

Systemprogrammiersprachen: Sprachen mit besonderer Flexibilität sind ursprünglich dafür entwickelt worden, Betriebssysteme, Übersetzer und ähnliche Softwaresysteme zu programmieren, bei deren Entwicklung sehr viel Rücksicht auf spezielle Eigenschaften der jeweiligen Rechner genommen werden muß und die üblicherweise hohe Anforderungen an die "Effizienz" des erzeugten Codes stellen. Dies bedingt, daß im Gegensatz zu den bisher genannten Kategorien sehr viele Kompromisse bezüglich der automatischen Überprüfbarkeit der Programme auf Entwurfsfehler eingegangen werden müssen. Man könnte sagen, daß man mit diesen Sprachen alles programmieren, aber auch alle Fehler machen kann.

"Anything goes"

Spezialsprachen: Diese Kategorie umfaßt eigentlich die Mehrzahl aller Programmiersprachen, die jemals für die Bewältigung spezieller Anwendungsprobleme geschaffen wurden. Ihre Erscheinungsform und technische Qualität sind sehr heterogen. Manche wirken wie zufällige Ansammlungen spezieller Befehle, andere weisen weit über den Stand der Technik der bisher genannten Sprachen hinaus. Letzteres gilt beispielsweise für die zur Lösung von Problemen der "Künstlichen Intelligenz" eingesetzten Sprachen, auf die im Rahmen dieses Buches aber nicht eingegangen wird.

Spezialisten für Sonderaufgaben

Als Beispiel sollen in der folgenden Tabelle einige in der Praxis weit verbreitete Programmiersprachen einmal in diese Kategorien eingeordnet werden. Die Mehrzahl davon wird in Abschnitt 4.4 in Einzeldarstellungen näher erläutert werden.

Einige für die
Kategorien
typischen
Sprachen

1 "Main-Line" Sprachen:

- **FORTRAN**
- **COBOL**
- **PASCAL**
- **MODULA 2**

- **Ada**

2 "Echtzeitsprachen":

- **PEARL**
- Prozeß - **FORTRAN**
- Prozeß - **BASIC**

3 "Systemprogrammiersprachen":

- **C**
- **PL/M**
- Assembler

4 Spezialsprachen:

- **"4 GL's"**
- **Blocksprachen** (für "program-
  mierbare Steuerungen")
- **ATLAS**
- **CHILL**
- **LISP**
- **Prolog**
- **Eiffel**

Bild 4-3:
Bedeutung von
Konzeptklassen
für verschie-
dene Sprach-
typen

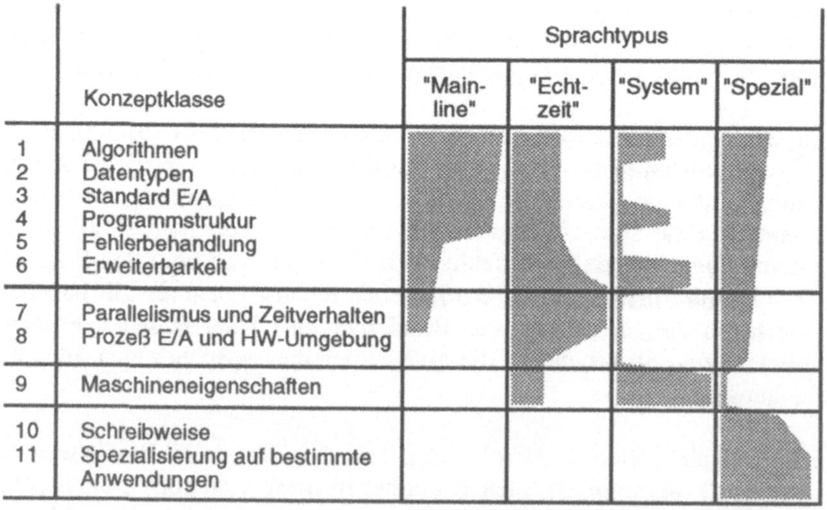

Konzeptklasse		Sprachtypus			
		"Main-line"	"Echt-zeit"	"System"	"Spezial"
1	Algorithmen				
2	Datentypen				
3	Standard E/A				
4	Programmstruktur				
5	Fehlerbehandlung				
6	Erweiterbarkeit				
7	Parallelismus und Zeitverhalten				
8	Prozeß E/A und HW-Umgebung				
9	Maschineneigenschaften				
10	Schreibweise				
11	Spezialisierung auf bestimmte Anwendungen				

Die schraffierten Flächen symbolisieren
die Bedeutung, die die jeweilige Konzeptklasse für den Sprachtypus hat.

Bild 4-3 gibt einen Überblick darüber, welche Bedeutung die oben genannten Konzeptklassen für die vier genannten Kategorien haben und in welchem Ausmaß sie deshalb in den jeweiligen Sprachen enthalten sein müßten.

Die Auswahl einer Programmiersprache für ein Projekt kann also nach relativ globalen Kriterien erfolgen: Bestimmung des für die in Frage stehende Anwendung maßgeblichen Sprachtypus und Abschätzung der Bedeutung der einzelnen Konzeptklassen dafür, um eventuell innerhalb einer Kategorie zwischen verschiedenen zur Verfügung stehenden Sprachen noch rational entscheiden zu können. Bei der endgültigen Auswahl sind dann zusätzlich ganz andersartige Kriterien heranzuziehen:

So ist beispielsweise zu berücksichtigen, daß Kriterien wie Qualität und Stabilität des Compilers und der sonstigen zugehörigen Hilfsprogramme wirtschaftlich gesehen wesentlich wichtiger für den Nutzen einer speziellen Sprache in einem Projekt sein können als die Eigenschaften der Sprache. So berichtet z.B. M.Key [Key 86], daß in einem bestimmten Projekt der erzwungene Einsatz einer unerprobten Sprache einen unnötigen Aufwand von 200 Mannjahren bewirkt hatte, da sehr viel Unterstützungssoftware im Projekt selbst mit entwickelt und erprobt werden mußte. Der Verfasser hat ebenfalls einige ähnliche Fälle miterlebt. In Abschnitt 4.3 wird deshalb näher auf die Auswahl der Programmierumgebung eingegangen.

Um einen Eindruck davon zu geben, welche Bedeutung die erwähnten Klassen von Programmierkonzepten für die Technik der Lösung und die Abwicklung eines Projektes haben können, sollen zunächst einige davon etwas ausführlicher dargestellt werden. Die getroffene Auswahl ist notwendigerweise subjektiv und spiegelt hauptsächlich die Erfahrungen des Verfassers während des Entwurfes von PEARL und Ada und bei der Entwicklung von Echtzeitsystemen wider. Denjenigen Lesern, die sich mit dem Thema eingehender befassen möchten, sei das Buch von Schauer und Bartha [Schauer 86] empfohlen, in dem an Hand vieler Beispiele alle wesentlichen Konzepte heutiger Programmiersprachen auf leicht verständliche Weise erläutert werden.

4.2.2   Konzepte von Programmiersprachen

4.2.2.1   Algorithmen

Für die Formulierung der "Algorithmen", d.h. der durch das jeweilige Programm realisierten Vorgehensvorschriften zur Bearbeitung einer Anwendungsaufgabe, stellen die heute üblichen Programmiersprachen praktisch auf allen Anwendungsgebieten ausreichende Formulierungshilfsmittel bereit. Diese reichen von einfachen numerisch-mathematischen Verknüpfungen über komplexe logische Operationen bis hin zu sehr wirksamen Sprachelementen für die Auswertung des Inhalts von Datenbanken. Für den technisch einigermaßen versierten Projektleiter sollte es deshalb eigentlich kein wesentliches Problem mehr darstellen, die unter diesem Gesichtspunkt für sein Anwendungsgebiet passende Programmiersprache zu finden.

Außerdem wird die Formulierung der eigentlichen Algorithmen von den Entwicklern im Team üblicherweise als geistige Herausforderung angesehen und deshalb als interessante Aufgabe akzeptiert. Sie wird gerne und mit Ehrgeiz gelöst und stellt also keine wesentlichen Managementprobleme. Es kommt höchstens vor, daß die Entwickler daran gehindert werden müssen, zuviel Zeit und Aufwand in diesen Teil der Gesamtentwicklung zu investieren und dafür andere, für den Projekterfolg aber mindestens genau so wichtigen Aufgaben zu vernachlässigen, nur weil diese nicht so interessant wirken.

Zum "algorithmischen Teil" einer Programmiersprache werden aber auch diejenigen Sprachelemente gerechnet, die den "Kontrollfluß" eines Programms bestimmen, also Verzweigungen, Schleifen, Sprünge, Unterprogramme etc. Hier gibt es auch heute noch zwischen den verschiedenen Programmiersprachen Qualitätsunterschiede. Die meisten Sprachen unterstützen weitgehend die Ergebnisse der Diskussion um die "Strukturierte Programmierung", die sich auch in den in Abschnitt 3.4.2.2 beschriebenen Struktogrammen niedergeschlagen hat. Diese Sprachen erlauben dann eine problemlose Umsetzung eines mittels Struktogrammen erstellten Entwurfs in ein Programm, das dementsprechend leicht zu testen und wenig anfällig gegen Fehler bei Änderungen ist.

Bei älteren Sprachen, wie z.B. FORTRAN (siehe 4.4.1.1) oder aber Systemprogrammiersprachen, wie "C" (siehe 4.4.3.2) ist die Situation unter dem Gesichtspunkt des Projektmangements nicht so einfach. Diese Sprachen erlauben zwar auch die Erstellung strukturierter Programme, bieten aber viele Möglichkeiten zur Umgehung der entsprechenden Regeln. Ein Projektleiter ist bei der Verwendung dieser Sprachen also gut beraten, wenn er entweder Programmierrichtlinien einführt, die strukturierte Programmierung erzwingen, oder einen Preprozessor benutzt, der die Benutzung riskanter Sprachelemente verhindert.

4.2.2.2 Datentypen

Eines der zentralen Konzepte moderner Programmiersprachen ist die "Typisierung" der Daten. Darunter versteht man, daß sie nicht einfach als beliebig interpretierbare Bitfolgen oder benennungslose Zahlen betrachtet werden, sondern eine für die jeweilige Anwendung relevante Bedeutung besitzen, wie etwa Buchstaben, ganze Zahlen, gebrochene Zahlen einer bestimmten Genauigkeit oder logische ("bool'sche") Größen.

Das Typkonzept benötigte zu seiner vollen Ausbildung 25 Jahre (ein Vierteljahrhundert!). In FORTRAN (1954) spiegelte es noch direkt die Eigenschaften der Rechnerhardware wider (z.B. einfache und doppelte "Wortlänge") und konnte umgangen werden (EQUIVALENCE). Es diente aber schon als wesentliche Schreib- und Merkhilfe zur Programmiererleichterung. Vor allem wurde schon zu diesem frühen Zeitpunkt die Möglichkeit der Zusammenfassung gleichartiger numerischer Größen zu Vektoren, Matrizen etc. (allgemein: "arrays"), eingeführt, was die Handhabung größerer Mengen von Daten wesentlich erleichterte.

In der 1960 zum ersten Mal veröffentlichten Sprache ALGOL 60 [Bakkus 63] wurde dann die zwangsweise "Deklaration" von Daten, d.h. die schriftliche Festlegung der in einem Programm verwendeten Daten mit ihren Namen und Eigenschaften durch den Programmentwickler, zum ersten Mal konsequent dazu verwendet, eine Reihe von Schreib- und Flüchtigkeitsfehlern bei der Verwendung von Daten in Programmanweisungen schon während der Übersetzung des Programms durch den Compiler zu erkennen. Außerdem konnte die explizite Deklaration von Daten vor ihrer jeweiligen Verwendung im Programm von Compiler und Betriebssystem dazu verwendet werden, um den Arbeitsspeicher effizienter zu verwalten.

Einen wesentlichen Schritt weg von der rein numerisch-rechnertechnischen hin zu einer an den Eigenschaften der Anwendung orientierten Betrachtungsweise von Daten stellte die Möglichkeit dar, "zusammengesetzte Typen" ("Records", "Strukturen", "Verbünde") zu definieren. Damit wurde es möglich, alle für das jeweilige Programm relevanten Eigenschaften eines Objektes der realen Welt so zu gruppieren, daß bei Handhabung großer Mengen solcher Objekte oder bei Programmänderungen der Zusammenhang dieser Daten nicht mehr verlorenging. Auch die Lesbarkeit der Programme wurde stark verbessert, was wiederum ihre Fehleranfälligkeit verringerte. Als Sprachen, die dieses Konzept durchgängig verwenden, sind PL/1 [Lucas 69], ALGOL 68 [Wijngarden 69], PASCAL [Hoare 73] und PEARL [DIN 66253] zu nennen.

Ein klassisches Beispiel für die Verwendung zusammengesetzter Typen
ist die "Personalkartei" [Herschel 79]:

```
CONST nl = 10;
      anz = 20;
TYPE wort = ARRAY[1..nl] OF char;
     datum = RECORD tag: 1..31
                    monat: 1..12
                    jahr: 1893..1993 END;
     person = RECORD name: wort;
                    persnr: integer;
                    geburt: datum;
                    sex: (m,w);
                    nat: boolean END;
VAR x: ARRAY[1..anz] OF person;
```

Ebenfalls einen Schritt in Richtung Anwendungsnähe stellen die "auf-
zählenden Datentypen" ("enumerated data types") von PASCAL dar, die
es gestatten, Mengen von Dingen oder Eigenschaften festzulegen und
sie Programmgrößen auf kontrollierte Weise zuzuordnen. Ebenfalls klassische Beispiele für die Verwendung dieser Technik sind:

```
TYPE tag = (mon,die,mit,don,frei,sam,son);
     farbe = (rot,gruen,blau,weiss,gelb);
```

In Ada (1979) erreichte das Typkonzept schließlich in der Form der "abstrakten Datentypen" eine vorläufige Endstufe. Dabei wurde ein schon
in "SIMULA 67" [Dahl 69] verwirklichter und in Experimentalsprachen
wie ALPHARD [Shaw 77] weiterentwickelter Ansatz zu Ende gedacht,
nämlich der, daß der Typ von Daten nicht nur die Darstellungsform der
Daten selbst bestimmt, sondern auch die darauf zulässigen Operationen
festlegt. So macht es eben keinen Sinn, Buchstaben miteinander multipli-
zieren zu können oder gebrochene Zahlen dadurch durch Potenzen von
zwei zu dividieren, daß man sie nach rechts verschiebt.

Konsequenter Einsatz der abstrakten Datentypen führt zu einem Pro-
grammierstil, der praktisch der "objektorientierten Programmierung"
(siehe auch Abschnitt 3.1.2.2) gleichkommt. Es ist damit auch möglich,
die Handhabung von Programmgrößen weitestgehend dem Umgang mit
technisch-physikalischen Größen anzugleichen. Als Beispiel sei die Definition eines Datentyps "Geschwindigkeit" als Vektor genannt, auf den
dann nur die Operationen "Addition" und "Subtraktion" zulässig wären,
da das Produkt zweier Geschwindigkeiten eben keine Geschwindigkeit

mehr ist. Ähnliches gilt übrigens auch für Geldbeträge und viele benannte Größen.

Welche Bedeutung sollte nun ein Projektleiter dem in einer Programmiersprache realisierten Typkonzept beimessen? Es erscheint klar, daß bei Anwendungsproblemen mit einer schwierigen technisch-naturwissenschaftlichen Problemstellung ein ausgereiftes Typkonzept mit vielen Möglichkeiten in Bezug auf die Anwendungsnähe der Formulierung der im Programm verwendeten Daten Vorteile bringen kann. Dadurch wird natürlich der - geistige - Umsetzungsprozeß des Algorithmus in ein Programm vereinfacht und damit weniger fehleranfällig. Andererseits erfordert das Erlernen und Anwenden eines schwierigen Mechanismus wieder einen höheren geistigen Aufwand und ist in sich fehleranfälliger. Der Projektleiter muß also sorgfältig abwägen, welches dieser beiden Risiken in Anbetracht der Fähigkeiten des Teams das geringere ist. Es versteht sich fast von selbst, daß solche Betrachtungen in Bezug auf alle Klassen von Sprachkonzepten angestellt werden müssen, ja daß sie eigentlich für alle zur Programmentwicklung eingesetzten Werkzeuge gelten.

4.2.2.3   Standard Ein-/Ausgabe

Unter diesem Begriff faßt man üblicherweise all diejenigen Mechanismen zusammen, die dazu dienen, numerische Daten und Texte in einen Rechner ein- und aus ihm auszugeben oder sie auf externen Speichermedien zu archivieren und von dort wieder zu beschaffen.

Die Art der Festlegung von Mechanismen für die Ein- und Ausgabe ("E/A") von Daten in den und aus dem Rechner war von jeher ein sehr kontroverses Thema unter Sprachentwicklern. In FORTRAN und CO-BOL wurden unter dem Einfluß der Anwender auf pragmatische Weise diejenigen E/A Mechanismen integriert, die sich in der - hauptsächlich kaufmännisch und numerisch-mathematisch ausgerichteten Praxis bereits damals als zweckmäßig herauskristallisiert hatten. Dagegen vertraten die Entwickler von ALGOL 60 den Standpunkt, daß wegen der hohen Abhängigkeit der E/A-Mechanismen von den jeweils zur Verfügung stehenden Geräten eine einheitliche Beschreibung nicht möglich sei und trafen deshalb überhaupt keine Festlegungen. Das führte dazu, daß jeder Hersteller seine eigenen Festlegungen treffen mußte, was wiederum - ganz im Gegensatz zur Absicht der Sprachentwickler - ALGOL-Programme sehr abhängig von der jeweiligen Rechnerhardware machte und damit schließlich verhinderte, daß sich diese Programmiersprache durchsetzte.

Grundsätzlich hat es sich daher durchgesetzt, daß alle heute gängigen Programmiersprachen einen ausreichenden Satz von E/A-Mechanismen für die üblichen Aufgabenstellungen zur Verfügung stellen, wenn auch die Grundsatzdiskussion noch nicht beendet ist. Notfalls wird - wie in Ada - der Kompromiß gemacht, daß die E/A-Mechanismen nicht als Anweisungen in die Sprache integriert, sondern als ein "Standardpaket" aus entsprechenden Unterprogrammen zur Verfügung gestellt werden. Die Gefahr zu großer Herstellerabhängigkeit wird dabei durch eine rigorosere Praxis der zuständigen Standardisierungsstellen abgefangen.

Was die konkrete Ausprägung der Standard E/A angeht, so hat sich weitgehend die von COBOL und PL/I stammende Praxis durchgesetzt, den Datenverkehr mit "echten Externgeräten" wie Druckern oder Tastaturen gleich zu behandeln wie den Datenverkehr mit "archivierenden Medien" wie Bändern und Plattenspeichern. Damit wird ganz allgemein die Ein-/Ausgabe als Datenverkehr mit "Dateien" ("Files") formuliert, was den Vorteil der Einheitlichkeit und den Nachteil einer manchmal etwas reduzierten Anschaulichkeit hat. Bezüglich Details sei wieder [Schauer 86] empfohlen.

4.2.2.4   Programmstruktur

Bereits Unterprogramme helfen, ein Programm sinnvoll zu strukturieren

Das älteste Mittel zur Strukturierung von Programmen ist das Unterprogramm ("Subroutine") mit der Sonderform der "Funktion", das bereits im Befehlssatz des "von Neumann-Rechners" enthalten ist. Es ermöglicht, Programmteile, die innerhalb eines Programmablaufs in der gleichen Form häufig benutzt werden, nur einmal schreiben zu müssen, bei Bedarf aufzurufen und auf jeweils andere Daten ("aktuelle Parameter") anzuwenden. Die älteste Programmiersprache - FORTRAN - unterstützt daher eine Programmstruktur nach dem Schema "Hauptprogramm - Unterprogramme". Unterprogrammbibliotheken sind auch das älteste und bisher erfolgreichste Mittel zur "Wiederverwendung" einmal erstellter Software. Bis heute unterstützen alle Programmiersprachen dieses grundlegende Konzept.

Die "Blockstruktur" diente ursprünglich der Speicherverwaltung, unterstützt aber auch Lesbarkeit und Test

Seit ALGOL 60 ist auch die Gliederung von Programmen in "Blöcke" (meist realisiert durch die Klammerung von Programmabschnitten zwischen "BEGIN" und "END") ein von fast allen modernen Programmiersprachen bereitgestelltes Hilfsmittel zur Gliederung eines Programms in übersichtliche und handhabbare Unterabschnitte. Die Blöcke begrenzen den Gültigkeitsbereich von Variablen und können, wie auch Prozeduren, ineinander geschachtelt sein. Ursprünglich - zu Zeiten teurer Arbeitsspeicher, die fast immer kleiner waren als jedes nichttriviale Programm - war die Blockstruktur deshalb ein wesentliches Hilfsmittel zur Beeinflussung der Speicherverwaltung, indem sie festlegte, wie lange der Speicherplatz für Daten vorgehalten werden mußte. Sie bewirkt aber auch eine gut gegliederte und übersichtliche Programmstruktur, die die Testbarkeit und den Dokumentationswert der Programme stark erhöht. Dies ist heute noch von erheblichem Vorteil bei der Abwicklung eines Projekts.

Das jüngste Konzept zur Strukturierung von Programmen ist die modulare Programmstruktur. Sie ist von ausschlaggebender Bedeutung für die Entwicklung von Programmsystemen in Teams und für die Wiederverwendbarkeit einzelner Komponenten aus Programmsystemen. Da es sich also um ein für das Management von Softwareprojekten wesentliches Sprachkonzept handelt, soll etwas mehr im Detail darauf eingegangen werden.

Eine modulare Programmstruktur ist ein wesentliches Hilfsmittel für die Projektleitung

Für den Projektleiter ist die Unterstützung einer modularen Programmstruktur durch die Programmiersprache aus mehreren Gründen sehr wichtig:

- Sie erleichtert die Aufteilung der Implementationsarbeit auf die einzelnen Teammitglieder.
- Sie erlaubt eine bessere Gestaltung und Überwachung der Schnittstellen zwischen den verschiedenen Komponenten eines Programmsystems.
- Programmkomponenten, zu deren Entwicklung ein bestimmtes Anwendungswissen erforderlich ist, können den jeweiligen Spezialisten zugeteilt werden.
- Der unbeabsichtigte Transfer von know-how (Werkspionage) bei der Zusammenarbeit verschiedener Institutionen in einem gemeinsamen Projekt wird erschwert.

Ganz grundsätzlich gesehen ist in allen Programmiersprachen, die den modularen Aufbau von Programmen unterstützen, der "Modul" diejenige Programmeinheit, die getrennt für sich übersetzbar ist. Damit ist eine saubere Trennung der Arbeit an einem Programmsystem durch Aufteilung in mehrere Module möglich. Die älteste dem Verfasser bekannte Programmiersprache, die ein Modulkonzept unterstützt, ist PEARL (siehe Abschnitt 4.4.2.1), da das Problem, die Entwicklung eines Programms auf verschiedene Spezialisten aufteilen zu müssen, auf dem Gebiet der Automatisierungstechnik zuerst in aller Schärfe auftrat. Inzwischen wurde das Konzept wesentlich weiterentwickelt und erreichte vermutlich in der Form der "Packages" in Ada seinen bisher höchsten Verfeinerungsgrad.

4.2.2.5   Fehlerbehandlung

"Exceptions"
sind nicht
immer Fehler

Obwohl man theoretisch anstreben sollte, Programme fehlerfrei zu machen und auch sicherstellen, daß während ihres Ablaufs keine unerwarteten Ereignisse eintreten, die den Programmablauf beeinflussen, ist dies in der Praxis unmöglich. Daß es sich bei solchen unerwarteten Ereignissen oder "Ausnahmen" ("Exceptions", "Ablaufanomalien") nicht einmal um Fehler handeln muß, wurde schon frühzeitig in der kaufmännisch-verwaltungsorientierten Programmierung klar. So ist es z.B. durchaus möglich, ein Band mit Personaldaten lesen und verarbeiten zu müssen, ohne vorher zu wissen, wieviele Datensätze sich darauf befinden. Es muß also eine "End-of-File-Bedingung" ("EOF") definiert werden, deren Auftreten bewirkt, daß das Leseprogramm seine Tätigkeit einstellt. Man kann natürlich nach dem Lesen jedes Datensatzes prüfen, ob diese Bedingung eingetreten ist. Dies ist aber programmtechnisch unelegant und vielleicht nicht bei jedem Lesetreiber möglich. Deshalb wurde schon frühzeitig ein Mechanismus eingeführt, der es ermöglichte, das Programm quasi "von innen heraus" zu unterbrechen, wenn das Betriebssystem auf irgend eine Weise feststellte, daß "EOF" eingetreten war.

Das "ON" in
PL/I ...

Einmal vorhanden, konnte diese Konstruktion natürlich auch auf andere "Ereignisse" angewandt werden, die während des Ablaufes eines Programms auftreten konnten, aber eigentlich nicht sollten. Ein typisches Beispiel dafür ist der "arithmetische Überlauf" ("overflow"). Als das Konzept so weit verstanden war, konnte es in einer Programmiersprache festgeschrieben werden - in diesem Falle COBOL und später PL/I. In der letzteren Sprache erhielt es z.B. die Form:

```
ON ENDFILE (Dateiname) EOF-Behandlung;
```

... war für
Echtzeitpro-
grammierung
nur bedingt
brauchbar.

Da in der Automatisierungstechnik die Möglichkeit der Reaktion auf Ereignisse, die zwar nicht ganz unerwartet sind, aber eigentlich doch lieber nicht auftreten sollten, mindestens genau so wichtig ist wie in der klassischen Datenverarbeitung, wurde das Konzept auch in PEARL übernommen. Es stellte sich jedoch als schwierig zu realisieren heraus, da es noch nicht völlig durchdacht war.

Erst mit einer
konsistenten
Theorie war die
systematische
Behandlung
von Ablauf-
anomalien in
Ada möglich.

Dies geschah erst einige Jahre nach der Festschreibung von PEARL in einer der "klassischen" Grundlagenarbeiten der Informatik durch J.B. Goodenough [Goodenough 75]. Auf der Basis seines Vorschlages konnten dann Sprachelemente entworfen werden, die eine geordnete Behandlung von Ablaufanomalien auch unter den komplizierten Bedingungen der Echtzeitdatenverarbeitung auf der Ebene einer HOL zu formulieren gestatteten. Diese Gruppe von Sprachelementen dient zur Behandlung "kritischer Ereignisse" ("exceptions"), die z.B. zum Abbruch des Programmteiles führen können, während dessen Ablauf sie auftreten. Meist handelt es sich dabei um Fehlerzustände in der Hardware oder im Betriebssystem. In einer "exception-declaration" können solche Ereignisse mit Namen versehen und damit vom Programm bearbeitet werden.

Außer solchen implizit auftretenden kritischen Ereignissen im entsprechenden Fehlerfall können exceptions durch "raise-statements" explizit (d.h. aus dem Anwendungsprogramm heraus) hervorgerufen werden. Die Reaktion auf "exceptions" erfolgt durch "exception - handler", d.h. speziell für die Behandlung der entsprechenden Fehlerzustände entworfenen Programmstücke. Diese werden durch die folgende Anweisung an die Fehlermeldung gekoppelt:

```
WHEN exception_choice => sequence_of_statements;
```

Falls exceptions auf einer bestimmten Programmebene nicht behandelt werden können, werden sie nach genau definierten Regeln weitergereicht.

4.2.2.6   Erweiterbarkeit

Schon in den 60-er Jahren wurde vielfach die Anzahl der verfügbaren Programmiersprachen als zu groß empfunden. Man sprach sogar von "babylonischer Sprachverwirrung". Trotzdem wurden immer wieder neue Programmiersprachen entwickelt, da in jeder neuen Anwendungsklasse Probleme auftraten, die mit den vorhandenen Mitteln nicht (optimal) gelöst werden konnten. Es wurde schließlich der Versuch gemacht, das Problem ganz auf die Anwender zu verlagern und einen "Compiler-Compiler" zur Verfügung zu stellen, der in der Lage wäre, für jede neu entworfene Anwendungssprache automatisch einen Compiler zu generieren. Damit sollten alle Anwender dann in die Lage versetzt werden, die für ihre Zwecke optimale Programmiersprache selbst zu entwerfen. Es sei dem Leser überlassen, diesen Ansatz aus dem Licht der heutigen Erfahrungen selbst zu beurteilen.

Erfolgreicher war dann ein Konzept, das nach dem Wissen des Verfassers in ALGOL 68 zum ersten Mal durchformuliert wurde: Die "Erweiterbarkeit" einer Programmiersprache durch den Benutzer. Der Ansatz war wesentlich bescheidener als der oben beschriebene. Es ging nicht mehr darum, für jede Anwendung eine eigene Programmiersprache zu entwickeln, sondern nur noch darum, die in ihr vorhandenen Konzepte an spezielle Anforderungen der jeweiligen Anwendung anzupassen. Im wesentlichen handelte es sich darum, neue Datentypen mit den dazugehörigen Operatoren zur Verfügung zu stellen.

"Wiederverwendung" von Operationen durch "Überladen"

Im Prinzip ist damit schon jede Programmiersprache als "erweiterbar" anzusehen, die die Definition zusammengesetzter Datentypen gestattet. Besteht dann noch die Möglichkeit, die Gültigkeit exisitierender Operatoren durch "Überladen" ("overloading") auch auf neu definierte Datentypen auszudehnen, so ist die Programmiersprache schon sehr flexibel gegenüber neu auftretenden Anforderungen der Anwendung. PEARL und PASCAL sind in diesem Sinne bereits erweiterbar angelegt.

Das Konzept der abstrakten Datentypen in Ada erlaubt schließlich eine so weitgehende Anpassung der dem Benutzer zur Verfügung stehenden Beschreibungsmittel an Terminologie und Anforderungen der Anwendung, daß eigentlich schon von der Möglichkeit zur Definition von Spezialsprachen gesprochen werden kann. Es gibt jedoch eine Einschränkung:

"Generierende Definitionen" mildern die Starrheit des Typkonzepts und ...

Das rigorose Typkonzept von Ada hat den Nachteil, daß es die Wiederverwendung von Programmstücken, d.h. Operationen, in allen Fällen unmöglich machen würde, in denen nicht exakt die gleichen Datentypen verwendet werden. Streng genommen müßte man nämlich z.B. schon alle arithmetischen Operationen für alle in einem Programm vorkommenden Genauigkeiten gesondert definieren, da eine andere Stellenzahl einer numerischen Größe einen anderen Typ konstituiert. Es mußte also ein Mechanismus geschaffen werden, der es erlaubte, solche genau definierten Unterschiede zwischen Typen durch Parameter darzustellen: die generierenden Definitionen.

... unterstützen den Aufbau von Programmbibliotheken

Damit wurden aber die Möglichkeiten der bisherigen Konzepte der "Erweiterbarkeit" entscheidend ausgedehnt. Mit Hilfe der generierenden Definitionen können praktisch "Prototypen" ganzer Programmkomponenten geschaffen werden, aus denen sich, gegebenenfalls über Parameter, konkrete Programmkomponenten ("Instantiations") ableiten lassen.

4.2.2.7   Parallelismus und Zeitverhalten

Tasks, Prozesse, Prioritäten - und was die Parallelverarbeitung sonst so mit sich bringt

Ursprünglich ausschließlich beim Bau von Betriebssystemen und in Anwendungen der Echtzeitdatenverarbeitung, dann aber mehr und mehr auch in großen Programmsystemen für kaufmännisch-verwaltungstechnische Anwendungen war man gezwungen den "quasi-gleichzeitigen" ("parallelen", "nebenläufigen") Ablauf von Teilprogrammen zu ermöglichen und zu koordinieren. Es entstand der Begriff des "Prozesses" als

des dynamischen Ablaufes eines Programmstückes. Ein Zustandsmodell für Prozesse wurde entworfen und Mechanismen zur Koordinierung ("Synchronisierung") des Zugriffs solcher Prozesse auf die von ihnen benötigten "Ressourcen" (Prozessor, Speicher, neue Daten, etc.) entwickkelt. Es lag nahe, daß alle diese Konzepte zuerst in Sprachen für Anwendungen in der Automatisierungstechnik und Echtzeitprogrammierung zum ersten Mal eingesetzt wurden. Als ein besonders ausgeprägtes Beispiel für diese Klasse von Sprachen soll auf PEARL näher eingegangen werden, da es bis heute von allen Programmiersprachen den vollständigsten Satz an Sprachelementen für die Echtzeitprogrammierung zur Verfügung stellt.

Die "Grundeinheit der parallelen Ausführrbarkeit" in PEARL Programmen ist die "Task". Sie wird ähnlich wie eine Prozedur deklariert, erhält aber zusätzliche Attribute, die ihre Behandlung durch das Betriebssystem beeinflussen. So kann der Entwerfer angeben, auf welcher Prioritätsstufe der zugehörige Prozeß später ablaufen soll und ob er bei der Speicherplatzvergabe bevorzugt behandelt werden soll. Letztere Möglichkeit ist von Bedeutung für Prozesse, die zwar selten gebraucht werden, aber im Bedarfs(Not-)fall möglichst ohne - durch den Nachladevorgang bedingte - Verzögerung anlaufen sollen.

Die Deklaration einer Task in PEARL sieht also folgendermaßen aus:

```
Taskname[Index]:TASK[Priorität]
                  [RESIDENT]
                  [GLOBAL]
       [Deklarationen]
       [Spezifikationen]
       [Anweisungen]
       END;
```

Die durch Ausführung von Tasks enstehenden Rechenprozesse können sich gegenseitig auf mannigfache Arten beeinflussen. Die wichtigsten davon illustriert Bild 4-4. Die Rechenpozesse können auch an Ereignisse der Außenwelt gekoppelt werden, wie z.B. das Erreichen eines bestimmten Zeitpunkts oder das Auftreten einer Störung in dem vom Rechner überwachten technischen Prozeß.

Ada und - in etwas eingeschränktem Maß - auch MODULA-2 - enthalten ähnliche Möglichkeiten zur Einrichtung und Beeinflussung paralleler Prozesse.

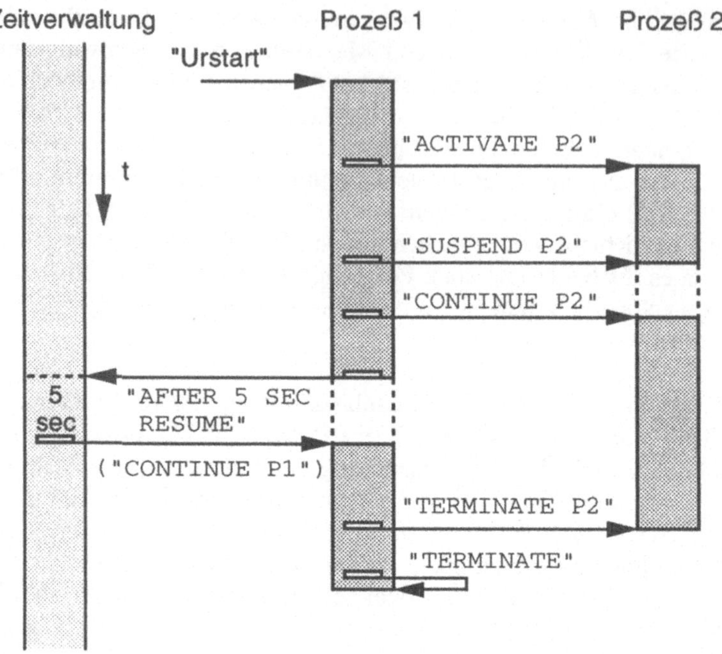

Koordinierung
von Prozessen
durch Sema-
phore oder ...

Zur Koordinierung des Zugriffs auf Ressourcen sind aber noch weitere Sprachelemente notwendig, die den Ablauf von Prozessen vom Eintritt bestimmter Bedingungen, wie z.B. der Verfügbarkeit eines Geräts abhängig machen. Der üblichste dieser Mechanismen ist die bereits 1968 von E.Dijkstra [Dijkstra 68] entworfene "Semaphore". Dabei handelt es sich im Prinzip um eine Datenstruktur, in der festgehalten wird, welcher Prozeß auf die Verfügbarkeit derjenigen Ressource wartet, der die Semaphore vom Programmentwerfer zugeordnet wurde. Ein Prozeß kann durch eine spezielle Operation abfragen, ob die Ressource verfügbar ist. Ist dies der Fall, so wird sie ihm zugeteilt, und er kann weiterlaufen. Im anderen Fall wird er in einen Wartezustand versetzt und erst dann zum Weiterlauf freigegeben, wenn die Ressource wieder verfügbar ist. Dieser Mechanismus wird z.B. von PEARL und MODULA-2 zur Verfügung gestellt.

..."Rendezvous"

Ada unterstützt die Koordination von Prozessen durch ein völlig andersartiges Konzept, das "Rendezvous". Die Funktionsweise ist folgende:

- In einer Task wird ein Programmstück durch die Schlüsselwörter "accept" und "end" eingeklammert. Damit wird ausgedrückt, daß es auch von anderen Tasks mitbenutzt werden kann, d.h. an dieser Stelle werden die Task, in der es sich befindet, und eine es eventuell mitbenutzende andere Task synchronisiert. Weiterhin wird dieses

Programmstück als "entry" deklariert und damit anderen Tasks als "Synchronisationsstelle" bekannt gemacht.

- Von den Tasks, die es mitbenutzen wollen, kann es dann unter dem Namen, unter dem es als "entry" spezifiziert wurde, aufgerufen werden.
- Wird bei der Abarbeitung des Codes einer Task ein "accept"-statement (der "Eintrittspunkt" einer "entry") erreicht, und es wurde noch von keiner anderen Task aufgerufen, so wartet die Task, die die "entry" enthält, ebenfalls.
- Ruft eine andere Task eine "entry" auf, und die Task, die sie enthält, hat den Eintrittspunkt schon erreicht, so wird das Codestück ausgeführt - das "Rendezvous" findet statt. Nach dem "end" arbeiten beide Tasks wieder getrennt weiter.

Bild 4-5 veranschaulicht diesen Ablauf. Der Mechanismus unterscheidet sich insofern von den meisten anderen Synchronisationsverfahren, als keine gesonderten "Synchronisationsobjekte", wie sie z.B. die Semaphore darstellen, verwendet werden müssen und ist deshalb vielleicht etwas weniger fehleranfällig zu programmieren. Dafür ist er auf verteilten Systemen schwierig zu implementieren.

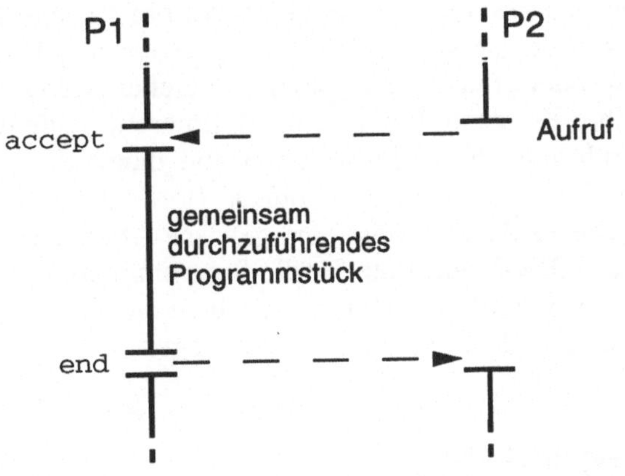

Bild 4-5: Ablaufdiagramm eines "Rendezvous" in Ada

4.2.2.8   Prozeß-Ein-/Ausgabe und Hardwareumgebung

Wie schon in 4.2.3.3 erwähnt, war unter Sprachentwerfern immer strittig, ob es möglich wäre, die als sehr implementationsabhängig betrachtete Ein-/Ausgabe in Form von Anweisungen in eine Programmiersprache zu integrieren. Im Falle der "StandardE/A" wurde dies dann doch in einigen Sprachen erfolgreich versucht.

Nur PEARL sieht ein allgemeines Modell für den Anschluß von Prozeßperipherie vor

Für den Fall des Anschlusses von Peripheriegeräten der Automatisierungstechnik bietet jedoch nur PEARL entsprechende Mechanismen. Dies wurde dadurch erreicht, daß man annahm, daß die Ansteuerung auch der speziellsten Externgeräte im Grunde doch durch die Übergabe von Bitmustern an bekannten Schnittstellen erfolgen kann. Diese Bitmuster können dann im Programm wiederum mit anwendungstypischen symbolischen Namen belegt werden. Zusammen mit einem allgemeinen Modell eines Ein-/Ausgabepfades, dem "Datenweg" (siehe unten), gelang es dann, einen in die Sprache integrierten - und damit für Compilerprüfungen zugänglichen - Mechanismus für die Ansteuerung beliebiger E/A-Geräte zu schaffen.

Bei allen anderen aufgeführten Programmiersprachen wird dafür auf den Aufruf von Prozeduren zurückgegriffen, in denen teilweise Assemblerprogramme für die jeweiligen Ansteuerungen enthalten sein können. Bei Ada und MODULA-2 sind allerdings Vorkehrungen dahingehend getroffen, daß alle relevante Information an definierten Stellen in speziellen Prozeduren zusammengefaßt wird, so daß zumindest eine Prüfung durch den Entwickler erleichtert wird.

Um Echtzeitprogramme nicht unzulässig abhängig von den Details jeder einzelnen Konfiguration zu machen, sollte deren Beschreibung an einer definierten Stelle im Programm konzentriert sein!

PEARL sieht außerdem eine Programmkomponente vor, den "Systemteil", dessen hauptsächlicher Zweck es ist, die Bezüge zwischen dem Programm und der zu seiner Ausführung benötigten Hardware (Rechnertyp, verwendete Standardperipherie, Speicherausbau etc.) herzustellen. Durch ihre Konzentration an einer definierten Stelle des Programms wird die Änderung dieser Information und damit die Anpassung des eigentlichen Programms an eine andere Hardwarekonfiguration stark erleichtert. Dieser Ansatz weist eine gewisse Ähnlichkeit zum "Umgebungsteil" in COBOL auf. Eine für die Programmierung von "embedded systems" außerordentlich wichtige Möglichkeit ist dabei die statische Beschreibung der oben erwähnten Datenwege.

4.2.2.9   Maschineneigenschaften

Eine Bezugnahme auf spezielle Eigenschaften des Rechners oder seiner speichernden Peripherie sollte eigentlich entsprechend der Entwurfsphilosophie aller modernen HOL's nicht nur nicht notwendig sein, sondern sogar völlig unterbleiben, da dadurch die entwickelten Programme nicht mehr portabel bleiben und anfälliger gegen Fehler werden.

Diese Denkweise hat sich jedoch in der Praxis nicht durchhalten lassen. Der Erfolg von "C" zeigt sogar, daß, aus welchen Gründen auch immer, die Entwickler diese Möglichkeit nach wie vor fordern und schätzen. In allen Programmiersprachen sind daher Möglichkeiten vorgesehen, auf die eine oder andere Weise auf spezielle Eigenschaften des Rechners Bezug zu nehmen. Dies reicht von der Beschreibung der Genauigkeit von Datendarstellungen durch "Wortlängen" bis hin zu expliziten Assemblereinschüben. Näher interessierte Leser seien wieder auf [Schauer 86] verwiesen.

Für den Projektleiter sollte diese Situation Grund zu besonderer Wachsamkeit sein. Die technische Notwendigkeit des Rückgriffs auf Maschineneigenschaften ist in jedem Einzelfall sorgfältig zu prüfen und zu begründen. Stellt sie sich dennoch als umumgänglich heraus, so sollten alle derartigen Programmelemente möglichst an einer (oder an wenigen definierten) Stelle(n) des Programms zusammengefaßt werden, so daß bei Test und Wartung ein leichter Überblick und kontrollierter Zugriff möglich sind. Die Folgen für Sicherheit und Zuverlässigkeit des Programms sind sonst nicht absehbar.

4.3   Auswahl der Programmierumgebung

4.3.1   Allgemeines

Doch ohne
Compiler,
Binder, Lader,
Testhilfen, etc.
geht es nicht!

Außer der Programmiersprache muß auch der zugehörigen "Programmierumgebung", einer Untermenge der "Entwicklungsumgebung", welche die für die Verwendung einer Programmiersprache unmittelbar nötigen Hilfsmittel wie Übersetzer, Editoren, Testhilfen etc. umfaßt, große Aufmerksamkeit gewidmet werden, denn eine Programmiersprache ist immer nur so gut wie die zugehörige Programmierumgebung. So wies z.B. W.Wulf von der Carnegie-Mellon-Universität in Pittsburgh, USA, schon Ende der 70-er Jahre in einer vom US-Verteidigungsministerium in Auftrag gegebenen Studie nach, daß die Qualität der erzeugten Programme (hier vor allem repräsentiert durch die statische Codeeffizienz, d.h. das Verhältnis der Zahl der von einem Compiler einer bestimmten Programmiersprache zur Lösung einer vorgegebenen Aufgabe erzeugten Assemblerbefehle zu derjenigen, die ein guter Programmierer benötigt hätte) wesentlich kritischer von der Qualität des Compilers abhängt als von Eigenschaften der Sprache. Das heißt, daß der Projektleiter bei der Auswahl einer Sprache neben deren Eignung für das Anwendungsproblem auch noch die technische Qualität und die Stabilität der Programmierumgebung berücksichtigen muß.

Insbesondere sind Test und Integration bei Rechnern, die in andere technische Systeme integriert sind ("Embedded Systems", "Prozeßrechner") und die Aufgaben in Echtzeit zu bearbeiten haben, noch schwieriger und wichtiger als in der "klassischen" Programmierung und müssen deshalb durch entsprechende Eigenschaften und Werkzeuge der Programmierumgebung unterstützt werden. Bei der Programmierung solcher integrierter Rechner müssen außerdem immer Eigenschaften des Betriebssystems mit berücksichtigt werden.

Eine Programmierumgebung
darf nicht nur
auf einen Rechner zugeschnitten sein

In der Praxis stellt sich - besonders in der anwendenen Industrie - heraus, daß Flexibilität bezüglich der Hardware (oft auch "Maschinenunabhängigkeit" oder "Portabilität" genannt) extrem wichtig für den langfristigen Nutzen einer Programmierumgebung ist. Ist diese nämlich nicht gegeben, und ändert der Rechnerhersteller, auf den sich eine Anwenderfirma mit eigener Softwareentwicklung abstützt, seine Produktpolitik, so können dadurch schwere Störungen der Arbeit beim Anwender mit möglicherweise drastischen finanziellen Konsequenzen entstehen. Natürlich muß man ebenfalls vermeiden, sich in Bezug auf ein derart wichtiges Arbeitsmittel, wie es eine Programmierumgebung ist, auf nur einen Softwarelieferanten abzustützen.

Weiterhin muß die Langzeitstabilität einer Programmierumgebung ge- | Sie sollte längere Zeit brauchbar sein
währleistet sein. Die besten technischen Detaileigenschaften können
nämlich diejenigen Störungen im Arbeitsablauf und die damit verbundenen Kosten nicht aufwiegen, die durch zu häufige oder zu drastische
Änderungen der Arbeitmittel entstehen. Als selbstverständlich ist dabei
vorausgesetzt, daß die Programmierumgebung gewisse Mindestanforderungen an Fehlerfreiheit erfüllt.

Unter technischen Gesichtspunkten ist eine Programmierumgebung erst | Sie muß alle Schritte der Programmierung unterstützen
dann wirklich nützlich, wenn die Durchgängigkeit der Programmierun-
terstützung gewährleistet ist. So müssen z.B. möglich sein:

- Test auf Sprachebene, d.h. der Entwickler darf nicht gezwungen
  sein, beim Testen auf Assemblerniveau arbeiten zu müssen,
- Erstellung entwicklungsbegleitender Dokumentation,
- Kopplung von Programmen, die in mehreren verschiedenen
  Sprachen entwickelt wurden,
- Teamarbeit und modularer Programmaufbau , d.h. die Programmier-
  umgebung darf nicht als reiner Einzelarbeitsplatz konzipiert sein,
- Programmierung von nichtflüchtigen Speichern (PROM's), da diese
  aus Gründen der Sicherheit und Zuverlässigkeit bei "embedded
  Systems" eine große Rolle spielen.

4.3.2 Unterstützung von Test und Integration

Wie schon Abschnitt 2.5.7 ausgeführt, verursacht das Testen von Soft- | Gute Testhilfen sind entscheidend, ...
ware einen der größten Anteile an Aufwand und Kosten bei der Ent-
wicklung von Software. Es ist deshalb sehr wichtig, die Werkzeuge für
die Unterstützung dieser Arbeitsphase möglichst gut in die Programmierumgebung zu integrieren.

Dies gilt noch mehr bei der Entwicklung von "embedded Systems", da | besonders bei Echtzeitrechnern!
diese später auch in kritischen Situationen zuverlässig arbeiten müssen
und außerdem meist "blind" benutzt werden. Darüber hinaus erfolgt das
Testen solcher Systeme aber auch noch unter erschwerten Bedingungen,
da die darin enthaltenen Rechner oft nur indirekt zugänglich sind.
Außerdem sind wirkliche Echtzeitbedingungen praktisch nicht simulier-
bar und die Wechselwirkungen zwischen parallel arbeitenden Prozessen
und Subsystemen schwer zu überschauen.

4.3.3   Betriebssystemaspekte

Wechselwir-
kungen mit
dem Betriebs-
system nicht
vergessen!

Bei der Programmierung von "embedded Systems", Prozeß- und Mikro-rechnern ist fast immer die gezielte Verwaltung von Ressourcen unter der Kontrolle des Programmierers, d.h. die explizite Inanspruchnahme von Betriebssystemleistungen, nötig. Die verwendete Programmierumge-bung muß deshalb mit dem für die Anwendung ausgewählten Betriebs-system zusammenarbeiten können. Insbesondere ist es wichtig, daß die Schnittstelle zwischen dem Betriebssystem und der gewählten Program-miersprache gut ausgeführt ist, so daß der Zugriff auf die benötigten Betriebssystemdienste reibungslos funktioniert und keine zusätzliche Fehlerquelle darstellt.

Für diejenigen Leser, zu deren Aufgabengebiet die Entwicklung von Echtzeitsystemen gehört, sei noch eine Warnung angefügt: Trotz der weitgehend für selbstverständlich angenommenen Unabhängigkeit der höheren Programmiersprachen von Rechner und Betriebssystem ist diese nicht immer gegeben. Spezielle betriebssystemspezifische Dienste, wie etwa die Umschaltung zwischen parallelen Prozesse, werden entweder direkt aufgerufen (etwa bei "Prozeß-FORTRAN" (vergl. 4.4.2.2) oder gehen implizit in den Entwurf der Sprache ein. Letzteres ist beispiels-weise bei Modula-2 (4.4.1.3.2), Ada (4.4.1.4) oder PEARL (4.4.2.1) der Fall. So lange man in jeweils einer dieser Sprachen entwickelt, bleibt das Zeitverhalten von Programmen von Rechner zu Rechner weitgehend gleich. Große Probleme können aber entstehen, wenn Programme von einer dieser Sprachen in eine der anderen umgesetzt werden und sich der Entwickler darauf verläßt, daß ähnlich definierte Anweisungen zur Beeinflussung paralleler Prozesse auch ein ähnliches Zeitverhalten der resultierenden Programme bewirken würden. Dies ist üblicherweise nicht der Fall, da die genannten Sprachen von jeweils unterschiedlichen Betriebssystemstrategien ausgehen.

4.4 Kurzdarstellungen einiger gebräuchlicher Programmiersprachen

4.4.1 "Main-line" Sprachen

4.4.1.1 FORTRAN

Diese weit verbreitete Programmiersprache für technisch-wissenschaftliche Anwendungen braucht hier wohl nicht weiter erläutert werden. Sie ist leicht zu erlernen und wird auf praktisch allen Rechnern durch gute Compiler unterstützt. Ihre erste Version lag schon 1954 vor (entwickelt bei IBM unter der Leitung von J.W.Backus), und sie wurde seitdem konsequent weiterentwickelt.

FORTRAN - alt, doch immer noch aktuell

Die Sprache hat jedoch einige Eigenheiten, die sich aus der Denkweise zum Zeitpunkt ihrer Entstehung erklären und sie unter gewissen Umständen fehleranfällig machen. Dazu gehört vor allem die implizite Deklaration von Programmgrößen bei ihrem ersten Auftreten in einem Programm. Dies macht es dem Compiler unmöglich, die korrekte Verwendung von Variablen durchgängig zu überprüfen, was wiederum dazu führen kann, daß undefinierte Größen in einem Rechenausdruck verwendet werden. Dies kann zu völlig sinnlosen Ergebnissen führen.

FORTRAN hat einige Eigenschaften, die mit Vorsicht angewendet werden müssen!

Weiterhin gibt es die Möglichkeit, ein und dieselben Daten auf verschiedene Weise zu verarbeiten, d.h. als verschiedenen "Typ" zu benutzen ("EQUIVALENCE"). Sie kann sehr effizient eingesetzt werden - beispielsweise für die Manipulation von Texten, indem man mittels Operationen für ganze Zahlen die codierte Darstellung von Zeichen direkt bearbeitet. Damit wurde aber auch eine latente Fehlerquelle geschaffen, da auf diese Weise jede Überprüfung der konsistenten Verwendung von Daten außer Kraft gesetzt werden kann.

Einem sehr geringfügig aussehenden Programmierfehler wird auch das komplette Fehlverhalten eines FORTRAN-Programms zugeschrieben, das schließlich zum Verlust einer US-amerikanischen Venussonde führte [Sigsoft 79]. Anstelle der Anweisung

```
DO 3 I=1,3
```

wurde geschrieben:

```
DO 3 I=1.3
```

Damit wurde dann nicht etwa, wie beabsichtigt, eine Anweisungsgruppe dreimal ausgeführt, sondern einer - automatisch vom Compiler festgelegten - Größe "DO3I", die später im Programm nicht mehr verwendet wurde, der Wert 1.3 zugewiesen und dafür die Anweisungsgruppe nur einmal ausgeführt - eine offensichtlich völlig sinnlose Operation. Auf

Grund der Eigenschaften von FORTRAN war es dem Compiler nicht möglich, diesen Fehler zu finden.

Nicht direkt eine Fehlerquelle ist die "altertümliche" Programmstruktur von FORTRAN, die noch völlig ohne Blockstruktur arbeitet. Sie verleitet aber dazu, lange und komplexe Programme praktisch ohne sichtbare Struktur zu schreiben, was dann ihre Les- und Testbarkeit und ihren Dokumentationswert sehr beeinträchtigt.

4.4.1.2   COBOL

Die verbreitet-
ste Program-
miersprache der
Welt wurde für
kaufmännische
und verwal-
tungstechni-
sche Anwen-
dungen ent-
wickelt

Die Entwicklung von COBOL begann 1959, der erste US-Standard wurde 1964 veröffentlicht. Es wurde für kommerzielle und administrative Aufgabenstellungen entwickelt und eignet sich wenig für die technisch-wissenschaftliche Datenverarbeitung. Großer Wert wurde bei seiner Entwicklung auf leichte Erlernbarkeit der Sprache als solcher und auf leichte Lesbarkeit der Programme gelegt. Funktionale Schwerpunkte liegen bei einer komfortablen Ein-/Ausgabe, der Behandlung von Dateien und der Tabellenverarbeitung.

Eine Besonderheit ist die explizite Gliederung eines COBOL-Programmes in vier Teile:

*   den Identifikationsteil zur Kennzeichnung des Programms,
*   den Umgebungsteil, der die für den Ablauf des Programms wesentlichen Hardware-Spezifika beschreibt,
*   den Datenteil, der die im Programm verwendeten Daten enthält, und
*   den Prozedurteil mit den eigentlichen ausführbaren Anweisungen.

4.4.1.3   Die "PASCAL - Familie"

4.4.1.3.1   PASCAL

PASCAL, das
Vorbild für
viele neuere
Programmier-
sprachen

Diese Sprache wurde von N.Wirth von der ETH Zürich 1972 entwickelt [Hoare 73, Jensen 75]. Interessant zu wissen ist vielleicht, daß sie aus einer Art "Gegenbewegung" gegen die damals als "universelle Standardsprachen" propagierten Sprachen PL/I [ANSI 76] und ALGOL68 [Wijngaarden 69] entstand. Diese waren nämlich wegen ihres Anspruchs, für alle Anwendungen brauchbar zu sein, so umfangreich und unhandlich geworden, daß Implementierungen von Übersetzern dafür an den Rand des wirtschaftlich Vertretbaren und praktisch Handhabbaren gerieten. Wegen seiner Kompaktheit und des relativ geringen Preises der verfügbaren Übersetzer setzte sich dann PASCAL auch sehr schnell durch.

Eine wesentliche Eigenschaft von PASCAL ist das sehr streng gehandhabte Typkonzept. Damit wird zwar eine ganze Reihe von Fehlerquellen ausgeschaltet, die dadurch bewirkte Unflexibilität bei der Programmierung wird aber in der Praxis oft bemängelt. `Das Typkonzept`

Als Strukturierungshilfsmittel für die Programme verwendet PASCAL die Blockstruktur (siehe auch Abschnitt 4.2.3.4). Wie erwähnt, wurde diese Technik zwar schon im Rahmen von "ALGOL 60", also 1960 - kurz nach der Fertigstellung von FORTRAN - entwickelt, fand aber erst durch die schnelle Verbreitung von PASCAL Eingang in die Programmiergewohnheiten einer breiten Schicht von Entwicklern. `Blockstruktur der Programme`

4.4.1.3.2　MODULA-2

Diese Programmiersprache ist eine Weiterentwicklung von PASCAL [Wirth 77]. Mit ihr wurden einige wesentliche neue Konzepte in PASCAL eingeführt, die sich in anderen Sprachen (z.B. in der Echtzeitprogrammiersprache PEARL, vergl 4.4.2.1) schon einige Zeit bewährt hatten, aber noch nicht auf breiter Basis zur Verfügung standen. Insbesondere sind dies: `Zusätzliche Konzepte gegenüber PASCAL`

* Modulare Programmstruktur
* Parallele Prozesse und Synchronisation
* Maschinennahe Elemente

Die Sprachelemente zur Unterstützung der modularen Programmstruktur wurden seit der ersten Veröffentlichung von Modula-2 geändert und ihre Funktionsweise entspricht jetzt weitgehend der von Ada. Ein Modula-2 Programm selbst ist lediglich eine spezielle Form eines Moduls, der als "program module" bezeichnet wird [Thalmann 85]. `Die modulare Programmstruktur wurde der von Ada angeglichen`

Es hat folgenden Aufbau:
* Modulkopf
* IMPORT-Anweisung (OPTIONAL)
* Deklarationen
* Anweisungsfolge

Daneben gibt es zwei weitere Modultypen:

- einen Modultyp zur Erleichterung der getrennten Übersetzbarkeit von Programmteilen, und
- den "Local Module", der Bestandteil solcher Programmteile, sowie von Prozeduren und Blöcken ist.

Der erstgenannte dieser beiden Typen besteht wiederum aus zwei Teilen, die eine konzeptuelle Einheit bilden (das heißt z.B., daß die in beiden vorkommenden Namenslisten übereinstimmen müssen):

- Dem "Definition Module", dessen Aufgabe es ist, zu beschreiben, wie ein Modul "von außen" benutzt werden kann. In ihm müssen deshalb alle exportierten Bezeichner und ihre Bedeutung definiert werden.
- Dem "Implementation Module", der die unvollständigen Deklarationen im zugehörigen "Definition Module" vervollständigt. Sein Aufbau entspricht genau dem des "Program Module":

Bild 4-6 illustriert die so entstehende Programmstruktur.

Die "Co-routinen" als abstraktes Konzept paralleler Prozesse

Die Behandlung paralleler Prozesse basiert in Modula-2 auf dem Konzept der "Co-routinen". In [Thalmann 85] findet sich dazu folgende Erläuterung: "Eine Möglichkeit der Umschaltung zwischen Prozessen ist es, den Prozessen zu erlauben, den Prozessor von sich aus freizugeben und ihm damit zu ermöglichen, mit anderen Prozessen fortzufahren. Dieser Spezialfall quasiparalleler Prozesse führt den Namen "Co-routinen", da die Prozesse zusammenarbeiten und den Prozessor zu genau definierten Zeitpunkten abgeben."

Ein Beispiel für die Verknüpfung von Realzeiteigenschaften einer Programmiersprache mit denen eines speziellen Betriebssystemstyps

Diese technische Eigenschaft des Sprachentwurfs von Modula-2 zeigt nun, wie wichtig das in 4.3.3. über die enge Verknüpfung von Echtzeitprogrammen mit dem Betriebssystem Gesagte in der Praxis sein kann: Bei genauerer Analyse entsteht der Eindruck (der auch durch ein weiteres Lehrbuch [Blaschek 87] bestätigt wird), daß die Definition von Modula-2 ein Betriebssystem mit "non-preemptive Scheduling" voraussetzt. Bei dieser Art von Betriebssystemen können Prozesse nur dann unterbrochen werden, wenn sie von sich aus (z.B. wegen Nichtverfügbarkeit einer Ressource) den Prozessor freigeben. Das Gegenstück dazu ist das "preemptive Scheduling", bei dem einem Prozeß der Prozessor zwangsweise weggenommen wird, wenn dem Betriebssystem ein anderer Prozeß mit höherer Priorität bekannt wird.

Trotz jahr(zehnt)elangen Diskussionen ist es nicht gelungen, zu klären, welche dieser beiden Strategien insgesamt die bessere ist. Die Frage ist auch so nicht entscheidbar. Es kommt vielmehr auf die spezifischen Anforderungen der Anwendung an. Projektleiter und Entwickler müssen diese analysieren und danach entscheiden, welche Betriebssystemsstrategie einzusetzen ist. Das kann aber bedeuten, daß sie sich für oder gegen eine bestimmte Programmiersprache entscheiden müssen, weil deren Entwurf ein bestimmtes Betriebssystemsverhalten voraussetzt!

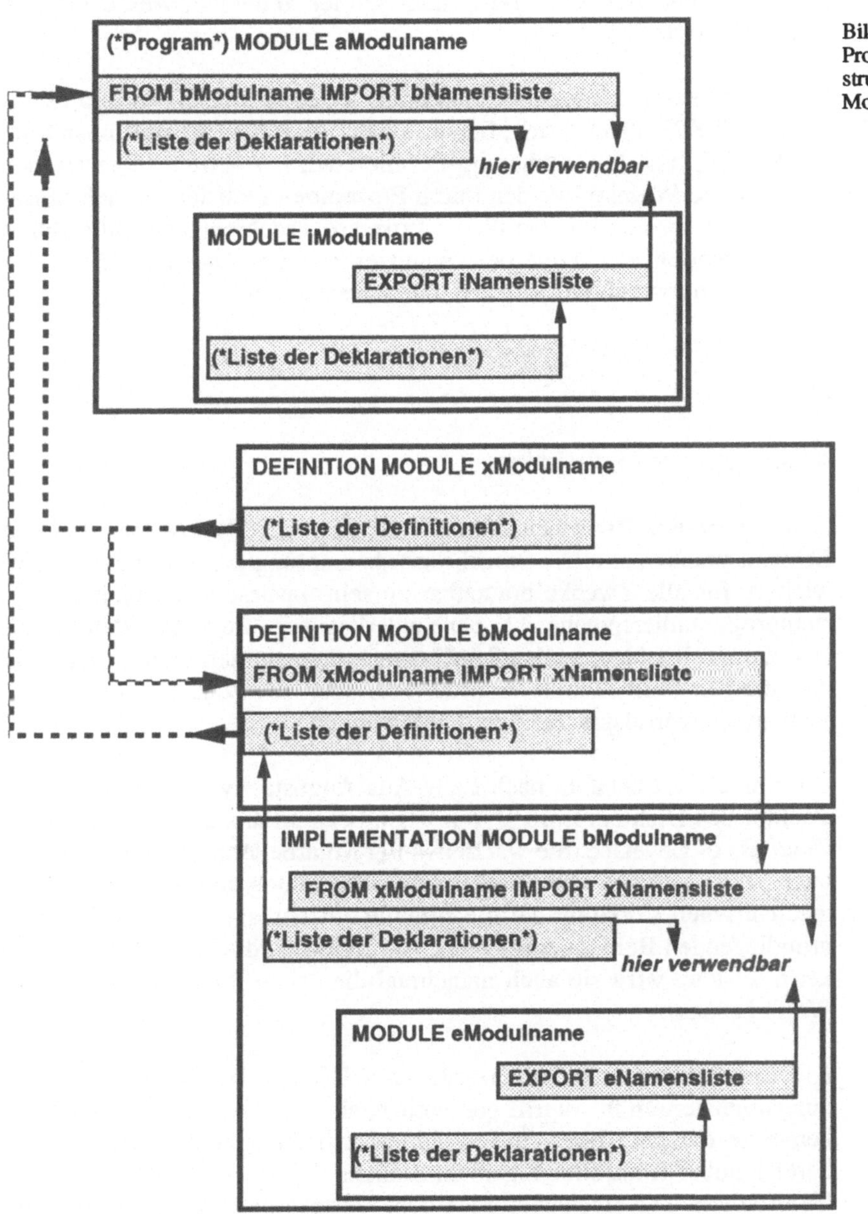

Bild 4-6:
Programm-
struktur in
Modula - 2

Auch eine andere Festlegung, die im Sprachentwurf nur eine Nebenbemerkung darstellt, hat entscheidende Konsequenzen für das Verhalten des fertigen Systems und kann seine Brauchbarkeit für manche Anwendungen grundsätzlich in Frage stellen: Das (reguläre oder irreguläre) Ende eines einzelnen Prozesses bedeutet in Modula-2, daß das gesamte Programm beendet wird, falls nicht vorher andere Prozesse explizit gestartet wurden.

Synchronisation von Prozessen nach dem Konzept der Semaphore

Ein Prozeß wird in Modula-2 durch einen gesonderten Datentyp repräsentiert (TYPE PROCESS), der in einem speziellen Definitionsmodul "SYSTEM" maschinenabhängig definiert wird. Auch die Operationen auf parallele Prozesse werden durch Prozeduren realisiert. Synchronisation und Koordination paralleler Prozesse geschieht ebenfalls durch implementationsabhängige oder benutzerdefinierte Datentypen mit den zugehörigen Prozeduren, wie z.B. durch Semaphore.

4.4.1.4   "Ada"

4.4.1.4.1   Allgemeines und Entwicklung

Ada nimmt eine Zwischenstellung zwischen den "Main-Line" und den Echtzeitsprachen ein. Die Sprache wurde ursprünglich mit dem Ziel entwickelt, für alle Zwecke brauchbar zu sein, insbesondere auch als Systemprogrammiersprache, d.h. ohne unterliegendes Betriebssystem. Diese sich zum Teil widersprechenden Entwurfsziele wurden nicht erreicht. In der jetzigen Form könnte Ada als eine auch für Echtzeitsysteme einsetzbare Universalsprache klassifiziert werden.

In memoriam Lady Ada

Die Sprache ist benannt nach Lady Ada Augusta Byron (1816 - 1852), Tochter des Dichters Lord Byron, auch bekannt als Lady Ada Augusta Countess of Lovelace. Sie war zeitweilig Mitarbeiterin von Charles Babbage (1792 - 1871), dem Konstrukteur der "Analytical Engine", einem mechanischen Vorläufer der modernen Rechenanlagen. Auf Grund ihrer grundlegenden Beiträge zum Werk von Babbage, die sie als Mathematikerin leistete, wird sie auch manchmal die "erste Programmiererin der Welt" genannt.

Die Entwicklung von Ada wurde vom US-amerikanischen Verteidigungsministerium in Angriff genommen, als man Anfang der 70-er Jahre bemerkte, daß die Kosten für Programmentwicklungen im Verteidigungsbereich außer Kontrolle zu geraten drohten. Als einen Ursachenkomplex identifizierte man eine außerordentliche Vermehrung spezieller Programmiersprachen (einige Hundert) für die Programmierung von Echtzeitsystemen. Das führte wiederum dazu, daß zu viele Compiler und Programmiersysteme entwickelt und vor allem gepflegt werden mußten, daß zu wenige ausgebildete Kräfte für jede Programmiersprache verfügbar und daß Programme - und damit Waffensysteme - nicht mehr wartbar waren, weil infolge von Personalfluktuation das know-how über manche Sprachen entweder ganz verschwunden oder aber so ausgedünnt war, daß keine vernünftige Arbeitseffizienz mehr gegeben war.

Die Entwicklung der Sprache kann für sich selbst gesehen als Beispiel für das erfolgreiche Management eines Entwicklungsprozesses dienen und wird deshalb im Folgenden kurz dargestellt:

Die Organisationsstruktur der Entwicklung von Ada war sehr interessant: ein Lenkungsausschuß stellte sicher, daß die Meinungen aller später betroffenen Stellen gehört wurden,

Nach ersten Studien in den Jahren 1973 - 1974 wurde im Januar 1975 das Entwicklungsprogramm festgelegt. Es erfolgte die Gründung der HOLWG (High Order Language Working Group), dem Lenkungsausschuß für die Sprachentwicklung. Er bestand aus Vertretern aller Waffengattungen der US-Streitkräfte, einiger anderer für den Verteidigungsbereich wichtiger US-Dienststellen und verschiedener Nato-Länder.

Im April 1975 veröffentlichte der technische Koordinator für die Sprachentwicklung das "STRAWMAN" -Dokument, die erste Zusammenstellung der Anforderungen an die Sprache. Dieses Papier wurde einer breiten internationalen Diskussion in allen interessierten Gremien unterzogen. Anschließend wurden die eingegangenen Kommentare durch das Ada Managementteam, einer wechselnden Gruppe von Experten, die dem technischen Koordinator zuarbeitete, ausgewertet.

ein technischer Koordinator, der die Anforderungsdokumente allein schrieb, stellte sicher, daß der Entwurf eine einheitliche Linie bekam.

Bis August 1975 erstellte dieser daraus das "WOODENMAN" Papier, eine konsolidierte Fassung des Anforderungspapiers auf der Basis der Diskussionsergebnisse und bis Januar 1976 das "TINMAN" - Dokument, eine weitere Verfeinerung der Anforderungen auf Grund der internationalen Diskussion. Im Oktober 1976 wurden die erreichten Ergebnisse auf einem internationalen Workshop über Programmiersprachen an der Cornell University diskutiert.

Da theoretisch die Chance bestand, daß eine bereits existierende Programmiersprache für Echtzeitsysteme die Anforderungen erfüllte, wurde ein Sprachvergleich durchgeführt. Sein Ziel war es, eine Sprache zu identifizieren, die entweder selbst als Standard oder als Basis für eine Weiterentwicklung gemäß den aufgestellten Anforderungen dienen konnte. Im Rahmen dieses Vergleichs wurden folgende 23 Sprachen bewertet: ALGOL 60, ALGOL 68, CMS-2, COBOL, CORAL 66, CS-4, EL-1, EUCLID, FORTRAN, HAL/S, J3B, J73, LIS, LTR, MORAL, PASCAL, PDL2, PEARL, PL/I, RTL/2, SIMULA 67, SPL/I, TACPOL.

Basissprachen
für die weitere
Entwicklung:
ALGOL 68,
PASCAL, und
PL/I

Das Ergebnis war, daß keine existierende Sprache alle Anforderungen erfüllte, aber drei Sprachen als mögliche Basissprachen für die Weiterentwicklung in Frage kamen: ALGOL68, PASCAL und PL/I.

Nach diesem Ergebnis verlief die Entwicklung folgendermaßen weiter: Im Januar 1977 wurde das "IRONMAN" Dokument veröffentlicht, das endgültigen Spezifikationspapier für die Sprachentwicklung, und im April erfolgte dann eine internationale Ausschreibung für die Phase I der Sprachentwicklung. Vier Anbieter wurden ausgewählt.

Im Februar 1978 gingen die von den vier Auftragnehmern der Phase I erarbeiteten vorläufigen Sprachvorschläge ein - alle auf PASCAL Basis:

* CII - Honeywell Bull   ("green language")
* Intermetrics   ("red language")
* Softech   ("blue language")
* SRI   ("yellow language")

Im April 1978 begann Phase II: nach Durchführung einer anonymen Bewertung der eingereichten vorläufigen Entwürfe durch eine Anzahl von unabhängigen Teams auf internationaler Basis wurden zwei Entwürfe zur Weiterentwicklung ausgewählt: "green" und "red".

Im März 1979 wurden die detaillierten Sprachdefinitionen abgeliefert und bewertet. Die Entscheidung für "green" fiel in der HOLWG denkbar knapp aus, nämlich nur mit einer Stimme Mehrheit. Die "red language" wurde zwar als den Entwicklungszielen besser entsprechend eingeschätzt (sie war eine Systemprogrammiersprache mit allen Vor- und Nachteilen), die "green language" machte aber den kommerziell "fertigeren" Eindruck und wurde von ihrem Chefentwickler J.Ichbiah besser präsentiert. Außerdem war es durch die Einführung des "Rendezvous"-Konzepts (siehe Abschnitt 4.2.2.7) an Stelle des ursprünglich vorgesehenen "Message-Konzepts" gelungen, die Unterstützung des Beraters der US-Luftwaffe, N.Habermann, zu gewinnen. Diese Stimme gab dann den Ausschlag.

Die aus diesem Ablauf zu ziehenden Lehren für einen Projektleiter dürften wohl auf der Hand liegen.

Im Mai 1979 wurde "Ada" in den "SIGPLAN-Notices" der ACM veröffentlicht und bis Dezember 1979 eine "Test-und-Evaluationsphase" ("T&E" Phase) durchgeführt. Im Juli 1979 erhielt Ada seine endgültige Form und wurde zum Standard im US-Verteidigungsbereich erklärt [Ada 83].

Entsprechend den damaligen Planungen hätte Ada bis 1984 alle anderen Programmiersprachen für Echtzeitzwecke, zumindest im Einflußbereich der Nato, ersetzen sollen. Daß dies bis heute nicht erfolgt ist, daß vielmehr Ada nur durch Anordnung durchsetzbar ist, zeigt, daß selbst die Marktmacht des US-amerikanischen Verteidigungsministeriums nicht ausreicht, um eine Entwicklung durchzusetzen, die vom freien Markt aus den verschiedensten Gründen nicht angenommen wird.

Ende der 80-er Jahre erfolgte auf Grund der mit dem Einsatz von Ada gemachten Erfahrungen eine Überarbeitung. Das Ergebnis wurde unter dem Namen Ada 9X [Ada 91] veröffentlicht.

4.4.1.4.2   Die hauptsächlichen Eigenschaften

Die hauptsächlichen Eigenschaften von Ada leiten sich aus ihrem Einsatzgebiet her: komplexe Echtzeitanwendungen mit hohen Anforderungen an Zuverlässigkeit und Sicherheit. Deshalb wurde besonderer Wert auf folgende Themenkomplexe gelegt:

* Modulstruktur
* Typkonzept
* Tasks und Synchronisation
* Fehlerbehandlung
* Generierende Definitionen

Das Grundkonzept der Modulstruktur in Ada ist das "package". Es besteht aus zwei getrennten Teilen: dem "Spezifikationsteil" ("package-specification") und dem "Paketrumpf" ("package-body"). Zweck dieser Teilung ist es, die prinzipielle Struktur eines Ada-Programmsystems schon vor der Fertigstellung aller ausführbaren Programmteile überprüfen zu können. Dazu müssen die Spezifikationsteile getrennt übersetzbar sein, also die Deklarationen aller Programmobjekte im Detail enthalten. Dies führt dazu, daß im Prinzip alle Deklarationen doppelt geschrieben werden müssen - einmal im Spezifikationsteil, einmal im Rumpf. Dies ist aber der notwendige Preis für die erweiterten Prüfmöglichkeiten und die daraus resultierende verbesserte Programmzuverlässigkeit.

> Ein Ada-Modul besteht aus zwei Teilen, die getrennt voneinander übersetzt werden können

Das folgende Codebeispiel für ein "package" soll einen praktischen Eindruck von der Schreibweise eines Ada Programms geben:

```
PACKAGE rational_numbers IS
    TYPE rational IS
        RECORD
```

```
                numerator  :integer
                denominator:integer RANGE 1..integer last;
    FUNCTION equal   (x,y:rational) RETURN boolean;
    FUNCTION "+"     (x,y:rational) RETURN rational;
    FUNCTION "*"     (x,y:rational) RETURN rational;
END;
PACKAGE BODY rational_numbers IS
    PROCEDURE same_denominator(x,y:IN_OUT rational)IS
    BEGIN
    --reduces x and y to the same denominator
    END;
    FUNCTION equal (x,y:rational) RETURN boolean IS
        u,v: rational;
    BEGIN
        u:=x;
        v:=y;
        same_denominator(u,v)
        RETURN u.numerator = v.numerator;
    END equal;
FUNCTION "+" (x,y:rational) RETURN rational IS..END "+";
FUNCTION "*" (x,y:rational) RETURN rational IS..END "*";
END rational_numbers;
```

Das Ada-Typkonzept ist das Ergebnis einer langen Entwicklung

Wie schon in Abschnitt 4.2.3.2 erwähnt, hat Ada wohl das am weitesten durchentwickelte Typkonzept aller derzeit verfügbaren Programmiersprachen. Ein Typ in Ada basiert auf dem Konzept des "abstrakten Datentyps" und umfaßt sowohl die Datendarstellung von Größen als auch die auf diese Größen anwendbaren Operationen. Die "statischen Anteile" (Datendarstellung) des Typs und die Operationen darauf werden in einer "Unit" zusammengefaßt. Die Definition von Operatoren kann durch "Überladen" von existierenden Operatoren mittels selbstdefinierter Funktionen erfolgen. Dabei ist auch eine Schreibweise als Prozeduren möglich.

Außerdem gibt es "abgeleitete Typen" und "Untertypen", die auf jeweils leicht verschiedene Weise Eigenschaften des ursprünglichen Typs "erben", so daß man es sich für ähnliche Kombinationen von Datentypen und Operationen spart, sie jeweils in allen Details vollständig neu spezifizieren zu müssen. Damit ist in Ada in gewissem Maße das "Vererbungsprinzip" der "Objektorientierten Programmierung" verfügbar. Eine leicht lesbare Darstellung weiterer Details findet sich in [Elzer 82a].

Mögliche komplexe Taskstrukturen

Was Parallelismus und Zeitverhalten betrifft, so weist Ada etwa die Funktionalität von PEARL (siehe unten) auf, wenn auch die Sprachmittel etwas anders ausgeformt sind. Die "Task" wird als eine spezielle Form eines "package" realisiert. Es sollte jedoch nicht unerwähnt bleiben, daß es durch die sehr flexible Programmstruktur von Ada vorkommen kann, daß solche "task-packages" wieder Tasks enthalten, die wieder Tasks enthalten, etc. Damit können sich zur Laufzeit sehr komplexe "Subtask-Hierarchien" entwickeln, deren Zeitverhalten nicht mehr vorhersagbar sein muß. Dies ist aber für viele Echtzeitanwendungen nicht tolerierbar. In PEARL wurde deswegen aus guten Gründen auf diesen Komfort verzichtet und nur eine "flache" Aufrufstruktur (= eine Hierarchiestufe) zugelassen. Auch zu diesem Themenkreis sei wieder auf [Elzer 82a] verwiesen.

4.4.2   Echtzeitsprachen

4.4.2.1   PEARL

PEARL (Process and Experiment Automation Realtime Language) wurde in den Jahren 1969 bis 1972 von einer Gruppe deutscher Industriefirmen und Forschungsinstitute entwickelt. Sie war von vornherein ausschließlich für Echtzeitanwendungen gedacht und setzt, im Gegensatz zu Modula-2, ein nicht-preemptiv arbeitendes Betriebssystem voraus. 1978 wurde sie nach intensiven Praxistests standardisiert [DIN 66253]. Nach Wissen des Verfassers stellt sie noch heute den komplettesten Satz an Sprachkonstrukten für die Realzeitprogrammierung zur Verfügung. 1988 erschien eine überarbeitete Version für verteilte Systeme.

PEARL, eine Sprache speziell für Echtzeitanwendungen

Entsprechend der Aufgabenstellung wurde bei der Entwicklung von PEARL das Hauptaugenmerk auf folgende fünf hauptsächliche funktionale Gruppen gerichtet:

PEARL-Programme beschreiben alle Komponenten eines Echtzeitsystems

- Modulstruktur
- Beschreibung der Hardware
- Tasks und Zeitverhalten
- Algorithmen
- Ein-/Ausgabe

PEARL hat eine "doppelte Modulstruktur. Die für sich getrennt übersetzbare Grundeinheit eines PEARL Programms ("unit of compilation") ist, wie später bei Modula-2, der Modul. Jeder PEARL Programmodul kann wiederum aus der statischen Beschreibung der für die Ausführung dieses Moduls nötigen Hardwarekonfiguration - dem "Systemteil" - und aus der dynamischen Beschreibung des Programmablaufes - dem "Problemteil" - bestehen.

Module, "Systemteil", "Problemteil"

In einem Modul deklarierte Größen, Prozeduren und Tasks (die parallel ausführbaren Programmstücke) werden dadurch für andere Module benutzbar gemacht, daß sie als "GLOBAL" deklariert werden. Umgekehrt müssen sie in den Modulen, in denen sie benutzt werden sollen, in einer Spezifikationsliste aufgeführt werden.

Die Hardware-
konfiguration
im Systemteil

Die Bezüge zur Hardware werden (wie schon in 4.2.2.8 erwähnt) in einem eigenen Programmabschnitt, der Systembeschreibung, zusammengefaßt. Dies hat den für die Programmierung von "embedded Systems" entscheidenden Vorteil, daß bei PEARL-Programmen im Falle der Übertragung von einer Rechnerplattform auf eine andere fast nur dieser Systemteil an die neue Peripherie angepaßt werden muß. Bei anderen Sprachen, wie z.B. FORTRAN, bei dem die Bezüge zur Hardware in Form sogenannter "Devicenummern" über das ganze Programm verstreut sind, muß bei Änderungen der Hardwareplattform in einem oft langwierigen - und daher fehleranfälligen - Prozeß das ganze Programm nach solchen Bezügen durchsucht und entsprechend geändert werden.

Das Echtzeit-
verhalten

Wie schon erwähnt, stellt PEARL einen kompletten Satz von Sprachelementen für die Echtzeitprogrammierung zur Verfügung. In Ergänzung zu der Darstellung der Grundprinzipien in Abschnitt 4.2.2.7 seien hier noch zur Illustration einige der Möglichkeiten der Ankopplung von Prozessen an externe Ereignisse mit Hilfe von "Zeitplänen" aufgeführt:

```
AT      (Uhrzeitausdruck)  EVERY   (Zeitdauer)
ALL     (Zeitdauer)        DURING  (Zeitdauer)
WHEN    Interrupt          [AFTER  (Zeitdauer)]
etc.
```

Die
Algorithmen

Der algorithmische Teil von PEARL entspricht weitgehend dem zur Zeit der Entstehung der Sprache üblichen Standard. Das Typkonzept ist nicht so strikt durchgehalten wie bei PASCAL, bietet aber schon Möglichkeiten für benutzerdefinierte Datentypen und Operationen.

Ein-/Ausgabe
auch für
Prozeßrechner

Der Gestaltung der Ein-/Ausgabe wurde bei der Entwicklung von PEARL viel Aufmerksamkeit gewidmet. Insbesondere wurde Wert darauf gelegt, sie als Anweisungen in die Sprache zu integrieren, so daß sie - im Gegensatz zu der als Prozeduren formulierten Ein-/Ausgabe der meisten anderen Sprachen - in die Mechanismen der Typprüfung einbezogen werden können. Außerdem ist ein in die Sprache integrierter Mechanismus zur Bedienung von nicht standardisierten Ein-/Ausgabegeräten vorgesehen. Auf dieser Basis stellt PEARL folgende Klassen anwendungsorientierter E/A Anweisungen bereit:

Transfer von:

* abdruckbaren Zeichen (klassische E/A)   `PUT, GET`
* binären Pegeln   `TAKE, SEND`
* Werten in Interndarstellung   `READ, WRITE`

4.4.2.2   "PROZESS - FORTRAN"

Prozeß - FORTRAN ist ebenfalls eine in für automatisierungstechnische Anwendungen sehr weit verbreitete Programmiersprache. Ihre Entwicklung begann schon 1969, als auf Anregung von US amerikanischen Firmen, vor allem solchen der chemischen Industrie, an der Purdue - University in Lafayette, USA, der "Purdue Workshop for Industrial Computer Systems" gegründet wurde. Hauptanliegen der darin vertretenen Anwenderfirmen war es, eine Vereinheitlichung der verschiedenen FORTRAN - Dialekte, die von den Herstellern von Prozeßrechnern für Echtzeitanwendungen angeboten wurden, zu erreichen. Diese Bemühungen waren sehr erfolgreich und führten schließlich zu dem ISA Standard S61.3 [ISA 76], in dem ein umfangreicher Satz von Hilfsroutinen für Echtzeitanwendungen unter FORTRAN festgeschrieben wurde.

Interessant dabei ist, daß es sich bei diesen standardisierten Aufrufen von Realzeitfunktionen und prozeßorientierten Ein-/Ausgaben praktisch um die in PEARL enthaltenen Mechanismen handelt. Diese wurden nämlich zur gleichen Zeit in anderen internationalen Standardisierungsgremien öffentlich diskutiert und waren dem mit FORTRAN befaßten Ausschuß somit zugänglich. Sie wurden als sehr brauchbarer Lösungsansatz aufgefaßt und in FORTRAN Aufrufe umgesetzt.

Prozeß - FORTRAN hat natürlich die gleichen Vor- und Nachteile wie Standard - FORTRAN. Für Prozeßrechneranwendungen ergibt sich noch der zusätzliche Vorteil gegenüber anderen Realzeitsprachen, daß man auf in vielen Firmen bereits vorliegende umfangreiche Bibliotheken mit mathematischen und regelungstechnischen Algorithmen zurückgreifen kann, ohne sie umschreiben zu müssen.

Die wichtigsten Aufrufe für die Beeinflussung paralleler Prozesse sind in der folgenden Tabelle zusammengestellt. Die Schreibweise der Aufrufe ist "ISA/S61.3-Draft" entnommen:

```
CALL CREATE (i,j,m)    Einrichten eines parallelen Prozesses
CALL KILL (i,m)        Stoppen eines parallelen Prozesses
CALL START (i,j,k,m)   Start nach Zeit j * k
```

```
CALL  STRTAT  (i,j,m)          Start zur Zeit j
CALL  CYCLE   (i,j,k,l,m)      Starte nach l, alle j * k
CALL  CYCLAT  (i,j,k,l,m)      wie "CYCLE", l = Absolutzeit
CALL  CON     (i,e,m)          Ankoppeln an Ereignis ("event") e
CALL  DECON   (i,j,m)          Abkoppeln von event e
CALL  CANCEL  (i,m)            Ausplanen eines Prozesses
CALL  WAIT    (i,k,m)          Warte j * k
CALL  WAIT    (r,j,m)          Warte auf Semaphore r
CALL  SIGNAL  (r,j,m)          Freigabe der Semaphore r
CALL  PRESEM  (r,s,m)          Initialisierung der Semaphore r
```

.

.

"m" ist jeweils ein Rückgabeparameter mit folgender Bedeutung:

$m = 1$:   Operation erfolgreich ausgeführt

$m = 2$:   Operation konnte nicht ausgeführt werden

<table>
<tr><td>Leider wurden aber die Sicherheitsprobleme von FORTRAN damit auf die Echtzeitprogrammierung übertragen</td><td>Unter den Gesichtpunkten der Sicherheit und Zuverlässigkeit der Programme ist Prozeß - FORTRAN aber vielleicht noch etwas kritischer zu bewerten als Standard - FORTRAN. Bei Betrachtung der komplizierten Aufrufe mit ihrer zum Teil sehr großen Zahl von Parametern, deren korrekte Verwendung und Besetzung nicht schon zur Übersetzungszeit der Programme überprüft werden kann, wird dies sofort augenscheinlich.</td></tr>
<tr><td>Merke: nicht immer bestimmt technische Eleganz über das Maß des praktischen Einsatzes einer Lösung!</td><td>Zur Verdeutlichung sei noch einmal der Aufruf für die zeitabhängige Einplanung von Prozessen wiedergegeben:</td></tr>
</table>

```
CALL  SKED  (i,p,s,e1,t1,n,t2,c,t3,e2,e3,m)
```

Die einzelnen Parameter haben dabei folgende Bedeutung:

r: einzuplanendes Programm

p: implementationsabhängiger Parameter

s: starte, mit folgender Bedeutung der Parameterwerte:

    1:      sofort

    2:      zur Tageszeit t

    3:      wenn $e1 = $ "on"

    4:      wenn $e1$ erfüllt oder $t1$ abgelaufen

    5:      wenn $t1$ abgelaufen

    6:      nach $t1$ wenn $e1$ erfüllt

e1:   Ereignis

t1:   Ausführungszeitpunkt

n: Angabe, ob eine Verzögerungszeit abgewartet werden muß

t2:   Verzögerungszeit

c: reserviert für spätere Verwendung
t3:   Zykluszeit
e2:   reserviert für spätere Verwendung
e3:   reserviert für spätere Verwendung
m: Rückmeldeparameter

Es erübrigt sich wohl, die Konsequenzen einer solchen "Sprachgestaltung" für die Aufgabe eines technischen Projektleiters näher zu schildern.

4.4.3   Systemprogrammiersprachen

4.4.3.1   Vorbemerkung

Entsprechend den Ausführungen in 4.2.1 hatte diese Klasse von Programmiersprachen schon immer eine große Bedeutung, und es entstand eine Vielzahl solcher Sprachen für die Erstellung von Compilern, Betriebssystemen, Gerätetreibern etc. Sie schienen jedoch immer nur für den Gebrauch durch Experten gedacht, die die Flexibilität benötigten, sich aber der Gefahren eines allzu freien Zugriffs auf die Rechnerhardware bewußt waren.

Tiefer in die Welt dieser speziellen Sprachen einzusteigen, würde im Rahmen dieses Buches sicher zu weit führen, es soll aber zumindest die Sprache PL/M erwähnt werden, die von der Firma Intel für die Programmierung ihrer Mikroprozessorsysteme entwickelt und von entsprechenden Compilern auf den Entwicklungssystemen dieser Firma unterstützt wurde.

Mit Ausnahme von ganz kritischen Fällen, in denen immer noch die Assemblersprache des jeweiligen Rechners unverzichtbar ist, hat sich eine dieser Systemprogrammiersprachen für praktisch alle Rechner als eine Art Kompromiß zwischen Assembler und HOL durchgesetzt: "C".

4.4.3.2   "C" - Eine "Systemprogrammiersprache"

Neben seiner ursprünglichen Ausrichtung als Systemprogrammiersprache ist "C" heute eine weit verbreitete und beliebte Programmiersprache für allgemeine Anwendungen geworden. Es bleibt aber in einigen Punkten hinter dem heutigen Stand der Technik zurück, was den Entwurf von Programmiersprachen angeht. In vielen Aspekten kann es sogar als

Ein "de facto Standard"!

Gegenpol zu Ada angesehen werden, da es dem Programmierer fast so viele Freiheiten läßt wie ein Assembler. Diese Eigenschaft macht die Verwendung von C beliebt - wegen der dadurch möglichen Flexibilität und programmiertechnischen Freiheit - und gefährlich - wegen der Unmöglichkeit vieler Prüfungen - zugleich. In vielen Fällen hat man aber heute keine andere Wahl, als C zu verwenden, da vor allem die immer wichtiger werdenden Grafikpakete und "Baukästen" für Benutzerinterfaces meist in C geschrieben sind.

C hat seine Wurzeln in der Entwicklung von UNIX

Um die Eigenschaften von C zu verstehen, muß man wissen, daß seine Entwicklung eng mit der des Betriebssystems UNIX verknüpft war. Das folgende kleine Schema zeigt den zeitlichen Verlauf und auch, daß C vom Konzept her schon eine ziemlich alte Programmiersprache ist:

```
1967    BCPL    (Martin Richards)
          |
1970    'B'     (Ken Thompson)              UNIX
          |
1972    C
          |
1978    C       Sprachdefinition             |
          |
1983    |       Reference Manual             |
          |
1989    |       "ANSI-C" (X3.159-1989)       |
```

Aus dieser Entstehungsgeschichte heraus erklärt sich auch, warum C so gut zur Systemprogrammierung und zum Schreiben von Compilern geeignet ist: Es wurde dafür entworfen! Die Sprache selbst ist deshalb auch nicht von einem bestimmten Betriebssystem oder einer Maschine abhängig. Compiler für C waren ursprünglich sehr einfach zu implementieren, da es nur fundamentale Kontrollstrukturen enthielt. Mit "ANSI-C" [Kernigan 88] hat eine gewisse Angleichung an den allgemein üblichen Stil von Programmiersprachen - insbesondere PASCAL - stattgefunden, ohne daß die Möglichkeiten zur maschinennahen Programmierung deswegen verringert worden wären.

Modularisierung über zusammenzubindende Dateien

C unterstützt ebenfalls modulare Programmierung. Der hauptsächliche Mechanismus dafür sind Dateien, die Prozeduren und/oder Deklarationen enthalten und getrennt übersetzt werden können. Die dadurch entstehenden Objektdateien werden mittels eines Binders (Linker) zu einem ausführbaren Programm zusammengebunden. Dabei finden nicht unbedingt alle die ausgefeilten Verträglichkeitsprüfungen statt, wie sie bei Ada, Modula-2 oder PEARL möglich - aber auch notwendig - sind.

C kennt die heute üblichen Datentypen, die aber sehr maschinennah be-   Maschinennahe
handelt werden können: Die gleichen Objekte, mit denen der Computer   Datentypen
selber umgeht, können verknüpft, verschoben, arithmetisch oder logisch
umgewandelt werden. Das zeigt sich deutlich an den Deklarationsmög-
lichkeiten, die auf die Wortlänge des jeweiligen Zielrechners und nicht
auf die arithmetische Genauigkeit der Zahldarstellung bezogen sind:

- int, short int, unsigned short int, long int, unsigned long int
- char, unsigned char, signed char (!)
- float, long double

Außerdem erfolgt keine Kontrolle auf die Verträglichkeit von miteinan-   Der Preis der
der verknüpften Datentypen. So ist zum Beispiel die Kombination   Flexibilität!
möglich:

```
(int)*(unsigned_char)+(*char)
```

die üblicherweise ein unsinniges Ergebnis liefert.

Hier unterstützt C die Bemühungen mancher Programmierer um höchst-   Der Entwickler
mögliche "Codeeffizienz" dadurch, daß je nach Spezialfall aus einer   kann (muß?)
Palette von verschiedenen Konstrukten gewählt werden kann, die alle   selbst
den gleichen Grundzweck erfüllen. So gibt es z.B: optimieren

- Wiederholung mit Zählvariablen ,
- Wiederholung mit Prüfung des Abbruchkriteriums vor Durchlaufen
  der Anweisungsfolge,
- Wiederholung mit Prüfung des Abbruchkriteriums nach
  Durchlaufen der Anweisungsfolge,
- einfache Verzweigung etc.

Diese Sprachelemente sind für die "systemnahe" Programmierung von   Noch eine sehr
großer Bedeutung, ermöglichen aber auch schwerwiegende Fehler. Aus   beliebte (und
letzterem Grund wurde der entsprechende Mechanismus in Ada, die   gefährliche)
"access-types" sehr restriktiv gestaltet, was aber wieder ihren Ge-   Möglichkeit
brauchsnutzen für die Systemprogrammierung stark einschränkt. In C
wird der umgekehrte Weg gegangen. Es bietet jede gewünschte Flexibilität, weist aber auch die ganze Verantwortung für eine fehlerhafte Verwendung der Konstrukte dem Programmentwickler zu.

4.4.4   Sprachen für spezielle Anwendungsklassen

4.4.4.1   Fourth Generation Languages

Bei dieser seit einigen Jahren sehr bekannten Klasse von Programmiersprachen handelt es sich um eine Art VHLL's, die speziell für kaufmännische und administrative Zwecke entwickelt wurden. Sie erlauben eine
sehr schnelle Erstellung von Anwendungsprogrammen in diesen Bereichen auch ohne detaillierte Kenntnisse in Datenverarbeitung.

Ihre hauptsächlichen Elemente sind (nach [Martin 86]):

- einfache und komplexe Abfragen und Änderungen von Daten-
  banken,
- Einrichten von Datenbanken,
- "Intelligente" Datenbankoperationen, bei denen z.B. die Ände-
  rung eines Wertes in der Datenbank damit zusammenhängende
  Operationen auslöst,
- Generierung von Eingabemasken für Bildschirmarbeit,
- eine prozedurale Sprache,
- Tabellenkalkulation,
- Operationen auf mehrdimensionale Matrizen,
- Generierung von Übersichten,
- Erstellung und Änderung von Grafiken,
- Entscheidungshilfen ("what - if" und andere),
- Werkzeuge für mathematische und finanzielle Analysen,
- Textverarbeitung,
- Elektronische Post.

Daß diese Klasse von Sprachen in den entsprechenden Anwendungsgebieten eine sehr große Bedeutung hat, zeigt ihre große Zahl. Nach
[Martin 86] enthält die folgende Liste nur die bekannteren 4GL's:

Name:	Ursprung:
• ADS/ONLINE	Cullinet SW, Inc., Westwood, MA
• APPLICATION BUILDER	James Martin Associates, Wimbledon, London, GB
• APPLICATION FACTORY	Cortex Corp., Waltham, MA
• CA - UNIVERSE	Computer Associates International, Inc., Jericho, NY
• DATATRIEVE	Digital Equipment Corporation (DEC), Maynard, MA

- EASYTRIEVE   Pansophic Systems, Inc., Oak Brook, IL
- EXPRESS   Management Decision Systems, Waltham, MA
- FOCUS   Application Builders, Inc., New York, NY
- GENER/OL   Pansophic Systems, Inc., Oak Brook, IL
- IDEAL   Applied Data Research, Inc., Princeton, NJ
- INFO   Henco, Inc., Waltham, MA
- INQUIRE   Infodata Systems, Inc., Falls Church, VA
- INTELLECT   Artificial Intelligence Corp., Waltham, MA
- LINC   Burroughs Corporation, Detroit, MI
- MANTIS   Cincom Systems, Inc., Cincinnati, OH
- MAPPER 10   Sperry Corporation, Blue Bell, PA
- MARK V   Informatics General Corporation, Canoga Park, CA
- MIMER   Savant Enterprises, Carnforth, Lancashire, GB
- NATURAL   Software AG (of North America), Reston, VA
- NOMAD 2   D&B Computing Services, Wilton, CT
- Personal Data   Honeywell Information Systems, Inc., Waltham,
  Query (PDQ)   MA
- RAMIS II   Mathematica Products Group, Princeton, NJ
- SAS   SAS Institute, Inc., Cary, NC
- SPSS   SPSS, Inc., Chicago, IL
- SYSTEM W   COMSHARE, Inc., Ann Arbor, MI
- TELL-A-GRAF   Integrated Software Systems Corp., San Diego, CA
- UFO   Oxford Software Corp., Hasbrouck Heights, NJ
- UMBRELLA   Hogan Systems, Inc., Dallas, TX
  SYSTEM
- USE-IT   High Order Software, Inc., Cambridge, MA

Aus dem Gesichtspunkt des Managements von Softwareprojekten erscheint an dieser Klasse von Sprachen besonders interessant zu sein, daß sie den Anspruch erheben, die Produktivität bei der Programmentwicklung um Faktoren von fünf bis zehn zu erhöhen und von Anwendungsprogrammierern ohne datentechnische Fachkenntnisse einsetzbar zu sein.

So wird in [Martin 86] von einem Fall berichtet, in dem eine US-amerikanische Bank nach Einführung einer 4GL ihr datentechnisch vorgebildetes Fachpersonal für die Anwendungsprogrammierung durch Absolventen geisteswissenschaftlicher Fächer ohne Vorkenntnisse in Datenverarbeitung ersetzt habe und dabei (trotzdem?) außerordentlich hohe Produktivitätszuwächse erzielt habe. Sollte dieser Bericht zutreffen, so könnte eine solche Entwicklung von großer Tragweite für das berufliche Selbstverständnis und die notwendige Ausbildung von Programmentwicklern haben.

4.4.4.2   "BLOCKSPRACHEN"

Ein Beitrag aus
einem Gebiet,
das ursprüng-
lich ohne
Rechner
auskam

Diese Sprachen spielen in der praktischen Anwendung in der Industrie eine größere Rolle, als ihr relativ seltenes Erscheinen in der Datenverarbeitungsliteratur vermuten läßt. Sie entstanden - speziell für speicherprogrammierbare Steuerungen (SPS) und automatisierungstechnische Anwendungen - auf der Basis einiger traditioneller Notationen, wie etwa den Relaisdiagrammen oder den Blockdiagrammen für Regelsysteme. Im Laufe der Zeit wurden sie durch assemblerähnliche Anweisungen und schließlich um algorithmische Anteile ergänzt, die den klassischen HOL's entlehnt wurden.

Ihre derzeitige offizielle Basis ist eine IEC Norm, die vom DIN mit Modifikationen übernommen wurde: STANDARD for PROGRAMMABLE CONTROLLERS ("Working Draft" vom Oktober 1986). Dieser wurde erarbeitet vom "Working Committee 65" (WG66 (Discontinuous Process Control)) im "Subcommittee 65A" (SC65A (Systems Considerations)) des "Electrotechnical Committee 65" (ETC65 (Industrial Process Measurement and Control)) im DIN/IEC erarbeitet. Daneben sind noch die Dokumente DIN 19239 und 40719, Teil 6, und die Richtlinie VDI 2880, Blatt 4, maßgebend. Die Aufzählung all dieser Gremien zeigt, welch große Bedeutung von der betroffenen Industrie dieser Technik beigemessen wird.

Für die üblichen Anwender dieser Sprachen haben sie folgende Vorteile:

Der Program-
mierumgebung
sieht man die
Herkunft aus
der Praxis an

- Sie besitzen durchweg grafische Programmierunterstützung.
- Die mitgelieferten Programmiersysteme haben manchmal sogenannte "Rückdokumentationsmöglichkeiten". Dieser Mechanismus ermöglicht es, aus während Test und Integration notwendigerweise mehrfach und unsystematisch geänderten Programmen die wirkliche Struktur zu extrahieren und entsprechende Systemdiagramme zu erzeugen, die dann den wirklichen Zustand des Programms wiedergeben.
- Sie sind an die Denk- und Arbeitsweise der Steuerungs- und Regelungstechniker angepaßt.
- Sie werden durch meist sehr effiziente Implementationen unterstützt.
- Die Hersteller einschlägiger Systemfamilien liefern üblicherweise eine hervorragende anwendungsspezifische Hardwareunterstützung mit (z.B.: "PDAG": "Programmier-, Diagnose- und Anzeigegerät", eine transportable Programmierstation, die es dem Systementwickler "auf der Baustelle" erlaubt, seine Steuer- und Regelprogramme zu testen, zu korrigieren und zu dokumentieren).

Als negativ ist allerdings zu werten, daß diese Sprachen und die zugehörigen Programmiersysteme - ebenfalls aus den oben genannten historischen Gründen - oft eine beliebige Mischung der Sprachebenen zulassen (bis hin zu hexadezimalem Code!), daß den Steuerungen oft eine sehr spezielle Betriebssystemphilosophie zugrundeliegt und daß sie - wegen der vielen Sprachebenen - bei schlechter Unterstützung durch Systemsoftware zum "Basteln" verleiten.

Zum Abschluß dieses Kapitels soll Bild 4-7 illustrieren, welche Sprachebenen und Notationen durch diese Sprachen unterstützt werden.

IEC	Symbolik	DIN/VDI
AWL (Anweisungsliste)	LD AND OR	AWL (Anweisungsliste)
ST (Strukturierter Text)	IF . . . . THEN . . ELSE	------
KOP (Kontaktplan)	—I I— "Schließer" —( )— "Spule mit Speicherwirkung"	KOP (Kontaktplan)
FBS (Funktionsbaustein- sprache)	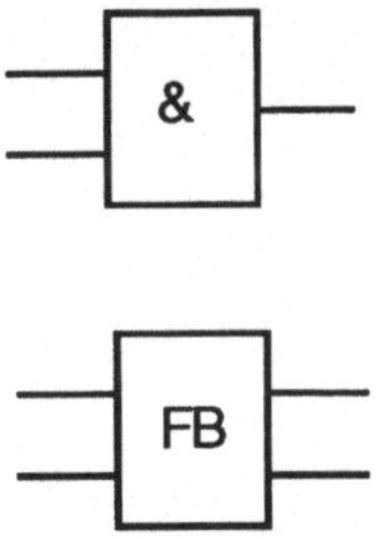 & FB	FUP (Funktionsplan)
AS (Ablaufsprache)	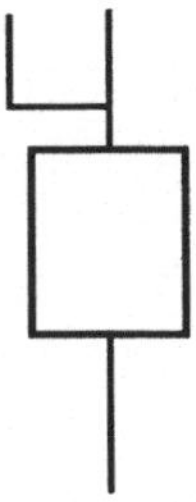	

Bild 4-7:
"Schichten" der blockorientierten Sprachen

4.4.4.3.   ATLAS (Abbreviated Test Language for Automatic Systems)

Doch auch in die andere Richtung - näher hin zur Anwendung - wurden Programmiersprachen entwickelt!

Diese Sprache spielt, wie ihr Name sagt, in der Prüftechnik eine bedeutende Rolle. Sie ist vom Charakter ihrer Anweisungen her eigentlich schon oberhalb der bisher besprochenen "höheren Sprachen" angesiedelt. Die Programme sind schon fast wie Klartext zu lesen und enthalten Anweisungen wie:

```
"APPLY VOLTAGE xyz TO PIN uvw", etc.
```

Ihre Standardisierung und weitgehend rechnerunabhängige Implementation wurde Anfang der 70-er Jahre vor allem von der Luft- und Raumfahrtbranche und im Verteidigungssektor vorangetrieben.

4.4.4.4   CHILL (C.C.I.T.T. HIgh Level Language)

Diese Sprache hat eher den Charakter einer klassischen Universalprogrammiersprache. Sie wurde in den 70-er Jahren von den internationalen Postbehörden entwickelt und standardisiert. Basis ist unter anderem PASCAL. Das erste Definitionsdokument war [CCITT 76].

5

Entwicklungsergänzende Maßnahmen

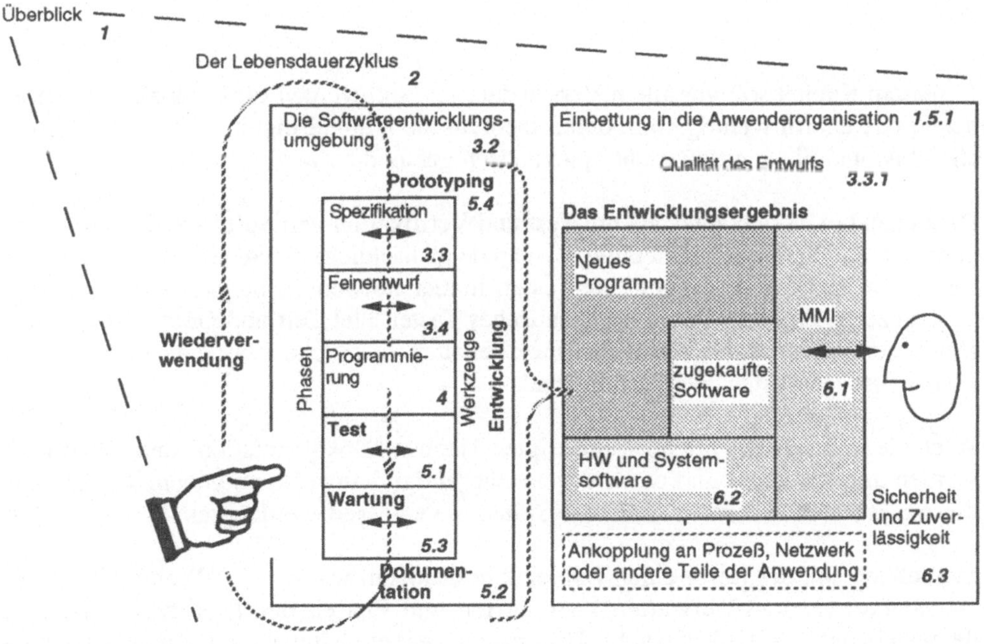

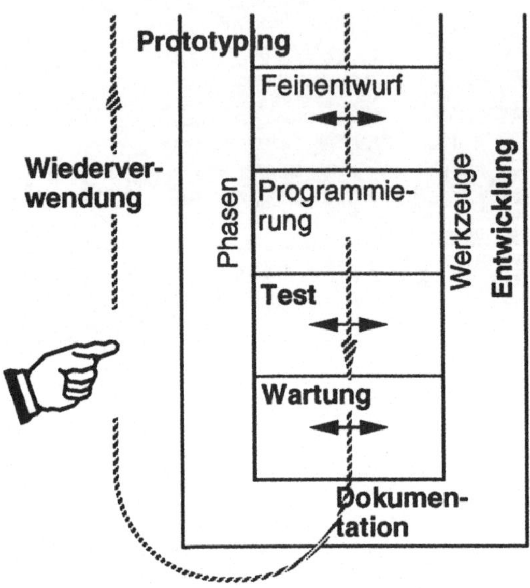

In diesem Kapitel soll vor allem Verständnis geweckt werden für Maßnahmen, die in der Praxis enorm wichtig sind, deren theoretische Durchdringung aber nicht ausreichend ist und die auch oft nicht systematisch genug durchgeführt werden.

Dabei handelt es sich zunächst um Test und Verifikation von Software. Es wird klargemacht, daß Softwareentwicklung - wie jede menschliche Tätigkeit - nicht fehlerfrei sein kann und daß deswegen das Testen immer notwendig bleiben wird. Es wird auch gezeigt, daß man durch systematisches Testen viel Zeit und Geld sparen kann. Der Leser soll weiterhin einen Eindruck bekommen, welche Vorgehensweisen beim systematischen Testen zweckmäßig sind.

Auch die in der Praxis oft vernachlässigten Themen "Dokumentation" und "Wartung" werden angesprochen und es wird versucht, einige Hinweise zu geben, wie die auf diesen Gebieten besonders schlechte Situation verbessert werden kann.

Schließlich soll der Leser einen Eindruck bekommen, was er von "Prototyping" und "Wiederverwendung" erwarten kann. Arten und Phasen des Prototyping werden dargestellt und es wird versucht, Hinweise zu geben dahingehend, für welche Problemklassen sie jeweils eingesetzt werden können. Auf dem wichtigen Gebiet der Wiederverwendung wird dargestellt, durch welche Managementmaßnahmen sie besser in die Entwicklungstätigkeit integriert werden kann.

5.1 Test und Verifikation

5.1.1 Die Bedeutung systematischen Testens

Zur Einstimmung in dieses Thema sei H. Sneed zitiert, der in seinem Artikel "Software-Testen, Stand der Technik" [Sneed 88] schreibt: "Es ist deshalb töricht zu meinen, man könne das Testen durch eine höhere Sprache, eine bessere Methodik oder sogar durch Telepathie ersetzen. Solange das menschliche Gehirn die Quelle unserer Software ist, wird diese Software fehlerhaft sein." In tiefergehenden Überlegungen [Halstead 77] wird die Zwangsläufigkeit der Fehlerhaftigkeit von Software auf eine "mentale Irrtumsrate" zurückgeführt, die zwar individuell verschieden, über die Zeit jedoch relativ konstant ist. Das heißt, daß ein fehlerfreies Programm nicht existieren kann. Erhärtet wird diese Ansicht durch die statistisch belegte Tatsache, daß ein neu entwickeltes Programm vor dem Testen 3 bis 20 Fehler auf 1000 Zeilen Code enthält.

Programmieren ist eine menschliche Tätigkeit - also fehlerbehaftet

Es sollte deshalb eigentlich niemanden überraschen, daß die Testkosten üblicherweise den größten Kostenblock innnerhalb der Entwicklungskosten darstellen (siehe auch Abschnitt 2.5.7). Projektleiter sowie Entwickler sollten in Anbetracht dieser Tatsache einer solch kostenträchtigen Teilaktivität besonderes Augenmerk widmen. Nach den Erfahrungen des Verfassers ist jedoch praktisch immer das Gegenteil der Fall. Testen ist eine bei Entwicklern äußerst unbeliebte Tätigkeit und wird von Managern (und, wie man hört, teilweise auch von Kunden) gerne als "Rationalisierungspotential" benutzt, also möglichst weitgehend eingespart. Es erübrigt sich wohl, die Folgen einer derartigen Denkweise in Bezug auf Produktqualität oder Haftungsverpflichtungen näher darzustellen.

Testen ist wichtig, aber unbeliebt und teuer

Dabei könnte der hohe Anteil des Testens an den Lebensdauerkosten von Software durch systematisches Vorgehen und Verwendung geeigneter Hilfsmittel offenbar relativ einfach und sehr effektiv reduziert werden. Bild 5-1, eine der Literatur [Phister 79] entnommene Kurve, und Bild 5-2, das aus den Zahlen eines realen Projektes abgeleitet wurde [Elzer 89], illustrieren dies: Die Erfahrung lehrt, daß in den meisten Projekten die Anzahl der gefundenen "Fehler" in einem Programm der rechten, (durchgezogenen) Kurve in Bild 5-1 folgt. Die plausibelste Erklärung dafür ist, daß Entwickler offenbar üblicherweise zunächst die Anzahl der Fehler in ihrem Programm zu optimistisch einschätzen und zu nachlässig testen. Dann, nach einigen größeren Problemen, beginnen sie ernsthaft zu testen und erhalten ein einsetzbares Programm (in dem 90 % der Fehler beseitigt sind) zum Zeitpunkt "T90-real". Wenn nun von Anfang an systematisch getestet würde, könnte man wesentlich früher ein stabiles

Systematisches Testen kann Zeit und Geld sparen

System ("T90-optimal") erzielen und so sehr viel Entwicklungszeit und damit Geld sparen. Das volle Jahr, das sich bei dem in Bild 5-2 dargestellten Beispiel als Einsparpotential ergibt, kann möglicherweise über die Existenz einer kleinen Firma entscheiden.

Bild 5-1:
Verzögertes
Anlaufen des
Testens (nach
[Phister 79])

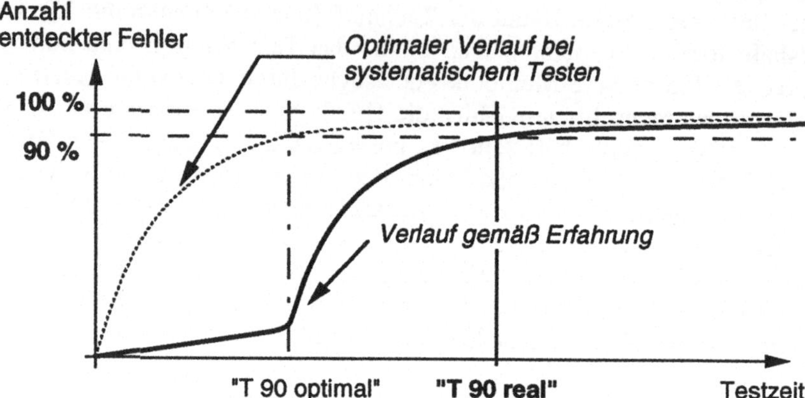

Bild 5-2:
Testverlauf in
einem realen
Projekt (Ent-
wicklung eines
Compilers
[Elzer 89a])

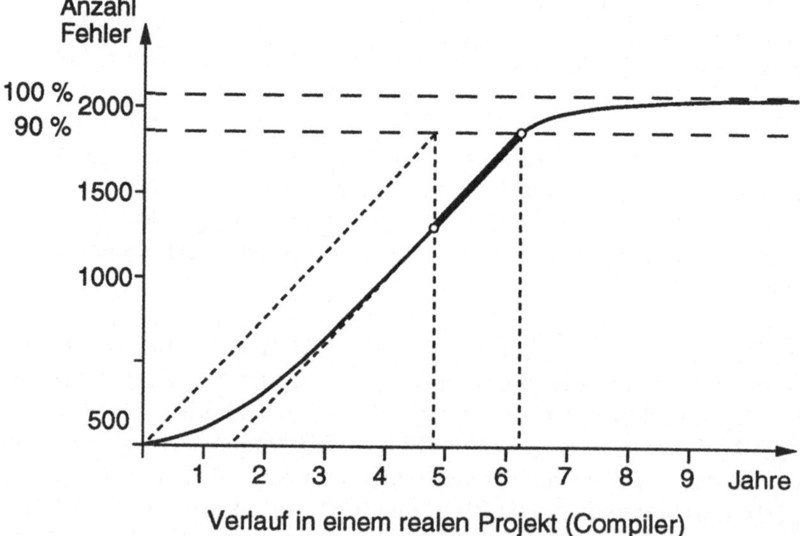

Testen gilt als
"negativ" und
wird deshalb
ungern getan

Es erscheint also lohnend, einmal die Gründe zu hinterfragen, die zu dieser Situation führen. Interessanterweise scheint hier bei den Experten weitgehend Einigkeit zu bestehen [Myers 91]. Üblicherweise gilt das Testen als eine nachgeschaltete, nicht kreative Tätigkeit. Es ist "negativ besetzt" - im Gegensatz zur Entwicklung, die per definitionem als "kreativ" gilt und "positiv besetzt" ist, wie Psychologen das nennen.

Außerdem wird praktisch immer zunächst versucht zu demonstrieren, daß ein Programm funktionsfähig ist, anstatt gezielt zu versuchen, Fehler zu entdecken. Eine besonders farbige Darstellung der Problematik findet sich in [Frühauf 91]: "Nicht jede Ausführung eines Programmes ist ein Test. Wenn der Programmierer mit "seinem" Programm spielt, so testet er weniger, als daß er seinem Stolz auf das Resultat schmeichelt, wie ein Kind, das die Züge über die soeben zusammengesteckten Gleise fahren läßt. In dieser Situation ist man konstruktiv, man strebt keinen Zusammenstoß im Tunnel an. Genau das wäre aber ein erfolgreicher Test."

Man will beweisen, daß das Programm funktioniert, aber keine Fehler finden

Es ist auch bekannt, daß Menschen normalerweise unwillig (oder sogar unfähig) sind, Fehler in ihren eigenen Entwürfen zu finden. Es ist also notwendig, Entwicklung und Test jeweils von verschiedenen Personen (oder Teams) durchführen zu lassen. Weiterhin muß der verantwortungsbewußte Projektleiter besondere Anstrengungen unternehmen, um sein Team dahingehend zu motivieren, auch beim Testen einen dessen Wichtigkeit angemessenen Aufwand an Kreativität zu entwickeln.

Von sachverständiger Seite wird deshalb betont, daß es eigentlich nicht sinnvoll ist, nur von "Testen" zu sprechen. Im amerikanischen Sprachraum hat sich deswegen mehr der Begriff "Test and Verification" ("T&V") durchgesetzt, der also auch im folgenden verwendet werden soll [Boehm 83, Boehm 84]. Im Amerikanischen unterscheidet man manchmal noch feiner, nämlich zwischen Verifikation ("Verification", from 'veritas' = 'truth': "To establish the truth of correspondence between a software product and its specification.") und Validierung ("Validation", from 'valere' = 'to be worth': "To establish the fitness or worth of a software product for its operational mission.") und verwendet dann auch das Kürzel "V&V" für Verification and Validation". Im Deutschen lassen sich diese feinen Unterschiede nicht so gut herausarbeiten, weshalb man bei dem Begriff T&V bleiben sollte.

"T&V": Test und Verifikation

5.1.2   T&V während der Softwareentwicklung

Wie oben ausgeführt, ist Verifikation also im Prinzip jede Überprüfung des Ergebnisses einer Tätigkeit gegen die Vorgaben. Sie sollte also während des gesamten Softwareentwicklungsganges durchgeführt werden und nicht nur als reine Kontrolltätigkeit in Bezug auf das fertige Produkt. Tabelle 5-1 gibt einen kurzen Überblick über die mögliche Einordnung einiger T&V-Maßnahmen in den Ablauf der Softwareentwicklung. Einige der genannten Maßnahmen werden im folgenden erläutert. Leser, die sich eingehender mit T&V befassen wollen, seien auf Spezialliteratur verwiesen, wie z.B. [Frühauf 91] [Myers 91] und [Liggesmeyer 92].

Test und Verifikation als entwicklungsbegleitende Aufgaben

T&V-Maßnahmen in verschiedenen Phasen des Programmentwicklungsprozesses

Phase :	Sinnvolle Verifikationsmaßnahmen:
Spezifikation der Anforderungen	• Festlegung der anzuwendenden Verifikationsmethoden, • Überprüfung der "Angemessenheit" der Anforderungen, • Erstellung von Testdaten für funktionales Testen,
Entwurf	• Sicherstellung der Konsistenz zwischen Anforderungen und Entwurf, • "Angemessenheit" des Entwurfs, • Erstellung von Testdaten für funktionales und strukturelles Testen,
Implementation	• Sicherstellung der Konsistenz mit dem Entwurf, • Sicherstellung der "Angemessenheit" der Implementation, • Fertigstellung von Testdaten für strukturelles und funktionales Testen, • Anwendung der Testdaten,
Betrieb und Wartung	Neuüberprüfung bei Änderungen.

Aber auch nicht mehr testen als sinnvoll und notwendig

Trotz der dargestellten Bedeutung von T&V-Maßnahmen ist allerdings zu beachten, daß auch hier eine gewisse "Verhältnismäßigkeit der Mittel" gewahrt werden muß. Der eingesetzte Aufwand sollte abhängig von der erwarteten Kritikalität des Systems oder Programms sein. Es hat sich bewährt, bei Beginn des Projekts gewisse "Kritikalitätsklassen" festzulegen, denen dann die verschiedenen Komponenten des Programmsystems zugeordnet werden, und den Aufwand für T&V für jede der Klassen angemessen zu planen. Meist reichen drei solcher Klassen aus:

Kritikalitätsklassen

• Kernfunktionen, die unter allen Umständen funktionsfähig bleiben müssen,

• wichtige Funktionen, die eine vernünftige Ausfallwahrscheinlichkeit aufweisen sollten, und

• sonstige Funktionen, die den Systemkomfort erhöhen, deren Ausfall aber nicht als ernsthafte Störung empfunden wird.

Bei Systemen, von deren korrekter Funktion Leben und Gesundheit von Menschen abhängen können, oder die sehr komplex und damit fehleranfällig sind, sowie in Systemen, die sehr viel Firmware enthalten und damit schwierig zu ändern sind, sind Test und Verifikation allerdings besonders wichtig. Fast alle Echtzeitsysteme fallen in eine dieser Kategorien und erfordern damit einen erhöhten Testaufwand.

5.1.3 Hilfsmittel für T&V

5.1.3.1 Allgemeines

Natürlich ist es nicht sehr hilfreich, den Ernst einer Lage darzustellen, wenn keine Lösung dafür angeboten wird. Zur Unterstützung von T&V gibt es zwar nicht allzu viele Werkzeuge, aber doch eine Reihe erfolgversprechender Methoden, die nur noch nicht auf genügend breiter Basis angewandt werden. Um dem Leser die Einschätzung des gegenwärtigen Entwicklungsstandes zu erleichtern, soll zunächst einmal der bisherige Verlauf der technischen Entwicklung in groben Umrissen skizziert werden.

Die Entwicklung von T&V folgte dem "Pendelschlag der Geschichte"

In den Anfangsjahren der Datenverarbeitung wurden T&V weitestgehend auf empirischer, ja intuitiver Basis betrieben. Dies ist leider heute noch in weiten Bereichen der Industrie der Fall. Auf Gebieten, deren Wichtigkeit und Kritikalität anerkannt waren, wurden aber schon früh Ansätze zu einem systematischen Vorgehen unternommen. So entwickelten beispielsweise US-amerikanische Dienststellen Sätze von Testprogrammen ("Zertifizierungspakete"), die Compiler für bestimmte Programmiersprachen fehlerfrei durchlaufen haben mußten, um im Bereich der Verteidigung oder der Luftfahrt eingesetzt werden zu dürfen. Die Grenzen dieses Vorgehens wurden aber sehr schnell deutlich: So ist dem Verfasser ein Fall bekannt, in dem sich während der Benutzung eines korrekt zertifizierten Compilers für eine Sprache aus dem Luftfahrtbereich noch einige hundert Fehler (!) herausstellten. Es hätte also nicht unbedingt des klassisch gewordenen Ausspruches von Dijkstra bedurft, nach dem Testen nur die Anwesenheit von Fehlern, aber nie ihre Abwesenheit beweisen könne, um nach wirksameren Methoden zu suchen.

Intuitiver Test und Pakete von Testprogrammen reichten nicht aus

Man setzte also Ende der 60-er und Anfang der 70-er Jahre sehr schnell und allgemein große Hoffnungen auf den Ansatz der "Programmverifikation", bei der mit Hilfe mathematischer Beweistechniken die Korrektheit von Programmen sichergestellt werden sollte. Eine klassische Veröffentlichung zu diesem Thema ist [Hoare 69]. Nach einigen Anfangserfolgen wurden aber sehr schnell die Grenzen dieser Technik erkannt: Nur ganz wenige Spezialisten sind in der Lage, sie richtig anzuwenden, der Aufwand für eine geeignete Formulierung nichttrivialer Problem wird extrem

Große Hoffnungen auf formale Techniken

hoch, und es ist zwar möglich nachzuweisen, ob ein Programm der Spezifikation entspricht, aber nicht, ob diese eine vernünftige Lösung des anstehenden Anwendungsproblems darstellt. Zudem gibt es in der mathematischen Literatur genügend Beispiele für falsche Beweise.

"Fehlerfreie Entwicklung" erschien als nächster Ausweg

In einer Art "zurückschwingender Pendelbewegung" setzte man deshalb Anfang der 70-er Jahre die Hoffnungen auf eine möglichst sorgfältige und korrekte Entwicklung von Programmen mit Hilfe der damals gerade aufkommenden "Softwareentwurfswerkzeuge". Es wurde die Formulierung geprägt, daß man "Softwarequalität nicht herausprüfen könne, sondern hineinentwickeln müsse".

Spezielle Werkzeuge für T&V brachten einen gewissen Fortschritt

Auch diese Hoffnung erfüllte sich nicht und die Aufmerksamkeit wandte sich wieder Test und Analyse von Software zu, die man jetzt durch geeignete Werkzeuge unterstützen, formalisieren oder zumindest rationalisieren wollte. Gegen Ende der 70-er Jahre erweckte der Zustand der einschlägigen Arbeiten den Eindruck, daß bald ein zufriedenstellender Stand der Technik zu erwarten sei und eine ausreichende Zahl unterstützender Werkzeuge zur Verfügung stünde, die mit realistischem Aufwand in der Praxis eingesetzt werden könnten. Dies wurde beispielsweise auch vom Verfasser in einer damals durchgeführten Studie [Elzer 80] so gesehen.

Zur Zeit scheint sich die Lage zu konsolidieren

Es folgten aber Jahre der Stagnation. In jüngster Zeit scheint nun jedoch die Entwicklung wieder in Bewegung zu geraten, zumindest was das Bewußtsein für die Wichtigkeit des Themas betrifft. Vor allem wurden die verschiedenen Verfahren für T&V inzwischen systematisiert und bezüglich ihrer Einsetzbarkeit besser verstanden. Ein sehr nützlicher Überblick findet sich in [Liggesmeyer 92]. Der technisch orientierte Manager sollte die derzeitige Entwicklung also sehr aufmerksam verfolgen. Im folgenden werden deshalb einige Anhaltspunkte gegeben, die es ihm erleichtern sollen, sich auf dem Gebiet von T&V zu orientieren. Entsprechend dem zu Anfang des Buches über die verschiedenen Aspekte des Management von Softwareprojekten Gesagten kann man die Hilfsmittel für T&V ebenfalls in solche organisatorischer Art und solche technischen Charakters einteilen.

5.1.3.2   Organisatorische Maßnahmen

Modultest und Systemtest sauber trennen

Die einfachste - aber extrem wichtige - organisatorische Maßnahme ist die, eine saubere Trennung zwischen Modultest ("Einzeltest", "Programmtest") und Systemtest ("Gesamttest", "Integrationstest") einzuführen und durchzuhalten. Das klingt selbstverständlich, ja trivial, wird aber in der Praxis immer wieder vernachlässigt. Die Versuchung ist eben zu groß, zu glauben, "es würde schon gut gehen", wenn man alle gerade fertigen Programmteile auf einmal im Zielsystem zum Laufen bringen würde und dann "würde man schon sehen". Der Verfasser hat leider die Erfahrung machen müssen, daß kein Entwickler ohne einschlägige eigene (bittere und teure) Erlebnisse bereit ist, dieser Versuchung zu widerstehen. Natürlich muß der Projektleiter dies berücksichtigen und sowohl durch eine entsprechende Organisation des Teams als auch durch Bereitstellung einer geeigneten Testumgebung diese Aufteilung fördern oder sogar erzwingen.

Zu den organisatorischen Maßnahmen gehört weiterhin, daß man - wie schon erwähnt - Entwicklung und T&V jeweils von verschiedenen Personen oder Teams durchführen läßt. Das hat nichts mit der Einrichtung von Überwachungsinstanzen aus Gründen reinen Mißtrauens zu tun, sondern berücksichtigt nur die Erfahrung, daß ein Mensch nicht sehr geneigt ist, seine eigene Arbeit aus einer gewissen Distanz zu betrachten und bewußt nach Fehlern zu suchen - obwohl deren Auftreten unvermeidlich ist und nichts mit persönlicher Schuld zu tun hat.

Entwickler und Tester sollten verschiedene Personen sein

Eine weiteres sehr bewährtes Verfahren ist die Durchführung sogenannter "Reviews" ("Inspektionen", "walk-through's") nach dem Abschluß jeder Phase des Softwarelebensdauerzyklus. Dabei muß jedem Projektleiter selbst überlassen bleiben, wie er sie im Detail durchführt - ob mehr oder weniger formal, ob mit oder ohne Beteiligung der Linienvorgesetzten, ob ausschließlich innerhalb der Entwicklungsabteilung oder im Wechselspiel zwischen Qualitätssicherung und Entwicklung etc. Die Literatur zu diesem Thema ist relativ reichhaltig. Als Beispiele seien [Schnurer 88] und [Weller 93] genannt. Ganz wesentlich für den Erfolg dieser Maßnahmen ist ihre Akzeptanz bei den Mitarbeitern. Diese wiederum hängt sehr stark vom Arbeitsklima der jeweiligen Organisation ab [Weinberg 71, Wong 94]. Es ist also nicht damit getan, "Reviews" anzuordnen und ihre Ergebnisse formal entgegenzunehmen. Besonders zu Anfang des Einsatzes derartiger Maßnahmen müssen ihre Durchführung und ihr Erfolg sorgfältig beobachtet werden, um eventuell notwendig werdende personelle Konsequenzen ziehen zu können.

Reviews, ein bewährtes Verfahren zur Entdeckung von Entwurfsfehlern

Ein kleiner Tip aus der Praxis soll diesen Abschnitt beschließen: Die Termine für Reviews müssen immer so rechtzeitig festgesetzt werden, daß das Budget für die betreffende Phase noch nicht ausgeschöpft und der Schlußtermin noch nicht erreicht ist. Ist dies nämlich der Fall, so kann auf die Reviewer allzuleicht psychologischer Druck dahingehend ausgeübt werden, möglichst wenige Fehler zu finden, "da sowieso kein Geld mehr vorhanden sei" oder eine Terminverzögerung drohe. Und wer möchte in

Gefundene Fehler müssen behoben werden können

der Industrie schon die Schuld an einer Kostenüberschreitung oder einer Terminverzögerung zugeschoben bekommen?

5.1.3.3   Technische Maßnahmen

Man muß nicht immer gleich ein "Werkzeug" beschaffen

Zunächst ist festzuhalten, daß auch hier gilt, daß nicht unbedingt die Unterstützung durch ein "Werkzeug" notwendig ist, um ein systematisches Testverfahren erfolgreich einzusetzen. Im Gegenteil, Untersuchungen an früher sehr favorisierten Werkzeugen [Elzer 80] haben gezeigt, daß diese bei unkritischer Verwendung eher zu einer schwer kontrollierbaren Papierflut führten als zu echten Einsichten in Struktur und Verhalten der zu testenden Programme.

Am besten erprobt man ein Verfahren in kleinen Pilotstudien

Um die Einsetzbarkeit eines T&V Verfahrens oder Werkzeugs für das jeweilige Anwendungsproblem beurteilen zu können, bedarf es natürlich einer vorherigen Analyse seiner Leistungsfähigkeit. Wie schon bei den Entwicklungswerkzeugen oder den Programmiersprachen dargelegt, sind aber detaillierte Vergleiche meist nicht kosteneffektiv. Die Erfahrungsbasis mit T&V-Techniken ist jedoch noch nicht breit genug, um einfache "Faustregeln" für die Einsetzbarkeit konkreter Verfahren angeben zu können. Es erscheint deshalb am zweckmäßigsten, wenn ein Programmierteam erst in einer Pilotstudie Erfahrungen mit einigen wenigen ausgewählten Verfahren oder Werkzeugen sammelt, bevor es sie in einem Projekt realistischer Größe einsetzt.

Für die dafür notwendige Vorauswahl kann die gegenwärtig übliche Klasseneinteilung von T&V Methoden eine durchaus brauchbare Orientierungshilfe bieten. Die Sichtweise ist zwar auf diesem Gebiet offenbar noch nicht völlig konsolidiert und verschiedene Autoren strukturieren die Thematik auf unterschiedliche Art, aber die von Liggesmeyer in [Liggesmeyer 92] vorgenommene Kategorisierung erscheint ziemlich einleuchtend. Im Prinzip lassen sich vier Klassen unterscheiden:

- dynamisch testende Verfahren,
- statische Analysen,
- symbolisch testende Verfahren und
- Verifikationsverfahren.

Nach den bisherigen Beobachtungen kann man noch für einige Zeit davon ausgehen, daß die beiden letzten der genannten Klassen für die große Mehrzahl der in der Praxis üblichen Anwendungen zu anspruchsvoll oder zu aufwendig sind. Es genügt also, die ersten beiden Klassen näher zu betrachten.

Die traditionelle und (noch) üblichste Vorgehensweise ist das (dynamische) Testen. Nach [Liggesmeyer 92] besitzen alle Testverfahren folgende gemeinsamen Merkmale:

- Das übersetzte, ausführbare Programm wird auf einem Computer ausgeführt.
- Es werden konkrete Eingabewerte gewählt.
- Das Programm wird (im allgemeinen) in der realen Umgebung getestet.
- Sie sind Stichprobenverfahren.
- Sie können die Korrektheit des getesteten Programmes nicht beweisen. (Ende Zitat)

Weiterhin hat sich eine Einteilung dieser Verfahren nach der Art des gewählten Vorgehens eingebürgert [Sneed 88]:

- ablaufbezogenes,
- datenbezogenes,
- funktionsbezogenes, und
- "back-to-back" Testen.

Die einzelnen Verfahren können so charakterisiert werden [Sneed 88]: "Ablaufbezogen ist ein Test, wenn der prozedurale Ablauf die Basis für die Ermittlung der Testfälle bildet, datenbezogen, wenn die Datenbeschreibungen diese Basis bilden. Funktionsbezogen ist der Test, wenn die funktionale Beschreibung bzw. die Spezifikation als Basis der Testfallermittlung dient." Beim "back-to-back" Testen schließlich werden zwei Versionen des gleichen Programms gegeneinander getestet, die verschiedene Realisierungen der gleichen Spezifikation sind.

Definitionen der verschiedenen Arten von Tests

Der Vollständigkeit halber soll hier auch noch der oft gebrauchte Begriff der "Testüberdeckung" erläutert werden, der von Miller eingeführt wurde [Miller 80] und der manchmal als Grundlage vertraglicher Vereinbarungen über den zu erreichenden Austestungsgrad von Software dient. Miller schlägt sieben verschiedene "Überdeckungsmaßstäbe" vor:

Der Begriff der Testüberdeckung

- C0 = Ausführung aller Anweisungen
- C1 = Ausführung aller Ablaufzweige
- C2 = Erfüllung aller Bedingungen
- C3 = Wiederholung aller Schleifen k mal
- C4 = Wiederholung aller unabhängigen Pfade
- C5 = Ausführung aller unabhängigen Pfade
- C6 = Ausführung aller Vorwärtspfade
- C7 = Ausführung sämtlicher Pfade

C7 hat sich als unerreichbar erwiesen. C2, C3, C4 sind durch Werkzeuge bedingt realisierbar. Praktische Bedeutung haben nur C0, C1, C5 und C6.

Einige weitere pragmatische Testmethoden

Es gibt aber auch noch einige eher informelle Ansätze für das Testen von Programmen. Darunter fallen Testmethoden wie die Folgenden:

Testen nach vorher festgelegten Plänen

Erstellung von Testplänen, in denen festgelegt wird, welche Funktionen, Bedingungen und Verzweigungen später wie zu überprüfen sind. Wichtig ist, daß diese Pläne schon während der Entwicklung des Programms aufgestellt werden, solange das Wissen um die genauen "Soll-Abläufe" noch frisch in den Köpfen der Entwickler ist. Ein derartiges Vorgehen spart bei der aktuellen Durchführung der Tests dann erheblich Zeit, weil die Testfälle nicht jeweils "ad hoc" erdacht werden müssen. Außerdem sind die Tests reproduzierbar, was bei Programmänderungen und in der Wartungsphase wiederum zu erheblicher Zeitersparnis und Qualitätsverbesserung führt.

Programmgesteuertes Testen läßt den Rechner die Routinearbeit selbst tun

Beim programmgesteuerten Testen wird die Fähigkeit mancher Programmiersysteme genutzt, Übersetzungs- und Testläufe selbständig wiederholt mit verschiedenen Datensätzen durchzuführen und die Ergebnisse und Fehlermeldungen zu protokollieren. Man könnte diese Testmethode auch als "automatisierte Testpläne" bezeichnen. Damit läßt sich wertvolle Entwicklerzeit sparen und "leere" Nachtstunden des Rechners können sinnvoll genutzt werden.

Immer an den Grenzen testen!

Grenzwerttesten sollte eigentlich zum Handwerkszeug jedes Programmentwicklers oder -testers gehören. Dabei geht es hauptsächlich darum, die korrekte Funktion von Algorithmen knapp innerhalb und außerhalb ihres Gültigkeitsbereiches zu prüfen. Solche Stellen können Nulldurchgänge, Grenzen des mathematischen Definitionsbereichs, Grenzen der Zahldarstellung im betreffenden Rechner oder Ähnliches sein.

Bei Echtzeitsystemen nicht an der Testumgebung sparen

Der Aufbau spezieller Testumgebungen ist besonders beim Test von Echtzeitprogrammen wichtig. Bestimmte Funktionen solcher Systeme sind eben nur unter realistischen Zeitbedingungen und mit realitätsähnlichen Datenkombinationen überprüfbar. Nachdem aber ein Test am realen technischen Prozeß (z.B. Kraftwerk oder Flugzeug) meist entweder zu gefährlich oder zu teuer ist, müssen entsprechende Simulationen aufgebaut werden, die das Verhalten des realen Prozesses mit vernünftiger Realitätsnähe nachbilden. Leider kommt es immer wieder vor, daß allzu "kostenbewußte" Manager glauben, an solchen "Laborspielereien" sparen zu müssen. Dies führt regelmäßig zu gefährlichen Termin- und Kostenüberschreitungen, da das "Testen auf der Baustelle", also am echten Kundensystem, mit zu vielen Risiken behaftet ist.

Schließlich seien noch einige Handwerksregeln aus einem Lehrbuch [Rembold 87] zitiert, die nach den Erfahrungen des Verfassers sehr realitätsnah sind:

- Die Tests müssen so ausgelegt sein, daß jede Codesequenz mindestens einmal durchlaufen wird.
- Es müssen die oberen und unteren Grenzwerte erprobt werden, und zwar Werte, die gerade noch gültig sind, und Werte, die gerade nicht mehr gültig sind.
- Es müssen repräsentative Daten aus dem Gültigkeitsbereich erprobt werden.
- Es müssen Testläufe mit ungültigen Werten durchgeführt werden.

Eine andere sehr gebräuchliche Klassifizierung teilt die Testverfahren in "black-box" und "white box"-Verfahren ein. Der hauptsächliche Unterschied besteht darin, daß man bei den "white-box"-Verfahren von dem Wissen Gebrauch macht, das man über die innere Struktur des zu testenden Programms hat, bei den "black-box"-Verfahren nur die erwartete Funktionalität beurteilt. So werden etwa funktionales Testen und Zufallstest zu den "black-box"-Verfahren gerechnet, daten- und kontrollflußorientierter Test zu den "white-box"-Verfahren. Die Unterscheidung kann aber offenbar nicht lückenlos getroffen werden, da manche Autoren noch die Kategorie der "grey-box"-Verfahren einführen. Hierunter würden dann etwa die Grenzwertanalyse und der "back-to-back-Test" fallen.

Im Gegensatz zu den Testverfahren wird bei der statischen Analyse das Programm nicht ausgeführt. Gemäß [Liggesmeyer 92] besitzt sie noch folgende weiteren Merkmale:

- Es werden keine Eingabewerte gewählt.
- Es werden keine allgemeinen Aussagen über die Korrektheit oder Zuverlässigkeit getroffen.
- Sie konzentriert sich stets auf bestimmte Teilaspekte eines Moduls.
- Sie kann die Korrektheit des zu prüfenden Moduls nicht beweisen.
- Nur die statische Fehleranalyse kann direkt Fehler erkennen. (Ende Zitat)

Es gibt speziel-
le Werkzeuge
zur Unterstüt-
zung der stati-
schen Analyse,
ein guter Com-
piler hilft aber
auch schon viel

Ziel der Analyse ist es, die Struktur eines Programms so aufzubereiten, daß sie verstanden, überprüft und beurteilt werden kann. Zur Unterstützung dieses Zieles gibt es eine Reihe sogenannter "Programmverifikationswerkzeuge", die etwa den Kontrollfluß oder den Datenfluß in einem Programm verfolgen und dokumentieren. Gewisse Compilerfunktionen, wie z.B. das Ermitteln von "Cross-Referenzen", oder andere Dokumentationshilfsmittel, die die Struktur eines Programms offenlegen, erfüllen aber schon ähnliche Zwecke. Es lohnt sich also, bereits bei der Auswahl der "Programmierumgebung" (siehe Abschnitt 4.3) auf eine gute Qualität der darin enthaltenen Komponenten zu achten. Man kann sich damit unter Umständen die zusätzliche Beschaffung teurer Spezialwerkzeuge ersparen. Ein anderes Ziel der Analyse ist die Entdeckung sogenannter "Anomalien", wie etwa der Tatsache, daß einer Variablen zwar ein Wert zugewiesen, dieser aber nie mehr benutzt wird. Streng genommen können aber auch Reviews zur statischen Analyse gerechnet werden.

5.1.4 Wirksamkeit von T&V Methoden

Wie wirksam
sind Testme-
thoden?

Da aber auch mit Hilfe all der angeführten Methoden und Werkzeuge der Test von Software aufwendig und damit teuer bleibt, stellt sich für den Projektleiter die Frage nach der technischen und wirtschaftlichen Effizienz. Quantitative Aussagen sind, wie fast auf allen Gebieten des Software Engineering, sehr schwer zu erhalten. Einige Zahlen konnten aber aus einem schon etwas älteren Artikel [Houghton 80] entnommen werden. Er beschreibt ein Experiment, bei dem 28 Fehler in einem Satz von Programmen gefunden werden sollten. Tabelle 5-2 faßt die Ergebnisse zusammen.

Tabelle 5-2:
Wirksamkeit
von Testver-
fahren

Verwendete Methode:	Anzahl gefundener Fehler:
Pfadtest	18
Spezielle Werte	17
Symbolische Ausführung	17
Strukturtest	12
Spezifikationsüberprüfung	7
Verzweigungstest	6
Anomalieanalyse	4
Interfaceanalyse	2

5.2   Dokumentation

5.2.1   Problemstellung

Zum Thema "Dokumentation" formulierte Th. Jepsen einmal eine Über-schrift, die inzwischen zum geflügelten Wort geworden ist: "Documenta-tion - that most onerous of chores" [Jepsen 83]. In der Tat stellt Doku-mentation offenbar für jeden Entwickler eine Art "Strafe" dar. Er erfährt dabei allerdings auch von der wissenschaftlichen Seite her nur eine sehr geringe Unterstützung. So fand der Verfasser, als er einmal Dokumenta-tionsrichtlinien ausarbeiten sollte, in zehn vollständigen Jahrgängen der "Communications of the ACM" nur einen einzigen Artikel zu diesem Thema.

Eigentlich gibt es in der Literatur genügend Standards und sonstige Vor-schriften zur Dokumentation. Sie reichen von den überdetaillierten Re-gelwerken der Militärtechnik und Luft- und Raumfahrt bis hin zu recht praktikablen Checklisten, wie dem oft benutzten "IEEE Dokumenta-tionsstandard". Auch im Normenwerk des DIN [DIN 66230, 66231, 66232] und den Richtlinien des VDI [VDI 3550] finden sich einschlägige Vorgaben. In der Praxis trifft man aber nur in Ausnahmefällen eine Dokumentation an, die es wirklich gestatten würde, ein Programmsystem ohne Mithilfe der ursprünglichen Entwickler zu verstehen [Endres 80].

Einige Hauptprobleme sind dabei immer wieder festzustellen:

Die Dokumentation ist entweder zu oberflächlich (ganz grobe Struktur-diagramme) oder zu detailliert (Tausende von Seiten beschreibender Text). Was praktisch immer fehlt, ist eine "Dokumentation der mittleren Ebene" die den richtigen Detaillierungsgrad hätte, um die Funktions-weise des dokumentierten Systems zu verstehen.

Meist wird aus der Sicht des Entwicklers dokumentiert, d.h. es wird nur das beschrieben, was dem Entwickler selbst interessant erscheint. Dinge, die ihm selbstverständlich vorkommen, wie z.B. Bezüge zum Betriebs-system, werden nicht dokumentiert, was später häufig zu schweren Problemen bei Verständnis, Änderung und Wiederverwendung der betreffenden Software führt.

In der Dokumentation wird häufig eine gruppenspezifische Terminologie verwendet. Es scheint, daß diese sich während der Entwurfsdiskussio-nen in Entwicklerteams herausbildet und im Laufe der Zeit von den Teammitgliedern als selbstverständlich betrachtet wird. Für den Außen-stehenden, der die Dokumentation später liest, entsteht aber dadurch eine fast unüberwindliche Sprach- und Verständnisbarriere. Interessanterweise stellte sich bei Gesprächen mit Arbeitspsychologen heraus, daß dieses Phänomen schon lange bekannt war - nur die Datenverarbeiter wußten nichts davon.

Wer nicht dokumentiert, hofft unentbehrlich zu werden

Dokumentation wird seitens der Entwickler oft als Bedrohung der eigenen Position gesehen. Eine solche Denkweise führt aber unausweichlich zu unzureichender Dokumentation, wenn sich z.B. der jeweilige Entwickler oder Teamleiter dadurch unersetzbar zu machen hofft, daß das von ihm entwickelte System ohne ihn praktisch nicht weiterverwendbar ist.

5.2.2   Lösungsmöglichkeiten

Die Qualität der Dokumentation hängt auch vom Können des Vorgesetzten ab

Alle diese Probleme sind nicht allein durch noch so ausgefeilte formale Dokumentationsvorschriften lösbar. Hier ist der Vorgesetzte sachlich gefordert. Eine gute Dokumentation beginnt schon mit der Auswahl zweckmäßiger Entwicklungsmethoden und -werkzeuge. Diese sollten sowohl eine entwicklungsbegleitende Dokumentation rein technisch und organisatorisch unterstützen als auch Darstellungsformen beinhalten, die leicht lesbar und intuitiv verständlich sind.

Dokumentation muß auch gelesen werden

Dann muß er durch immer wieder vorgenommene Überprüfungen der Dokumentation und eventuell durch Einschalten Dritter als "Kontrollleser" eine verständliche und brauchbare Dokumentation durchsetzen. Wenn ein Entwickler den Eindruck hat, "daß sowieso niemand liest, was er schreibt", wird er natürlich nicht sehr viel Zeit und Sorgfalt darauf verwenden.

Wer weniger um seinen Arbeitsplatz fürchtet, setzt weniger Tricks ein

Es ist aber auch die Aufgabe des Teamleiters, für ein Arbeitsklima zu sorgen, in dem der Einzelne nicht derart um seine Stellung fürchten muß, daß er glaubt, zu Mitteln greifen zu müssen, die im Prinzip einer technisch und ökonomisch rationalen Arbeitsabwicklung entgegenstehen.

Techniker haben oft einfach nicht gelernt, sich verständlich auszudrükken, "Technical Writer" leisten hier Besseres

In vielen Fällen ist es natürlich auch nicht "böser Wille" des Entwicklers, sondern lediglich eine gewisse Unfähigkeit technisch orientierter Menschen, sich allgemeinverständlich auszudrücken. Hier kann nach den Erfahrungen des Verfassers die Einschaltung eines "Technical Writer" das Problem lösen. In den angelsächsischen Ländern hat sich herausgestellt, daß für diese Aufgabe besonders professionelle Lehrerinnen und Lehrer geeignet sind, die in ihrem ursprünglichen Beruf keine befriedigenden Fortkommenschancen sehen. Der Verfasser konnte sogar einmal selbst miterleben, wie ein solcher "Technical Writer" ein Projekt dadurch rettete, daß er ein Spezifiaktionsdokument in eine brauchbare Form brachte, nachdem sich eine Gruppe hochqualifizierter technischer Experten nicht mehr über die Gliederung und die Wortwahl einigen konnten.

Seit einigen Jahren wird sehr intensive an einer neuen Gruppe von Werkzeugen zur Unterstützung der Dokumentation gearbeitet. Es seien nur die Stichworte "Hypertext" und "SGML" genannt. Doch machen diese gegenwärtig sehr viel diskutierten "Dokumentationswerkzeuge" noch keinen ausgereiften Eindruck. Sie orientieren sich noch zu sehr an der Implementation der Methode an sich und nicht an den Problemen des Nutzers. Es erscheint daher ratsam, mit ihrem praktischen Einsatz noch einige Jahre zu warten.

5.2.3 Brauchbarkeit

Natürlich stellt sich auch bei der Dokumentation die Frage nach der Effizienz. Es ist nicht sinnvoll, viel Aufwand, Sorgfalt und Kosten auf Dokumentationsformen zu verwenden, die später nicht genutzt werden. Auch hier ist sehr wenig Erfahrungsmaterial verfübar. Aus einer vor einigen Jahren veröffentlichten Untersuchung [Guimaraes 1983] ergeben sich aber doch einige Anhaltspunkte. Die Untersuchung basiert auf einer Umfrage bei Personen, die Software zu ändern und zu warten hatten, und die danach gefragt wurden, welche Anteile der ihnen übergebenen Dokumentation sie als besonders nützlich für die Erfüllung ihrer eigenen Aufgaben betrachteten.

Relativ überraschend erschien, daß das Programmlisting an erster Stelle genannt wurde, gefolgt von der verbalen Beschreibung und dem Systemflußplan. Auch das Input - Output Layout wurde viel gebraucht.

Als wenig wirksam wurden dagegen das Programmflußdiagramm und der Pseudocode betrachtet. Die Ineffizienz des detaillierten Flußdiagramms überrascht nicht weiter, da üblicherweise der Detaillierungsgrad dieser Darstellungsform zu groß ist. Ein Programmlisting in einer höheren Programmiersprache ist meist aussagekräftiger. Die schlechte Bewertung von Pseudocode dagegen ist etwas überraschend, besonders wenn man seine gute Akzeptanz bei Entwicklern kennt.

Nach Ansicht des Verfassers deuten die Ergebnisse dieser Untersuchung darauf hin, daß den Wartungsteams bereits Programme in einer höheren Programmiersprache vorlagen, zu denen sie dann natürlich (nur) noch Überblicksinformation höherer Ebene benötigten.

5.3   Wartung

5.3.1   Problembeschreibung

Software in
Betrieb zu
halten kostet
mindestens
genau so viel,
wie sie zu
entwickeln
Wie schon in Abschnitt 2.5.7 ausgeführt, macht die Wartung mit 50 bis 90% den größten Anteil an den Lebensdauerkosten eines Softwaresystems aus. Die dramatischste Zahl konnte der Verfasser in einem US-amerikanischen Bericht finden, der sich mit Software in Fluzeugen (Avioniksystemen) befaßte: 75$ Entwicklungskosten für eine Anweisung gegenüber 4000$ für deren "Wartung".

Auf den ersten Blick könnte man annehmen, daß diese hohen Kosten dadurch entstehen, daß die Wartung von allen Phasen der Softwareentwicklung technisch am wenigsten unterstützt wird und auch methodisch kaum durchdacht ist. Die in Bild 2-16 dargestellte Ergebnisse einer näheren Analyse [Lientz 79] legen aber nahe, daß die Ursachen teils anderswo zu suchen sind, teils tiefer liegen. Etwa drei Viertel des Aufwandes in der Wartungsphase werden nämlich durch Aktivitäten verursacht, die eigentlich als "Pflege" und "Weiterentwicklung" einzustufen sind:

Effizienzverbesserung:	4 %
Dokumentationspflege:	5,5 %
Anpassung an neue HW und Betriebssystemänderungen:	6,2%
Anpassungen an geänderte Daten- und Filestrukturen:	17,4 %
Verbesserung der Eigenschaften:	41,8 %
Gesamt:	74,9 %

Bild 5-3 illustriert eine andere, ebenfalls weithin bekannte Erscheinung: Softwaresysteme werden nach längerer "Wartung und Pflege" wieder fehlerhafter, was bis hin zu ihrer Gebrauchsunfähigkeit führen kann.

Bild 5-3:
Verfall eines
Softwaresystems während
der Wartung

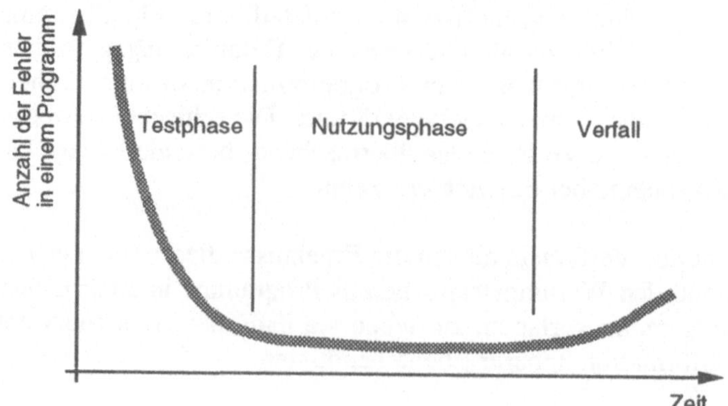

Unter Praktikern wird dies auch durch die "1+ε-Regel" beschrieben: Ab einer gewissen ("kritischen") Größe eines Programms bewirkt die Korrektur eines Fehlers, daß 1+ε neue Fehler erzeugt werden, wobei ε > 0 ist!

5.3.2 Mögliche Ursachen

Wie schon erwähnt, ist die schlechte technische Unterstützung und methodische Durchdringung der Wartungsphase sicher eine Ursache für die hohen Kosten. Ein anderer Grund könnte aber auch sein, daß es sich bei dem hohen Wartungsaufwand einfach um einen im Prinzip unabänderlichen Sachverhalt handelt, auf den man sich organisatorisch nur noch nicht richtig eingestellt hat.

Wie auf vielen anderen Gebieten der Softwaretechnik wurden auch in Bezug auf die Wartung am Ende der 70-er und Anfang der 80-er Jahre Analysen des Problems durchgeführt und Lösungsansätze gesucht. Eine derartige Problemanalyse, die 1978 im Rahmen der Spezifikation der Softwareentwicklungsumgebung für Ada begonnen, dann aber aus politischen Gründen wieder abgebrochen wurde, findet sich in Anhang B zu [Elzer 82a]. Sehr ausführliche Anlaysen mit umfangreichen Datenerhebungen wurden von Lientz und anderen ebenfalls um diese Zeit durchgeführt.

In einer dieser Untersuchungen [Lientz 83] findet sich eine sehr aufschlußreiche Rangfolge der Dringlichkeit von Problemen bei der Wartung von Softwaresystemen sowohl aus dem zivilen als auch aus dem militärischen Bereich. Ein Auszug daraus ist in Tabelle 5-3 zusammengefaßt. Die Autoren dieser Studie heben hervor, daß es sich offenbar in der überwiegenden Mehrheit um nichttechnische Probleme handelt. Lediglich bei den Systemen aus dem militärischen Bereich, die meist Echtzeitcharakter haben, spielen technische Grenzen der Rechnersysteme eine gewisse Rolle.

Auffallend ist, daß in beiden Anwendungsbereichen die Menge der Änderungswünsche das Hauptproblem darstellt, daß aber im zivilen Sektor an zweiter Stelle sofort der Mangel an Wartungspersonal folgt. Im militärischen Sektor scheint dagegen mehr die schlechte Motivation dieses Personals Schwierigkeiten zu bereiten. Dies deckt sich mit Erfahrungen des Verfassers: Wartung gilt, mehr noch als das Testen, als eine weniger anspruchsvolle, weniger "ehrenhafte" Tätigkeit als Entwicklung. Üblicherweise werden Berufsanfänger oder "Neulinge" in der Abteilung "zur Ausbildung" mit Wartungsaufgaben betraut. Zeit- und Kostendruck sind bei der Wartung oft noch höher als bei der Entwicklung, was hauptsächlich darauf zurückzuführen ist, daß die Unverfügbarkeit von im Betrieb befindlichen Systemen schneller zu Eingriffen seitens des Management führt als Terminverzögerungen bei der Erstauslieferung.

Tabelle 5-3:
Wesentliche
Probleme bei
der Wartung

	Zivile Projekte	Militärische Projekte
1	Nachfrage nach Verbesserungen und Erweiterungen	Nachfrage nach Verbesserungen und Erweiterungen
2	Konkurrierende Anforderungen an die Zeit des Wartungspersonals	Laufzeitprobleme der Programme
3	Qualität der Dokumentation	Speicherbedarf der Programme
4	Unzureichende Schulung der Benutzer	Qualität des ursprünglichen Programms
5	Unzureichende Termintreue	Fluktuation des Wartungspersonals
. . . . . .		. . . . . .
22	Integrität der Daten	Unzureichende Unterstützung seitens des Management
23	Mangelndes Interesse der Benutzer	Unrealistische Erwartungen seitens der Benutzer
24	Laufzeitfehler im System	Produktivität des Wartungspersonals
25	Unzureichende Unterstützung seitens des Management	Integrität der Daten
26	Zuverlässigkeit von System-HW und SW	Mangelndes Verständnis auf Seiten der Benutzer

Eine der Hauptursachen des "Wartungsproblems" scheint aber zu sein, daß man sich offenbar nicht klar genug macht, daß Wartung eine andere Art von Begabung erfordert als die Entwicklung, keinesfalls aber eine geringerwertige. Arbeitsanalysen haben dies im Falle des "Troubleshooting" an komplizierten elektronischen und mechanischen Systemen klar erwiesen. Bei Fehlersuche und Wartung ist beispielsweise eine hochent wickelte Beobachtungsgabe erforderlich, die unter den geordneteren Verhältnissen der eigentlichen Entwicklung weniger gebraucht wird.

Dazu kommt, daß das manchmal geforderte "egoless programming", also die Fähigkeit, für die Dauer der Arbeit am technischen System von den eigenen Vorlieben und Denkgewohnheiten zu abstrahieren, bei der Wartung besonders wichtig ist. Es kommt hier ja zunächst darauf an, sich schnell ein zutreffendes Bild von Entwürfen anderer Entwickler zu machen, bevor man mögliche Fehler feststellen kann. Unter diesem Gesichtspunkt sind sich Wartung und Wiederverwendung von Software sicherlich ähnlicher, als dies auf den ersten Blick scheint.

Es gibt aber bestimmt auch einfacher gelagerte nichttechnische Gründe für hohen "Wartungsaufwand": So konnte der Verfasser einige Male miterleben, wie sich jemand über die "Wartung" von Software einen unkontrollierten Entwicklungsfreiraum oder eine "Lebensstellung" sichern wollte.

Zum Abschluß sollte noch erwähnt werden, daß sich in den vergangenen Jahren das Wartungsproblem in vielen Fällen dadurch verschärft hat, daß Entwickler und Betreiber von Anwendungssoftware gezwungen sind, diese häufig an neue Versionen der Basissoftware anzupassen. Dabei ist es unerheblich, ob es sich um Betriebssysteme, Grafikpakete, Netzwerksoftware oder ähnliches handelt. Der Aufwand für diese Art von Anpassung läßt sich auch kaum dadurch umgehen, daß man die Basissoftware "einfriert", da die Produktpolitik der betreffenden Hersteller dazu führen kann, daß man dann irgendwann auch den Änderungsdienst für den Anschluß neuer Peripheriegeräte verliert, oder wichtige Softwareergänzungen nicht nutzen kann, da diese jeweils die neueste Version der betreffenden Basissoftware voraussetzen.

5.3.3   Mögliche Abhilfen

Die hauptsächliche Voraussetzung für eine Lösung des Wartungsproblems scheint zu sein, daß man sie als eine unabwendbare Tatsache akzeptiert und dementsprechend von vornherein in die Entwicklungsplanung einbezieht.

Man muß davon ausgehen, daß Software aus den in Abschnitt 5.1 erwähnten Gründen immer fehlerhaft sein wird - also nachgebessert werden muß - und daß niemand zu Beginn eines Projektes alle Details der Anforderungen an das spätere System vorhersehen kann - daß also Erweiterungen und Änderungen unausweichlich sind.

Eigentlich ist
die ursprüngli-
che Software-
entwicklungs-
umgebung für
die ganze Dauer
der Wartung
nötig

Daraus ergibt sich unter anderem, daß die Softwareentwicklungsumgebung nicht nur für die Dauer der Entwicklung, sondern für die gesamte Lebensdauer eines Systems bereitgestellt werden muß. Außerdem ist für die Wartung von Software eine Rechnerausrüstung bereitzuhalten, die ebenso groß und leistungsfähig ist wie die für die Entwicklung verwendete. Dies gilt besonders für Echtzeitsysteme, die für Wartungszwecke nicht außer Betrieb genommen werden können und in denen die Fehlersuche immer besonders schwierig ist.

Eine gute Do-
kumentation
ist ein wichti-
ges Wartungs-
hilfsmittel

Eine wesentliche Rolle bei der Wartung spielt auch die Dokumentation (siehe auch 5.2.3). Streng genommen müßte die gesamte Projektdatenbasis erhalten und dem Wartungsteam zur Verfügung gestellt werden.

Das Wartungs-
team muß am
System ge-
schult werden

Mit der reinen Übergabe des während der Entwicklung entstandenen Materials an das Wartungsteam ist es jedoch nicht getan. Die knowhow-Übertragung vom Entwicklungs- zum Wartungsteam muß organisiert werden, ja eigentlich müßte eine regelrechte Schulung stattfinden.

Keine
unkontrollierte
Änderungsflut
zulassen

Auf jeden Fall sollte der Änderungsdienst streng formalisiert werden, um eine nicht beherrschbare Flut von Änderungswünschen zu vermeiden, die einerseits zu Überlastung des Wartungsteams, andererseits zu einer zu schnellen Zunahme der Fehler in der "gewarteten" Software führen. Für diesen Zweck gibt es ein bewährtes Verfahren: alle eintreffenden Korrektur- und Änderungswünsche ("error reports" und "change requests") werden - sofern es sich nicht um absolut katastrophale Fehler handelt - zunächst einmal nicht bearbeitet, sondern nur gesammelt und analysiert. In gewissen Zeitabständen wird dann geprüft, mit welchen gesamthaften Maßnahmen dem größten Teil der berichteten Probleme abgeholfen werden kann, und es wird eine insgesamt verbesserte Version der betreffenden Software verteilt.

Änderbarer
Entwurf

Vor allem aber muß ein Softwaresystem, das für mehrfache oder längerdauernde Nutzung gedacht ist, von vornherein wartungsfreundlich und änderbar angelegt sein. Die Parnas'sche Forderung nach einem "Design for Change" ist vor allem unter dem Gesichtspunkt der Wartung außerordentlich ernst zu nehmen. Bei besonders kritischen Systemen müßte das spätere Wartungsteam die in Entwicklung befindliche Software in der Art eines "Review" auf ihre Wartbarkeit überprüfen können. Es wäre zu überlegen, ob dazu nicht eine Art Einspruchsrecht institutionalisiert werden sollte, das es dem späteren Wartungsteam ermöglicht, besonders wartungsunfreundliche Konstruktionen abzulehnen, so wie dies der Qualitätssicherung bei einem Verdacht auf unzureichende Produktqualität möglich ist.

5.3.4 Schlußbemerkungen

Nach längerem Nachdenken drängt sich die Frage auf, ob die hohen "Wartungskosten" von Software möglicherweise gar nicht in erster Linie davon herrühren, daß es sich um Software handelt. Der Grund könnte vielmehr sein, daß Software in den meisten Fällen einen ähnlichen Charakter hat wie andere große technische Systeme, etwa Häuser, Lokomotiven, Brücken oder Schiffe. Solche großen Konstruktionen werden bekanntlich während ihrer Lebensdauer auch häufig umgebaut, um sie neuen Nutzungsanforderungen anzupassen. Sie können auch entwurfs- oder fertigungsbedingte Fehler enthalten, die von Anfang an eingebaut waren und erst nach und nach entdeckt und behoben werden können. Es gibt Anlaufprobleme, bis das System einen betriebsfesten Zustand erreicht hat und schließlich nimmt die Betriebstauglichkeit nach zu vielen Umbauten ab.

Damit wäre dann natürlich auch der klassische Standpunkt in Frage zu stellen, nach dem Wartung von Software einen prinzipiell anderen Charakter hat als die von Hardware.

Die vom Verfasser schon mehrfach geäußerte Vermutung, daß Software kein Fabrikprodukt ist, sondern ein Plan, ein Entwurf eines technischen Systems, könnte andererseits die Beobachtung erklären, daß Software nur so lange brauchbar und wartbar ist, wie das Entwicklungsteam - oder ein entsprechend geschultes Wartungsteam - zur Verfügung steht.

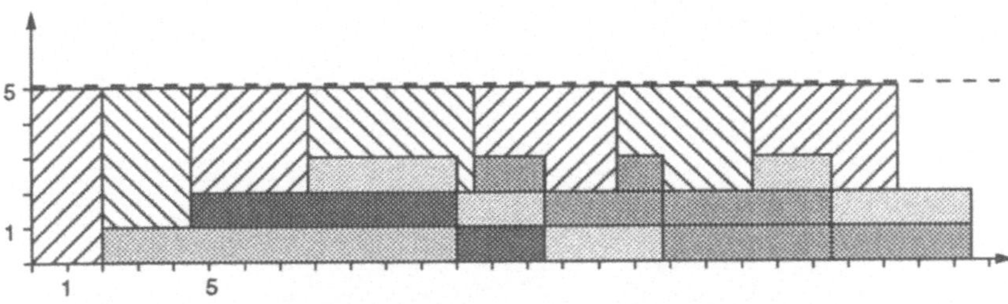

Bild 5-4:
Belastung einer Entwicklungs- gruppe durch Wartung

Annahmen: Ein Projekt benötige im Mittel 10 Mannjahre Entwicklungsaufwand, das entstandene Softwarepaket werde 10 Jahre lang genutzt.

Legende: Schraffiert: Entwicklungstätigkeit; Punktiert: Wartungstätigkeit

Bild 5-4 zeigt, wie sich ein weiterer Widerspruch auflösen läßt: Es wird häufig behauptet, daß Entwicklungsteams durch Wartungstätigkeit völlig lahmgelegt werden können, wenn nicht durch geeignete Maßnahmen der Anteil der Wartung an den Lebensdauerkosten von Software entscheidend verringert würde. Dies widerspricht aber den Ergebnissen em-

pirischer Untersuchungen (z.B. [Lientz 83]), bei denen ein relativ hoher,
aber konstanter Anteil der Wartung an der Auslastung von Softwareentwicklungsteams festgestellt wurde. Entsprechend der Zeichnung ist die
Erklärung ganz einfach: Da Softwaresysteme nicht beliebig lange genutzt werden, wird nach Ende ihrer Nutzung die durch ihre Wartung ge-
bundene Peronalkapazität wieder frei und kann für neue Entwicklungen
eingesetzt werden. Dadurch stellt sich nach einigen Jahren eine Art dynamischen Gleichgewichts zwischen Entwicklungs- und Wartungstätig-
keiten in einem Team ein.

5.4　　　　Prototyping

5.4.1.　　　Allgemeines

Auf einem Workshop über das Management von Softwareprojekten, das im Juni 1991 in München stattfand [Elzer 91a], wurde das Thema "(Rapid) Prototyping" heftig und teilweise sogar kontrovers diskutiert. Über seinen prinzipiellen Nutzen bestand zwar weitgehend Einigkeit, es erhob sich aber die Frage, ob es nicht von mancher Seite wieder zu einer "Patentlösung" hochstilisiert würde und ob es vielleicht nicht doch zu teuer sei.

In anderen Ingenieurdisziplinen baut man Modelle und Prototypen - warum nicht auch in der Softwareentwicklung?

Was also ist "(Rapid) Prototyping"? Ist es in alter Traum der Softwareentwickler, die ebenso wie die Entwickler von Maschinen oder Hardware eigentlich immer auch schon den ingenieurmäßigen Weg vom Labormodell über den Prototyp und die Nullserie zum Endprodukt gehen wollten, anstatt gleich die erste Version einer Lösung zum ernsthaften Gebrauch freizugeben? Oder ist es eventuell nur ein neuer Name für eine bewährte Vorgehensweise, nämlich erst die kritischen Teile eines Systems in kleinem Maßstab zu entwickeln und dann durch Hinzufügen weniger kritischer Komponenten zu einem vollständigen System zu kommen? Ist es etwa ein Grund, um das Phasenmodell abzuschaffen, und Software wieder direkt "vom Kopf in die Tastatur" zu entwickeln?

Was ist "Prototyping"?

Nach Ansicht des Verfassers ist "Prototyping" ein Teil - eventuell einer neuen Ausprägung - des Phasenmodells für die Softwareentwicklung, kein Ersatz dafür oder gar für systematisches Vorgehen. Prototyping muß genau so bewußt und systematisch betrieben werden wie jeder andere Teil der Softwareentwicklung auch. Das wird deutlich, wenn man die verschiedenen Arten des Prototyping einmal näher betrachtet.

5.4.2　　　Arten des Prototyping

Man unterscheidet üblicherweise drei Arten des Prototyping [Budde 84]:

Welche Möglichkeiten gibt es?

- "exploratives",
- "experimentelles" und
- "evolutionäres" Prototyping.

Exploratives Prototyping dient, wie der Name ausdrückt, der Erforschung (Exploration) bisher noch nicht klar erkannter Anforderungen an das neue System. Es unterstützt dabei hauptsächlich die Kommunikation und gemeinsame Begriffsbildung zwischen Entwicklern und Benutzern durch die konkrete Anschauung und ist somit ein sehr wirksames Hilfsmittel für die heute so oft erwähnte "Benutzerbeteiligung am Entwurfsprozeß".

exploratives Prototyping

Damit hat das explorative Prototyping folgende Haupteigenschaften:

- Es dient zur informellen Ableitung unbekannter "funktionaler Anforderungen".
- Es ist kompatibel mit dem Phasenmodell und unterstützt darin besonders die frühen Phasen, für die bisher wenig Hilfsmittel verfügbar waren.
- Der Projektleiter muß sich darüber klar sein, daß der so erstellte Prototyp weggeworfen werden muß. Er stellt ein echtes Modell dar.
- Deswegen ist auch eine intern saubere Konstruktion des Prototyps unwesentlich.

experimentelles Prototyping

Das experimentelle Prototyping dient der Erprobung eines unbekannten Lösungsansatzes für im Prinzip bekannte Anforderungen. Sein Ergebnis ist somit ein "wirklicher" Prototyp im üblichen technischen Sinn.

Seine Haupteigenschaften sind damit die folgenden:

- Er erlaubt eine volle oder teilweise funktionale Simulation der Funktionalität des fertigen Systems, insbesondere der Bedien- und Benutzbarkeit ("Front-end" Simulation). Damit bieten sich ebenfalls hervorragende Möglichkeiten für eine Benutzerbeteiligung am Enturf - diesmal durch Erprobung der Handhabbarkeit des zu entwickelnden Systems.
- Bei geeignetem Aufbau kann er als Skelettprogramm oder als das Kernsystem ("Base Machine") des endgültigen Systems dienen.
- Er dient zur Ergänzung der Spezifikation.
- Er wird nur dann weggeworfen, wenn die Entwicklungsumgebung, mit deren Hilfe er erstellt wurde, nicht mit der endgültigen kompatibel ist.

evolutionäres Prototyping

Evolutionäres Prototyping ist eigentlich schon als "Versionsentwicklung" im bisher bekannten Sinne anzusehen.

Damit es funktioniert, muß das in Entwicklung begriffene System schon auf Evolution angelegt sein. Sein Hauptzweck ist eine Erprobung des Systems unter realistischen Bedingungen und die daraus resultierende Berücksichtigung der Wechselwirkung eines DV-Systems mit der Umgebung, in der es wirklich benutzt wird.

5.4.3   Schritte des Prototyping

Im Prinzip gelten für die Entwicklung eines Prototyps die gleichen Re- Wie geht man
geln, wie für die Entwicklung eines kompletten Systems, wenn auch in vor?
vereinfachter Form und immer mit dem Hintergrund, daß die Prototyp-
entwicklung einen Lerneffekt bewirken muß.

Gewisse Ergänzungen des Vorgehens gegenüber der sonst üblichen
"Geradeausentwicklung" ergeben sich dadurch, daß anschließend an die
Anforderungsanalyse und den Grobentwurf eine sorgfältige Auswahl
der Funktionen getroffen werden muß, die im Prototyp realisiert werden
sollen. Davon hängt nämlich der Aussagewert der später während des
Baues und der Benutzung des Prototyps gewonnenen Einsichten entscheidend ab.

Die Konstruktion des Prototyps folgt den üblichen Regeln für die Soft- Werkzeuge zur
wareentwicklung, muß aber nicht mit der gleichen Sorgfalt erfolgen wie Unterstützung
die eines für die reale Benutzung bestimmten Systems. Es können auch des Prototy-
vollkommen andere Hilfsmittel eingesetzt werden ("Prototyping-Tools"), ping können
die auf eine schnelle Änderbarkeit des Prototyps während der Erpro- sehr effektiv
bung ausgelegt sind. Als Beispiel seien die guten Erfahrungen erwähnt, sein
die der Verfasser mit dem Entwicklungssystem "KEE"© (=Knowledge
Engineering Environment) der Firma Intellicorp gemacht hat. Dieses System war ursprünglich für die Entwicklung von Expertensystemen entworfen worden. Wegen seiner Flexibilität (es unterstützt praktisch objektorientierte Programmierung) und der einfachen Ankoppelbarkeit seiner Datenobjekte an grafische Elemente eignet es sich aber auch für das
schnelle Prototyping komplexer Mensch-Maschine-Interfaces. Mit diesem Werkzeug war oft innerhalb von Minuten die Berücksichtigung
und Erprobung von Benutzerideen möglich, deren Nachbau mit konventionellen Mitteln Tage erfordert hätte. Was das für die Effizienz und
Qualität einer Benutzerbeteiligung am Entwurf bedeutet, braucht wohl
nicht weiter betont zu werden. Auf der anderen Seite mußten alle mit
"KEE" entwickelten Modellsysteme für den praktischen Gebrauch
später mit konventionellen Werkzeugen neu implementiert werden.

Für die weitere Systementwicklung ist natürlich eine sorgfältige Auswer- Ein Prototyp
tung der mit dem Prototyp gewonnenen Einsichten nötig. Es scheint ist nur wirklich
aber, daß es zu diesem Thema noch kaum einfach vermittelbare Vorge- nützlich, wenn
hensweisen gibt. Der Verfasser möchte jedoch darauf hinweisen, daß in man die damit
der experimentellen Psychologie ein reicher Erfahrungsschatz bezüglich gemachten
der Durchführung von Serienexperimenten mit Versuchspersonen exi- Erfahrungen
stiert, der von manchen Institutionen, die sich mit Prototyping in der auswertet und
Softwaretechnik befassen, auch schon genutzt wird. berücksichtigt

Vorsicht! Wesentlich ist noch, daß man sich über die weitere Benutzung des Prototyps vor seiner Erstellung einig ist. Sowohl Management als auch Entwickler dürfen sich nicht durch die beim Prototyping oft sehr schnell eintretenden Anfangserfolge dazu verleiten lassen, nun den Prototyp als erste Version des zu entwickelnden Softwaresystems zu betrachten und ihn einem breiteren Kreis zur Benutzung freizugeben. Damit wäre allen negativen Effekten einer völlig ungeordneten Softwareentwicklung Tür und Tor geöffnet.

5.4.4 Bewertung

Richtig eingesetzt, ist Prototyping sehr wertvoll

Zusammenfassend kann also über die Vorteile des Prototyping gesagt werden, daß es vor allem eine bessere Einbeziehung des Endbenutzers in die Entwurfsspezifikation unterstützt und auch eine schnellere Entdeckung von Entwurfsfehlern schon in frühen Phasen des Projektes bewirkt. Damit kann es sehr zur Verringerung der Gesamtkosten beitragen, obwohl die notwendigen Werkzeuge nicht immer billig sind.

Als Nachteile des Prototyping könnte man ansehen, daß die Mehrkosten noch nicht geklärt sind - was aber, wie schon bemerkt, für die meisten anderen Entwicklungshilfsmittel auch gilt - und daß bei ungenügender technischer Selbstkritik der Beteiligten immer eine gewisse Gefahr des voreiligen Einfrierens einer Zwischenphase besteht.

5.5   Wiederverwendung von Software

5.5.1   Grundsätzliches

Schon seit vielen Jahren besteht in der Fachwelt praktisch Einmütigkeit darüber, daß viele Probleme bei der Softwareentwicklung sehr wirksam durch Wiederverwendung von Software gelöst werden könnten [Biggerstaff 84, Endres 88, Prieto-Diaz 91]. Dennoch ist das Problem einer Lösung nicht wesentlich näher gekommen, obwohl eine ganze Reihe von Ansätzen verfolgt werden. Vielleicht ist es aber gerade eine gewisse Unklarheit über das eigentlich anzustrebende Ziel, die eine Lösung erschwert. Trotz erkannter Vorteile bisher zu wenig praktiziert.

Prinzipiell muß man nämlich zwei grundsätzlich verschiedene Arten der Wiederverwendung von Software unterscheiden:

- Wiederverwendung als konkretes Programm (Code) und
- Wiederverwendung als Entwurfskonzept.

Der Versuch, Software in konkreter Form als Code wiederzuverwenden, ist praktisch so alt wie die Rechnertechnik. Dabei wurden eine ganze Reihe möglicher Ansätze verfolgt, von denen jeder seine spezifischen Vor- und Nachteile hat.

Schon in den 60-er Jahren wurden für verschiedene Anwendungsgebiete teilweise recht erfolgreiche Standardpakete geschaffen. Am bekanntesten sind wegen ihrer weiten Verbreitung die für kaufmännische Anwendungen, aber auch in der Prozeßleittechnik, für mathematische oder statische Berechnungen entstanden Pakete mit beträchtlichem Verbreitungsgrad. Mit der weiten Verbreitung der Arbeitsplatzrechner und "PC's" wurden auf manchen Gebieten Standardpakete nahezu zur Selbstverständlichkeit. Man denke nur an die allgegenwärtige Textverarbeitung. Die Grenzen dieses Ansatzes zeigen sich aber sehr schnell, wenn das zu lösende Problem auch nur geringfügig verschieden ist von dem, für das das Standardpaket enwickelt wurde, oder wenn sich der verwendete Rechner oder das Betriebssystem ändern. Normalerweise ist dann das Standardpaket nicht mehr einsetzbar. Durch verschiedene Techniken, wie "Konfigurierung", Parametrisierung, Neuübersetzung oder kontrollierte Eingriffe (durch Spezialisten) in Struktur oder Code des Pakets sind in begrenztem Umfang Anpassungen möglich, soweit die Änderungen vom Entwickler vorausgesehen wurden. Standardpakete

Es läßt sich nachweisen, daß Standardpakete in denjenigen Fällen erfolgreich waren, in denen das Anwendungsgebiet geeignet gewählt wurde, die benutzte Hardware für einen genügenden Zeitraum stabil blieb, und die Benutzerschnittstelle gut durchkonstruiert war. Wenn aber das Anwendungsgebiet entweder zu begrenzt oder technischem Wandel unterworfen war, wenn die Hardware schnell veraltete oder die Anpassung an eine spezielle Anwendung zu viel Aufwand erforderte, war das betreffende Standardpaket üblicherweise ein kommerzieller Mißerfolg.

Unterprogramm- und Modulbibliotheken

Schon sehr frühzeitig wurden deshalb Bibliotheken von Unterprogrammen oder standardisierten Modulen geschaffen, wie etwa die "Collected Algorithms" der ACM oder die heute häufig zitierten "Ada Librairies". Besonders häufig werden solche Bibliotheken innerhalb von Firmen oder anderen Organisationen mit hohem Bedarf an Softwareentwicklung geschaffen und auch teilweise erfolgreich eingesetzt. In speziellen Fällen bilden sie auch eine der Grundlagen von "Software Factories".

An ihre Grenzen stößt diese Technik jedoch schnell dann, wenn die vorhandenen Softwarekomponenten schlecht dokumentiert, zu klein oder zu groß sind, in unüblichen Programmiersprachen oder für ausgestorbene Betriebssysteme geschrieben wurden etc. Ein Hauptproblem von Bibliotheken, das der Verfasser aus eigener Erfahrung kennt, ist bis heute ebenfalls noch nicht gelöst: Das Auffinden von - vorhandenen - Softwarekomponenten, die für die jeweilige Anwendungsentwicklung brauchbar wären. Üblicherweise sind die existierenden Anfragemechanismen zu starr und geben dem Benutzer praktisch keine Hilfen in Fällen, in denen eine geeignete Komponente zwar vorhanden ist, aber der Benutzer deren Namen nicht genau kennt. In den vergangenen Jahren wurden zwar erhebliche Anstrengungen unternommen, um dieses Problem zu lösen und auf dem Gebiet der "Retrieval Systeme" auch einige recht beachtliche Erfolge erzielt; aber die angebotenen Lösungen sind noch nicht praxistauglich.

Höhere Programmiersprachen

Der bisher erfolgreichste Ansatz zur Wiederverwendung von Software ist der, Programme in höheren Programmiersprachen zu erstellen. Der tiefere Grund dafür ist, daß es, wie schon in 4.2.1 erwähnt, im Verlauf einer jahrzehntelangen Entwicklung gelungen ist, Programmkonstrukte ("Konzepte") zu isolieren und in einer automatisch übersetzbaren Form als "Sprachelemente" zu formulieren, die für die überwiegende Mehrzahl aller Programmieraufgaben brauchbar sind. Schreibt man also ein Programm in einer höheren Programmiersprache, so verwendet man Entwurfskonzepte für bestimmte Detailkonstruktionen wieder. Ihre Realisierung in (Assembler-)Code findet sich dann in den Laufzeitpaketen aller für die betreffende Programmiersprache verfügbaren Übersetzer wieder und bewirkt damit, daß sich das aus ihnen zusammengesetzte Programm auf allen Rechnern (im Prinzip) gleich verhält, für die es einen solchen Übersetzer gibt.

Leider haben die in den Programmiersprachen verwandten Konzepte aber den Nachteil, daß sie wegen ihrer Allgemeinheit wieder nicht genügend "mächtig" sind, um für spezielle Anwendungen einen leichten Zusammenbau von Programmen zu ermöglichen. Deshalb ist immer noch ein nicht zu vernachlässigender geistiger Aufwand nötig, um sie für eine andere Anwendung anders zusammenzusetzen - "neu zu programmieren."

Auf der Basis dieser Überlegungen wurde daher vor einigen Jahren ein neuer Ansatz für die Wiederverwendung von Softwareentwürfen als "Konzepte" vorgeschlagen. Dabei geht man von der in allen anderen Ingenieurwissenschaften bewährten Methode der Verwendung von "Musterlösungen" aus. Ein Gebäude oder eine Maschine werden üblicherweise nicht "von Grund auf" neu entwickelt, aber auch nur in Ausnahmefällen aus größeren Fertigteilen einfach zusammengesetzt. Vielmehr greift man auf einen in Büchern oder Entwurfsdatenbanken vorliegenden Fundus von bereits mehr oder weniger vollständigen Teilkonstruktionen zurück, die meist in Form von Zeichnungen vorliegen und im konkreten Fall entweder ungeändert nachgebaut oder leicht modifiziert werden. Die Sammlungen selbst entstehen jeweils auf der Basis langjähriger Erfahrungen mit der Konstruktion bestimmter Gebäude- oder Maschinentypen.

Der "konzeptorientierte Entwurf" auf der Basis von Musterlösungen hat in allen Ingenieurdisziplinen Tradition

In der Datenverarbeitung liegen inzwischen auch jahrzehntelange Erfahrungen auf den verschiedensten Anwendungsgebieten vor, die hinsichtlich brauchbarer Musterlösungen analysiert werden können. Diese müssen dann - möglichst unter Verwendung einer Kombination verschiedener Beschreibungsverfahren - unabhängig von einem konkreten Rechner, Betriebssystem oder einer bestimmten Programmiersprache beschrieben und zur Wiederverwendung bereitgestellt werden. Im ESPRIT-Projekt P1094 (PRACTITIONER) [Boldyreff 90, Elzer 89] wurde versucht, diesen Ansatz zu realisieren. Es entstanden einige Softwarewerkzeuge zur Unterstützung von Entwicklern bei der Verwaltung und dem Wiederauffinden von Beschreibungen, wiederverwendbaren Entwurfskonzepten und Programmkomponenten, die aus vorhandenen Softwarepaketen isoliert wurden. Weiterhin lieferte dieses Projekt aber auch Einsichten in die dem Entwurfs- und Wiederverwendungsprozeß zu Grunde liegenden kognitiven Mechanismen [Elzer 91b].

Auch die Datenverarbeitung besitzt schon eine reichhaltige Tradition

Hindernisse für
die Wiederver-
wendung von
Software

Insbesondere wurden eine Reihe von Problemen identifiziert, die die Wiederverwendung von Software in der industriellen Praxis üblicherweise behindern:

Rechner und
Betriebssyste-
me ändern sich
manchmal
unvorhersehbar

Rein technische Probleme, wie Abhängigkeit von der Hardware und vom Betriebssystem spielen nicht unbedingt die wesentlichste Rolle - wenn sie erkannt und berücksichtigt werden. Dies ist aber oft nicht oder nicht rechtzeitig der Fall. Vielfach werden ganz spezielle Eigenschaften bestimmter Rechner oder Betriebssysteme für so allgemeingültig und zeitlos angesehen, daß kein Entwickler oder Projektleiter auf den Gedanken kommt, Systementwürfe gegen ihre Veränderung abzusichern. Das führt dann häufig dazu, daß bei einem Systemwechsel die gesamte Anwendungssoftware neu entwickelt werden muß.

Auch Program-
miersprachen
und Entwurfs-
methoden
hängen von der
Marktentwick-
lung ab

Eine andere Klasse technischer Probleme, nämlich die Abhängigkeit von einer Programmiersprache oder einer bestimmten Entwurfsmethode, versucht man oft dadurch abzufangen, daß man firmenweit auf eine Sprache oder eine Entwurfsmethode standardisiert. Doch bei der üblichen Eigendynamik des Marktes sind oft auch große Firmen nicht in der Lage, eine hausinterne Standardisierung lange durchzuhalten. Die Kosten, die dann bei einer durch äußere Umstände erzwungenen Umstellung auftreten, sind aber oft sehr viel höher, als wenn die Entwicklungsmethodik von vornherein flexibler gestaltet worden wäre.

Wenn man
Komponenten
nicht findet,
verwendet man
sie auch nicht

Ein weiteres technisches Problem ist die nach dem heutigen Stand der Technik sehr mangelhafte Unterstützung beim Wiederauffinden brauchbarer Konzepte oder Module in entsprechenden Datenbasen. Es wurden eine Reihe von Techniken untersucht, darunter Methoden aus den Bereichen der "künstlichen Intelligenz", der Linguistik und der Dokumentenverwaltung. Keine erwies sich aber als leistungsfähig und anwenderfreundlich genug, um von den Entwicklern als wirkliche Hilfe akzeptiert zu werden.

Niemand will
den Grundauf-
wand für Wie-
derverwendung
bezahlen

Häufiger wird aber aus kurzfristigen finanziellen Erwägungen auf die Wiederverwendung von Software verzichtet. Man glaubt, sich den Entwurfsaufwand für mehrfache Verwendbarkeit nicht leisten zu können. Das rührt meist daher, daß die Kosten der Ersterstellung mehrfach verwendbarer Entwürfe oder Module einem bestimmten Projekt angelastet werden. Der zuständige Projektleiter wird diese Zusatzbelastung seines Budgets in der Regel zurückweisen. Dadurch entsteht natürlich ein Teufelskreis, der bewirkt, daß Anwendungsentwicklungen wegen unzureichenden Wiederverwendungsgrades zu teuer sind und deshalb in jeder einzelnen Entwicklung wieder zu wenig Mittel für die Herausarbeitung wiederverwendbarer Anteile zur Verfügung stehen. Er kann nur durch gezieltes und konsequentes Eingreifen des Managements durchbrochen werden.

Die größten Hindernisse gegen eine Wiederverwendung von Software auf breiter Basis sind aber offenbar weder technischer noch wirtschaftlicher Natur. Es scheint vielmehr so zu sein, daß durch die spezielle Natur von Software als geistigem Produkt besonders hohe psychologische Barrieren dagegen aufgebaut werden, die von anderen Menschen entwickelte Software zu akzeptieren. Interessante Hinweise auf diese Rolle des Rechners und der Software als "zweitem Ich" finden sich in dem Buch "The Second Self. Computers and the Human Spirit" von S. Turkle [Turkle 86]. In diese Kategorie der psychologischen Hindernisse fallen auch die Probleme der Terminologie, die es manchmal sogar unmöglich machen, zu erkennen, daß ein anderer Entwurf als der eigene etwas mit der bearbeiteten Anwendung zu tun hat. In einem Fall konnte sogar beobachtet werden, daß eine Gruppe, die einige Monate lang einen von einer anderen Gruppe vorgegebenen Grobentwurf eines Systems weiter bearbeitet hatte, plötzlich der Meinung war, ihre Weiterentwicklung hätte mit dem ursprünglichen System überhaupt nichts mehr zu tun, da sie inzwischen eine eigene Terminologie entwickelt hatte. Dieser Effekt der "gruppenspezifischen Terminologie" wurde von Arbeitspsychologen dann auf Anfrage bestätigt.

Psychologische Hindernisse und Sprachbarrieren scheinen aber am wesentlichsten zu sein

5.5.2 Management von Wiederverwendung

Die Einführung von Wiederverwendung von Software - auf welcher technischen Grundlage auch immer - ist also eine echte Herausforderung für das Management. Die wesentlichste Voraussetzung dafür ist, daß auf ein ausreichendes Maß an "korporativer Erfahrung" auf einem für die betreffende Organisation wirtschaftlich relevanten Anwendungsgebiet zurückgegriffen werden kann. Der Versuch, "wiederverwendbare Software" ohne Anwendungserfahrung entwickeln zu wollen, wird immer fehlschlagen.

Wiederverwendung, eine hochkarätige Managementaufgabe

Glücklicherweise gibt es jedoch schon eine Reihe von Beispielen für den erfolgreichen Einsatz von Techniken zur Wiederverwendung von Software, aus denen sich gewisse Grundregeln für ein zweckmäßiges Vorgehen ableiten lassen:

Man kann sich aber schon auf Vorbilder beziehen

Zunächst muß das Anwendungsgebiet abgegrenzt und das vorhandene Entwurfswissens auf seine Relevanz überprüft werden. Gemäß einer bekannten Regel [Endres 88] müssen Entwurfskonzepte oder wiederverwendbare Bausteine umso kleiner sein, je allgemeiner sie wiederverwen-

Anwendungsgebiet abgrenzen

det werden sollen. Ein merklicher wirtschaftlicher Erfolg der Wiederverwendung tritt aber erst ab einer gewissen Größe der Komponenten ein. Also muß die "Granularität" der geplanten Bibliothek für wiederverwendbare Komponenten sorgfältig gewählt werden, was wiederum nur auf der Basis einer ausreichenden Kenntnis der Anwendung möglich ist.

Ordnung durch Begriffe aus dem Anwendungsgebiet

Der nächste wichtige Schritt ist dann der Entwurf einer Taxonomie des Anwendungsgebietes. Eine Konzept- oder Komponentenbibliothek nützt nur dann, wenn die späteren Benutzer sich leicht darin zurechtfinden können. Es hat sich herausgestellt, daß kein (Software-)Werkzeug in der Lage ist, fehlende Ordnung in einer solchen Bibliothek zu kompensieren. Eine sinnvolle Ordnung kann aber nur auf den Begriffen des Anwendungsgebietes aufbauen. Leider ist auf vielen Gebieten der (modernen) Technik die Begriffsbildung andauernd im Fluß, so daß große Anstrengungen unternommen werden müssen, um sie zumindest punktuell zu konsolidieren. Meist wird dies nur innerhalb der entwickelnden Institution und ihres engeren Kunden- und Lieferantenkreises möglich sein.

Werkzeuge müssen geeignet sein

Fast selbstverständlich erscheint es, daß anschließend eine sorgfältige Analyse der verfügbaren (Software-)Werkzeuge auf ihre Eignung zur Unterstützung der Wiederverwendung erfolgen muß. Insbesondere muß sichergestellt sein, daß ihre voraussichtliche Verfügbarkeit nicht kürzer ist als der für die Wiederverwendung der Bausteine oder Konzepte geplante Zeitraum. Außerdem müssen sie eine flexible Arbeitsweise unterstützen.

Vorhandene Software analysieren und Terminologie festlegen

Sind auf diese Weise die Voraussetzungen für eine erfolgreiche Arbeit geschaffen, so muß die vorhandene und zur Wiederverwendung vorgesehene Software auf ihre Eignung untersucht und wiederverwendbare Anteile können extrahiert werden. Während dieser Arbeit muß auf der Basis der zunächst festgelegten Taxonomie eine Festschreibung der Terminologie des Anwendungsgebietes im Detail erfolgen. Diese dient dann als Grundlage der Mechanismen für Verwaltung und Wiederauffinden von wiederverwendbaren Konzepte oder Komponenten.

Jetzt kommt der Kern der Arbeit

Anschließend kann dann die Formulierung und Archivierung von zur Wiederverwendung bestimmten Entwurfskonzepten und/oder Softwarekomponenten ("Modulen") erfolgen.

Wiederverwendung muß in die "Firmenkultur" eingebettet sein

Parallel zu all diesen Tätigkeiten müssen jedoch Bemühungen zur Integration der Wiederverwendung in die "Firmenkultur" laufen. Besonders wichtig ist der Aufbau geeigneter "Incentives", also eines materiellen und sozialen "Belohnungssystems", mit dem die oben erwähnten psychologischen Hemmnisse gegen Wiederverwendung von Software abgebaut werden können. Dies ist eine nichttriviale Managementaufgabe, die im Prinzip alle Aspekte der Arbeitsgestaltung bis hin zu einer Neubewertung der "Produktivität" umfassen muß. Aber ohne eine entsprechende Gestaltung des Umfeldes der Entwicklung wird Wiederverwendung von Entwürfen und/oder Softwarekomponenten entweder überhaupt nicht oder nicht in einem wirtschaftlich relevanten Ausmaß möglich sein.

6

Die Einbettung der Software ins Gesamtsystem

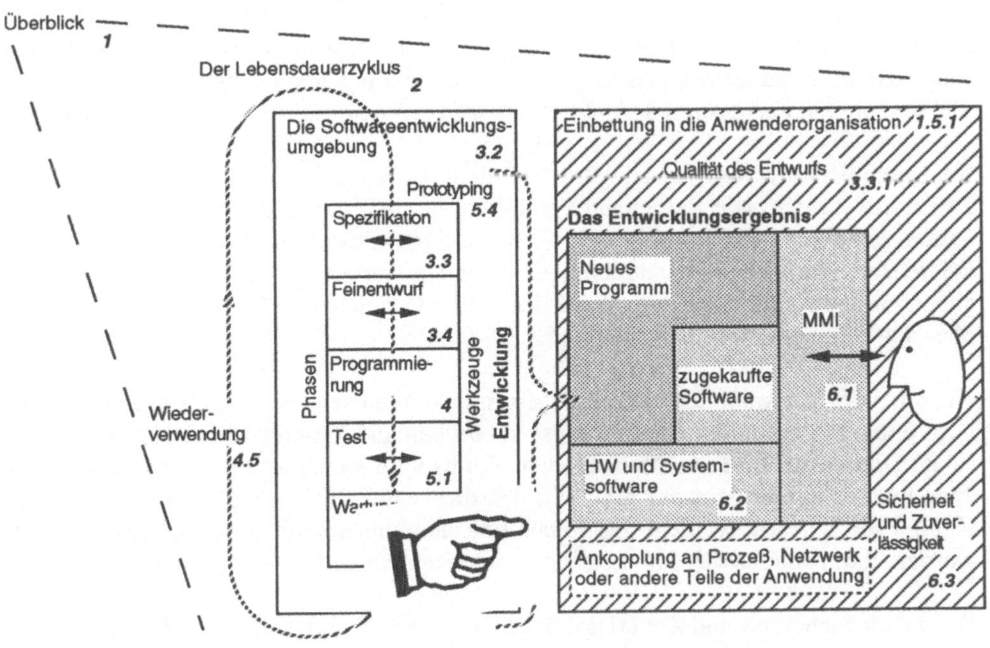

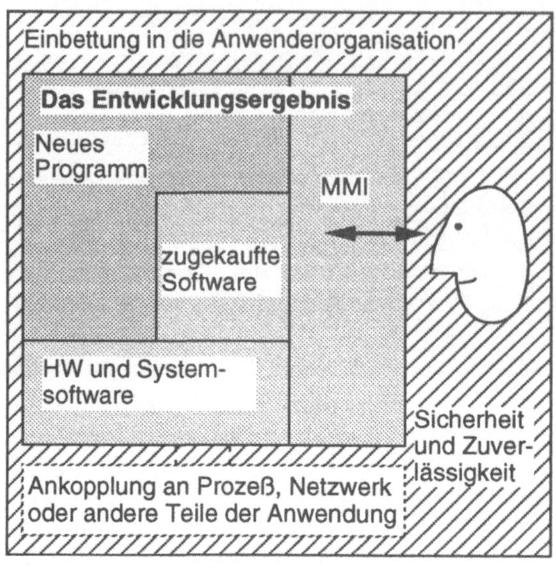

Dieses letzte Kapitel soll einen Eindruck davon vermitteln, welche technischen Gesichtspunkte außer der reinen Softwareentwicklung noch berücksichtigt werden müssen, um ein insgesamt gut funktionsfähiges rechnerbasiertes System zu erhalten.

Im Abschnitt über die Mensch-Maschine-Schnittstelle soll der Leser einen Eindruck davon bekommen, wie tiefgehend eigentlich die damit verbundenen Probleme sind. Durch den Bezug auf Ergonomie und Kognitionswissenschaften, die jeweils große Wissensgebiete für sich darstellen, soll dargelegt werden, daß hier ernsthaftere Aufgaben zu lösen sind, als es die Wahl der richtigen Zeichengröße auf dem Bildschirm oder der Farbe des Arbeitstisches sind.

Auch bei der Auswahl der Systemplattform kann man sehr viel falsch machen. Meist wird entweder zu punktuell nach einer schon beinahe zufällig zu nennenden technischen Optimalität im Detail entschieden oder es wird wenig reflektiert so entschieden "wie man es immer gemacht hat". Mit den diesbezüglichen Ausführungen in diesem Kapitel soll erreicht werden, daß solche Entscheidungen zumindest bewußt getroffen werden, d.h. nach Abwägung möglichst vieler relevanter Gesichtspunkte.

Bezüglich Sicherheit und Zuverlässigkeit von rechnerbasierten Systemen soll schließlich erreicht werden, daß sich der Leser der Problematik bewußt wird. Diejenigen, die auf entsprechenden Anwendungsgebieten tätig sind, sollten sich unbedingt das nötige Spezialwissen aneignen, da gerade auf diesem Gebiet in den vergangenen Jahren sehr viel mit Schlagworten und unhaltbaren Versprechungen gearbeitet wurde.

6.1   Die Mensch - Maschine - Schnittstelle

6.1.1   Allgemeines

Ganz zu Anfang muß etwas zur Begriffsbildung gesagt werden, da dieses Gebiet unter mehreren verschiedenen Namen bekannt ist. Man spricht auch von "MMI" (=Mensch-Maschine-Interface) oder "MMK" (=Mensch-Maschine-Kommunikation). Für die Zwecke dieses Buches sind diese Begriffe aber gleichbedeutend.

Auch als "MMK" und "MMI" bekannt

Weiterhin soll festgehalten werden, daß sich die MMK in der "klassischen" Datenverarbeitung und in der Echtzeitdatenverarbeitung (Prozeßdatenverarbeitung, "embedded system") wesentlich unterscheiden.

Rein äußerlich betrachtet sehen beide Schnittstellen heute zunächst weitgehend gleich aus: In beiden Fällen sitzt ein Mensch vor einem Bildschirm und gibt über eine Tastatur dem technischen Gerät Anweisungen, die dieses dann ausführt, oder er reagiert auf Nachrichten des technischen Gerätes mit geeigneten Handlungen, die üblicherweise im Drücken von Knöpfen auf einer Tastatur oder dem Bewegen einer "Maus" bestehen.

Jedoch ist der Charakter der diesem äußeren Bild zugrundeliegenden Tätigkeiten in den beiden genannten Einsatzgebieten völlig verschieden. Bilder 6-1 und 6-2 sollen dies verdeutlichen: In der klassischen Datenverarbeitung spielt die Zeit, die ein Kommunikationsvorgang benötigt, oder die zwischen einzelnen Kommunikationsschritten verstreicht, praktisch keine Rolle. Der Rechner kann im Prinzip folgenlos warten, bis der Mensch die nötigen Entscheidungen getroffen hat. Etwas anders ist die Situation in Bezug auf die Geschwindigkeit, mit der der Rechner auf Anforderungen des Menschen reagieren muß. Es gibt eine Toleranzschwelle, die zwischen einer halben und einer Sekunde liegt, bei deren Überschreiten der Mensch ungeduldig wird und sich vom Rechner behindert fühlt. Neuere Untersuchungen haben andererseits ergeben, daß sich der Mensch unter Druck gesetzt fühlt, wenn der Rechner zu schnell reagiert. Diese Zeitspanne scheint also mit der natürlichen Reaktionszeit des Menschen zusammenzuhängen, die bekanntlich in der Größenordnung von etwa einer Sekunde liegt.

"Mensch-Rechner-Kommunikation" im klassischen Fall

Aber im Prinzip ist die Reaktionskette sehr einfach: Der Mensch fordert eine Dienstleistung an, der Rechner liefert sie. In neuerer Zeit ist allerdings das Problem hinzugekommen, daß moderne Softwaresysteme eine solche Fülle an Funktionen bieten, daß eine der Hauptaufgaben des

MMI darin besteht, dem Benutzer den Überblick zu erleichtern und ihn bei komplizierten Arbeitsvorgängen zu führen.

Bild 6-1:
Mensch -
Maschine -
Kommunika-
tion

Kommunika-
tion "Mensch -
Prozeß" in der
Echtzeitdaten-
verarbeitung

Anders ist die Situation bei Rechnern, die in - und zur Überwachung und Steuerung von - technischen Systemen eingesetzt sind. Dabei findet - durch das Informationsverarbeitungssystem hindurch - eigentlich eine Kommunikation Mensch - Prozeß statt. Der Mensch ist hier ein Teil des Gesamtsystems. Insbesondere geht seine Fehlerwahrscheinlichkeit voll in die Gesamtzuverlässigkeit des Systems ein. Er muß unter Zeitdruck reagieren, selbst wenn er ursprünglich den Prozeß mit einer Dienstleistung beauftragt hatte. Außerdem ist die Mensch-Maschine-Schnittstelle in solchen Systemen praktisch das einzige "Fenster", durch das er den Prozeß sieht. Also muß sie seinen Fähigkeiten entsprechend optimal gestaltet werden, d.h. so, daß sie die zweckmäßigste Reaktion des Menschen innerhalb der verfügbaren Zeitspanne ermöglicht oder sogar bewirkt.

Bild 6-2:
Mensch - *Pro-
zeß* - Kommu-
nikation

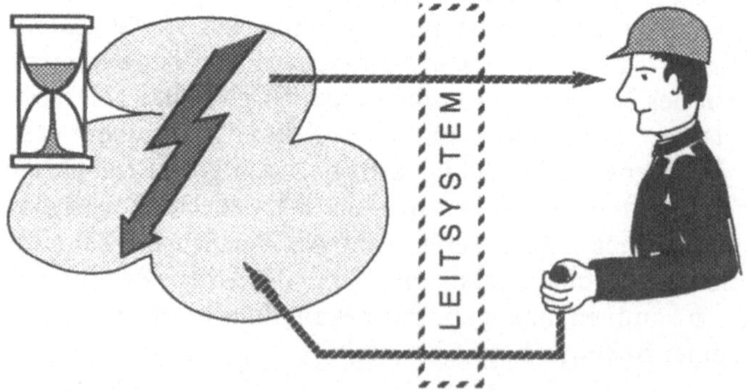

Das übliche
MMI nutzt
nicht alle
Fähigkeiten des
Menschen

Dazu kommt, daß der "traditionelle Arbeitsplatz" Umweltinformationen über alle "Eingabekanäle" des Menschen lieferte. Der "rechnergestützte" Arbeitsplatz nutzt aber (bisher?) nur wenige davon - und die nicht immer in voller Bandbreite. Dieser Nachteil muß also durch besonders sorgfältige Gestaltung der Schnittstelle ausgeglichen werden. Die Einsicht in die besonderen Probleme der MMK in Echtzeitsystemen hat deshalb weltweit seit Jahrzehnten zu intensiven Forschungsanstrengungen auf diesem Gebiet geführt. Seit einigen Jahren profitiert auch die Gestaltung der MMK in klassischen Rechneranwendungen von den Ergebnissen dieser Forschungen. Es ist deshalb nur folgerichtig, wenn im folgenden das Schwergewicht auf Überlegungen zur Gestaltung des MMI in Echtzeitsystemen gelegt wird.

6.1.2   Bezug auf menschliche Fähigkeiten

Aus den geschilderten Gründen wurde schon vor Jahrzehnten in der Prozeßrechnertechnik der optimalen Gestaltung des MMI - meist in Form einer Leitwarte oder eines Cockpit - sehr große Aufmerksamkeit gewidmet. In der klassischen Datenverarbeitung war die Einstellung eher umgekehrt: Man denke nur an "redundanzfreie" kryptische Bedien"sprachen", unverständliche Abrechnungsformulare oder das Fehlen einer durchdachten Ein-/Ausgabe in den meisten höheren Programmiersprachen. Erst mit den immer komplexer werdenden Softwaresystemen und dem Auftreten der hochauflösenden Bildschirme ist hier eine Wandlung zu beobachten.

Aus der Automatisierungstechnik heraus entwickelte sich folgerichtigerweise die Ergonomie, die sich systematisch mit den menschliche Eigenschaften befaßt, die in Betracht gezogen werden müssen, wenn ein technisches System für den Menschen vernünftig handhabbar sein soll. Im Rahmen dieses Wissenschaftszweigs wurden zunächst einmal die Detaileigenschaften und -fähigkeiten des Menschen quantitativ erfaßt, die für seinen Umgang mit technischen Systemen von Bedeutung sind.

Ergonomie, die Wissenschaft von Leistungsfähigkeit und Grenzen des Menschen

Negative Eigenschaften dieser Art sind z.B.:

- begrenzte Aufnahmegeschwindigkeit (ca. 10 Bit/sec.),
- begrenzte Reaktionszeit (ca. 1 sec.), die sowohl die Reaktionen als auch den Erwartungshorizont des Menschen bestimmt,
- Ermüdbarkeit,
- Irrtumsanfälligkeit unter Streß oder bei Ermüdung,
- Vergeßlichkeit,
- Ablenkbarkeit,
- Abhängigkeit der Leistungsfähigkeit von Umgebungsbedingungen wie Temperatur, Helligkeit, Geräuschpegel,
- physische Grenzen (z.B. Reichweite).

Positiv dagegen - und nach bisherigem Kenntnisstand wohl kaum je durch Computerleistungen ersetzbar - sind:

- die Fähigkeit des Menschen, komplizierte Muster schnell zu erkennen und zu klassifizieren,
- die Fähigkeit, richtige Entscheidungen zu treffen, auch wenn nicht alle Parameter bekannt sind,
- die Fähigkeit zur Improvisation (Anpassung an neue Situationen) und
- seine Lernfähigkeit.

Die Ergebnisse der Ergonomieforschung führten jahrzehntelang zu sehr gut gestalteten Bedienschnittstellen in der Prozeßleittechnik (unabhängig vom Einsatz von Rechnern), reichten aber nicht ganz aus, um z.B. kompliziertere Bedienfehler zu erklären oder gar zu verhindern.

Es ist auch notwendig, die Denkvorgänge hinter den Handlungen des Menschen zu verstehen

Hier brachte die Anwendung von Einsichten aus den Kognitionswissenschaften vor einigen Jahren einen Durchbruch. Ohne hier auf die tieferen Grundlagen eingehen zu können, soll als Beispiel ein sehr häufig angewandtes einfaches Modell der von einem Menschen zu erbringenden Denkleistungen während der Bedienung eines technischen Systems vorgestellt werden: Das in Bild 6-3 vereinfacht dargestellte "Rasmussen-Dreieck" [Rasmussen 85].

Dabei geht man davon aus, daß jeder menschliche Entscheidungsprozeß, also auch der des Bedieners eines technischen Systems, vom Besonderen (Detailbeobachtungen) zum Allgemeinen (Interpretation und Bewertung) führt, woraus dann wieder konkrete Handlungen abgeleitet werden. Diese allgemeinste Form der Reaktion, bei der der Mensch seine ganze Denkfähigkeit einsetzt ("wissensbasierte Reaktion"), kann allerdings relativ lange dauern - bis zu etwa 20 Minuten. Durch Ausbildung, Erfahrung und Gewohnheit bilden sich "regelbasierte Abkürzungen" aus, die (etwa durch intensiven Drill) sogar zu reinen Reflexhandlungen ("reaktionsbasierten Abkürzungen") werden können. Diese sind normalerweise erwünscht, da sie die Reaktionsgeschwindigkeit des Bedieners steigern (was manchmal lebenswichtig sein kann). Es gibt aber andererseits Fälle, in denen solche "eingeschliffenen Vehaltensweisen" eine rationale und zweckmäßige Reaktion verhindern können.

"Cognitive Engineering" - Systementwurf unter Einbeziehung des Menschen

Ein gutes MMI muß nun so entworfen werden, daß es auf der einen Seite schnelles und einfaches Arbeiten (auf der reaktionsbasierten und der regelbasierten Ebene) unterstützt, aber andererseits den Bediener warnt, wenn er dabei ist, unzweckmäßige "regelbasierte Abkürzungen" zu nehmen, wo er besser auf ein "wissensbasiertes" Vorgehen zurückgreifen sollte. Daß diese Forderung über die bisherigen "ergonomischen Gestaltungsregeln" weit hinausgeht, ist leicht ersichtlich. Es gibt aber in der neueren Forschung erfolgversprechende Ansätze zur Lösung dieses und ähnlicher Probleme des "cognitive engineering".

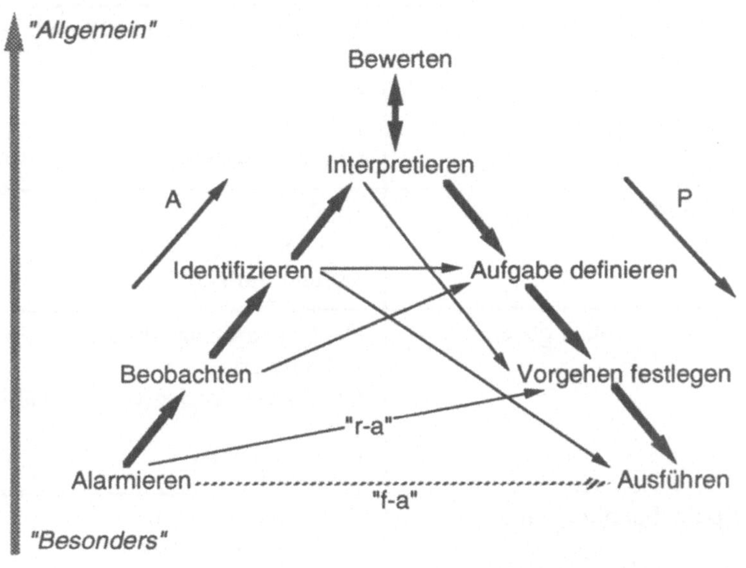

Bild 6-3:
Das "Rasmussen-Dreieck"

6.1.3   Einfache Gestaltungsregeln für das MMI

6.1.3.1   Einordnung in die menschliche Reaktionskette

Bis jedoch die Forschungen auf dem Gebiet des "cognitive engineering" zu einfach vermittelbaren Leitlinien für den Entwurf technischer Systeme und der zugehörigen Mensch-Maschine-Schnittstellen geführt haben werden, muß der Entwickler weiterhin auf der Basis von Analogiebetrachtungen, Experimenten und Erfahrung versuchen, Schnittstellen zu entwerfen, die der jeweiligen Anwendung optimal angepaßt sind. Im folgenden Absatz sollen deshalb einige der heute in der Automatisierungstechnik gültigen "Faustregeln" für die Gestaltung von MMI's angegeben werden.

Einfache Regeln genügen in vielen Fällen

Die Schritte der menschlichen Reaktionskette in Tabelle 6-1 entsprechen auffallend den Stufen des Rasmussen-Dreiecks, obwohl sie auf rein empirische Weise festgelegt wurden und einen schon seit Jahrzehnten gültigen Wissensstand repräsentieren.

Tabelle 6-1:
Maßnahmen
der MMK in
der menschlichen Reaktionskette

	Notwendige Maßnahme:	Technische Realisierung:
A	Aufmerksamkeit erwecken:	Einfaches akustisches Signal Sprachausgabe Lichtsignale Blinken Einblendungen
B	Vorinformation geben:	Blinken Farbänderung Einblendungen
C	(Teil-)Überblick geben:	(Teil-) Prozeßdarstellung Zahlenwerte Kurven der Verläufe ausgewählter Werte Protokollzeilen
D	Bedienhandlung unterstützen:	Optionen anzeigen Zulässigkeit prüfen Positionierhilfen
E	Bedienhandlung bestätigen:	im Prinzip wie bei B
F	Archivieren, (Beweis-)Sichern:	Protokollierung auf Papier, Platte, Band Kurvenschreiber Hardcopy von Bildschirminhalten

Es liegt auf der Hand, daß Regeln, die sich unter den schwierigen Bedingungen der Wartengestaltung bewährt haben, in sinngemäß abgewandelter Form auch auf die MMK in klassischen Rechnersystemen angewandt werden können.

Das gilt insbesondere, wenn man von den Details der jeweiligen technischen Realisierung absieht und sich überlegt, auf welcher Stufe der
Reaktionskette man sich während der Ausführung einer bestimmten
Bedienhandlung - beispielsweise in einem Archivierungs- und Auskunftssystem - befindet. Der Verfasser fand es immer sehr hilfreich, sich
zu überlegen, wie etwa Vorinformationen zu gestalten seien oder ein
Überblick gegeben werden könne.

6.1.3.2   Gestaltungsregeln für Ausgaben

Die folgenden Regeln erscheinen jedem, der sich etwas mit allgemeinem Design und Produktgestaltung beschäftigt hat, so selbstverständlich, daß es immer wieder in Erstaunen versetzt, was man bei der Gestaltung des MMI für einfache Anwendungen alles falsch machen kann. Der Grund dafür scheint zu sein, daß Programme eben oft "von innen nach außen" konstruiert werden, d.h., man entwickelt Funktionen und überlegt sich hinterher, wie diese bedient werden könnten. Das richtige Vorgehen ist, sich gleichzeitig mit dem Erdenken einer Funktion zu überlegen, wie ihre Ergebnisse dem Benutzer dargestellt werden sollen, und wie er sie beeinflussen kann.

Was ist also generell bei der Gestaltung von Ausgaben zu erreichen:

- Notwendige Vollständigkeit bei optimaler Übersichtlichkeit,
- Einfache Bedienelemente,
- Aktives Erwecken der Aufmerksamkeit des Bedieners,
- möglichst weitgehende Verwendung von grafischen Darstellungen,
- Kurze Bedienwege bei gleichzeitiger Vermeidung von lokaler Überladung,
- Abfangen von Bedienerfehlern, Möglichkeiten zur Rücknahme falscher Bedienhandlungen und - soweit möglich - Bereitstellung von Hilfsinformationen,
- Behagliches Raumklima, gute Beleuchtung, augenschonende Anzeigen etc.,
- Änderbarkeit der Darstellungsformen und -inhalte (durch den Bediener) im Betrieb je nach Problemstellung.

Bei grafischen Darstellungen gilt der Grundsatz, daß man sie rasch erfassen und wesentliches leicht erkennen können muß. Deshalb sollten im Detail folgende Regeln beachtet werden:

- Wichtige Informationen (z.B. Meldungen) müssen immer an gleicher Stelle im Blickfeld erscheinen.
- Die Verwendung von Farbe ist vorteilhaft, sollte aber maßvoll erfolgen. Wenige, gut unterschiedene, Farben mit immer gleicher Bedeutung sind anzustreben.
- Die Bilder sollen nicht mit Information überladen werden. Andererseits sollte die Darstellung komplexer Sachverhalte aber auch nicht auf zu viele Bilder verteilt werden, da sonst zu häufig hin und her geschaltet werden muß und außerdem zu viel Speicherplatz benötigt wird.

6.2   Auswahl von Hardware und Systemsoftware

6.2.1   Allgemeines

Der Leiter eines Softwareentwicklungsprojekts sollte normalerweise zumindest auch die Mitverantwortung bei der Auswahl der notwendigen Rechnerhardware und der Systemsoftware haben, auf der später die Programme arbeiten sollen. Die Auswahl dieser "Systemplattform" wird aber ebensowenig wie die Auswahl der Programmiersprache nach rein lokalen, nur auf das zur Diskussion stehende Projekt bezogenen, technischen Gesichtspunkten erfolgen können. Man wird vielmehr einen Kompromiß zwischen einer Reihe verschiedenartiger Anforderungen anstreben müssen. Eine detaillierte Erörterung der Vorgehensweise würde allerdings den Rahmen dieses Buches überschreiten, und es sollen deshalb nur einige der wichtigsten Gesichtspunkte in Form von "Checklisten" aufgeführt werden. Der Leser sollte dann selbst versuchen, das Vorgehen bei Auswahlverfahren, von denen er Kenntnis hat, damit zu vergleichen.

6.2.2   Technische Gesichtspunkte

6.2.2.1   Hardware des Zielsystems

Einige wichtige Auswahlkriterien
Bei der Auswahl des Zielrechners für das in Planung begriffene Projekt sollten zumindest folgende Chrakteristika in Betracht gezogen werden:

- Die Zykluszeit oder auch die Taktfrequenz der CPU, da von ihr im wesentlichen die Rechenleistung abhängt,
- die Rechenleistung die z.B. ausgedrückt wird in:

  - MIPS   (Mega Instructions Per Second)
  - MOPS   (Mega Operations Per Second)
  - MFLOP   (Mega FLoating point OPerations per second),
- die Wortlänge, da diese das Adressiervolumen und damit die Größe effektiv ablauffähiger Programme bestimmt,
- die maximale Arbeitsspeichergröße, da diese über den Umfang schnell zugreifbarer Tabellen und auch über das Laufzeitverhalten der Programme entscheidet,
- die Ausbaufähigkeit und "Familienfähigkeit" bei Rechnern , die als Grundlage für Produktfamilien gedacht sind oder für Projekte, bei denen Systemerweiterungen abzusehen sind,
- die Leistungsfähigkeit des Hintergrundspeichers bei Projekten, bei denen die Verwaltung großer Datenmengen eine Rolle spielt (von Interesse ist hier neben der Größe die mittlere Zugriffszeit zum

Hintergrundspeicher und die Transferrate zwischen diesem und
dem Arbeitsspeicher),
* die E/A-Möglichkeiten und das Peripherieangebot sind für Rechner
  in interaktionsintensiven Anwendungen und bei Prozeßrechnern
  wichtig, bei denen schließlich
* prozeßrechnertypische Eigenschaften, wie Unterstützung bei Pro-
  grammunterbrechung, Speicherschutz- und prüfmechanismen,
  Echtzeituhr, Verhalten bei Stromausfall, automatisches Anfahren,
  RAM / ROM-Trennung und die allgemeine Robustheit (z.B. gegen
  Temperaturschwankungen und Erschütterungen) wichtig sind.

Ermittelt werden die obengenannten Maßzahlen in der Regel mit Hilfe "Benchmarks"
von "Benchmarkprogrammen". Das sind standardisierte Programme, die und "Mixes"
speziell für die Ermittlung der Leistungswerte von Rechnersystemen entwickelt wurden. Heute oft benutzt werden z.B. LINPACK (Lösung li-
nearer Gleichungssysteme, geschrieben in FORTRAN, anwendbar hauptsächlich für den numerischen Bereich) und DHRYSTONE (51% Zuwei-
sungen, 33% Steueranweisungen, 16% Prozedur- bzw. Funktionsaufru-
fe, geschrieben in "C"). Aus dieser kurzen Darstellung ist schon ersichtlich, daß sie nicht nur die reine Leistungsfähigkeit der Hardware, sondern
auch die von Teilen der Systemsoftware mit zu testen gestatten.

Die Leistungsfähigkeit der Hardware verschiedener Rechner kann auch
mit einem sogenannten "Mix" ermittelt werden (GIBSON-Mix, GAMM-
Mix). Ein Mix gibt eine fiktive mittlere Befehlsausführungszeit T an, die
sich aus den gewichteten tatsächlichen Befehlsausführungszeiten des
bewerteten Rechners ergibt.

Schon aus dieser kurzen Darstellung ist ersichtlich, daß man zunächst
prüfen sollte, ob das verwendete Benchmarkprogramm oder der vom
Hersteller zitierte Mix in seiner Zusammensetzung auch der zur Diskussion stehenden Anwendung entspricht. In besonders kritischen Fällen
sollte man Prozeßrechner gegen eine Simulation der Anwendung testen.

Eine häufig gestellte, aber meist sinnlose Frage ist die, was denn "besser"
sei: ein "8, 16, oder 32 - Bit" - Rechner? Diese Frage ist so nicht beant-
wortbar, da es dabei ausschließlich auf die Anforderungen der Anwendung ankommt. Der Hauptunterschied ist die Größe des direkt adressier-
baren Arbeitsspeichers:

      8 Bit   =>   256
     16 Bit   =>   64 k,
     32 Bit   =>   4 G, jeweils in "Worten" bzw. Bytes

Was die Wort-
länge gibt,
kann das Be-
triebssystem
wieder nehmen

Das bedeutet, daß große Programme auf Rechnern mit größerer Wortlänge schneller laufen. Es gilt aber auch, daß größere Rechner komplexere Betriebssysteme haben, die wiederum viel Rechnerleistung verbrauchen können. Nach Ansicht des Verfassers wird im Zeitalter der verteilten Systeme mit "dedizierten" Rechnern die Frage nach der Bitzahl des einzelnen Rechners sowieso irrelevant werden.

6.2.2.2 Entwicklungsunterstützende Hardware

Der Entwick-
lungsrechner
ist fast nie
groß genug

Dies ist ein weiteres Problem, das oft nicht seiner Bedeutung entsprechend behandelt wird. Entwicklungsunterstützende Hardware mit ausreichender Leistungsfähigkeit ist ein wichtiger Produktivitätsfaktor, und man braucht üblicherweise mehr davon als man zur Verfügung hat. Es ist deshalb für den Projektleiter wichtig, dies von vornherein zu wissen und die notwendigen Mittel rechtzeitig einzuplanen. Wägt man realistisch die heutigen Hardwarepreise gegen die Stundensätze in der Entwicklung ab, so sollte eine ausreichende Ausstattung eines Softwareentwicklungsteams mit Arbeitsmitteln eigentlich eine Selbstverständlichkeit sein. Zur Illustration ist in Bild 6-4 der typische Verlauf des Hardwarebedarfs während eines größeren Projekts gezeigt. Es ist [Key 87] nachempfunden.

Bild 6-4:
Bedarf an Rechnerleistung
während der
Projektlaufzeit

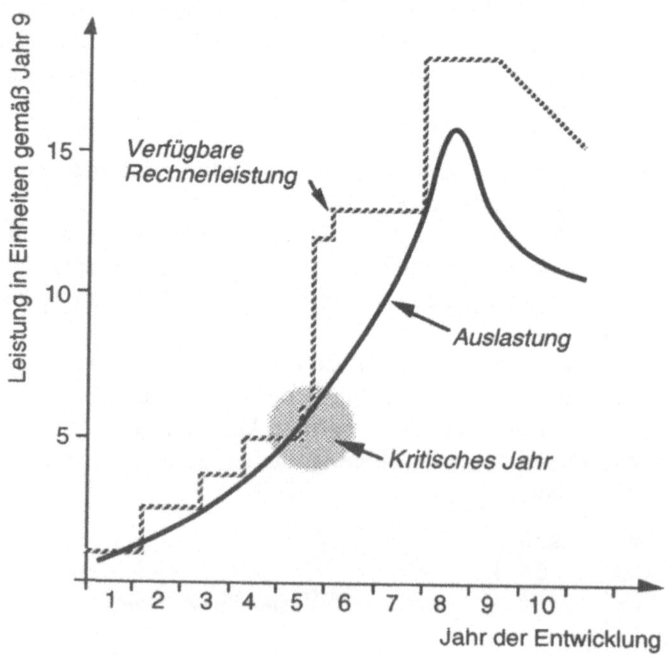

Abgesehen von der Bereitstellung von genügend Rechnerleistung für die Unterstützung der Entwicklung muß natürlich auch darauf geachtet werden, daß eine geeignete Struktur der entwicklungsunterstützenden Hardware gewählt wird. So ist besonders bei Entwicklungen im Mikro- und Prozeßrechnerbereich die Verwendung von Gastrechnern und eventuell sogar speziell entwickelter Testhardware unumgänglich.

Bei der Softwareentwicklung für große Anwenderorganisationen oder bei großer Entfernung des Kunden von der entwickelnden Stelle gehören heute leistungsfähige Datenfernverbindungen ebenfalls zur notwendigen Entwicklungsunterstützung. Auch hier ist eine realistische Denkweise nötig. So konnte der Verfasser einmal miterleben, daß die Kosten für eine Standleitung zwischen Deutschland und Australien durch die Einsparungen an Reisezeit während der Inbetriebnahme des Systems leicht aufgewogen wurden.
Datenfernüber-
tragung nicht
vergessen

6.2.2.3   Systemsoftware

Hierunter fallen die Programmierumgebung, deren Auswahl schon in Abschnitt 3.2.4 ausführlich besprochen wurde, und das Betriebssystem, dessen Eigenschaften bei Echtzeitanwendungen ausschlaggebend für den Erfolg des Projektes sein können. Bei seiner Auswahl sind neben der schon genannten Betriebsmittelzuteilungsstrategie (preemptiv oder nicht-preemptiv) noch folgende Eigenschaften von Bedeutung:
Die System-
software ist
fast noch
wichtiger als
der Rechner
selbst

* Reaktionszeiten bei Ereignisverarbeitung,
* Beeinflußbarkeit der Auslagerung von Programmen,
* Mechanismen zum Anschluß von nicht standardmäßiger Peripherie,
* Modularität, Generierbarkeit,
* Verfügbarkeit auf PROM's,
* zusätzliche "Utilities" wie z.B.:
    - Netzwerkeinbindung,
    - Datenbankanschlüsse,
    - Systembeobachtung, -tuning,
* hohe Stabilität und Qualität.

Bei der überwiegenden Mehrzahl heutiger Softwareentwicklungen ist die Wechselwirkung mit grafischen Standardpaketen, der Netzwerksoftware und der Datenbank außerordentlich intensiv. Durch die Auswahl und die Eigenschaften dieser meist komplexen und teuren Komponenten werden dem zu entwickelnden System oft außerordentlich harte Zwangsbedingungen auferlegt.
Standardpakete
können heute
entwicklungs-
bestimmend
sein

Diese werden verschärft dadurch, daß selbst große Entwicklungsfirmen praktisch keinen Einfluß mehr auf das Marktgeschehen haben, dem solche Schlüsselkomponenten unterworfen sind. Das kann dazu führen, daß schon fast fertige Systeme völlig umgebaut werden müssen, wenn sich z.B. grafische Standards ändern. In anderen Fällen können Termine völlig unkalkulierbar werden, nur weil während des Standardisierungsprozesses von Schnittstellennormen politische Probleme auftreten.

6.2.3   Auswahlgesichtspunkte aus der Sicht des Management

6.2.3.1   Allgemeine Gesichtspunkte

Der Projektleiter muß mehr berücksichtigen als nur die Technik

Da die Auswahlgesichtspunkte für eine bestimmte Hardware und/oder Systemsoftware verschieden sein können, je nachdem ob es sich um einen Systemlieferanten oder um einen reinen Anwender handelt, sollen zunächst diejenigen vorangestellt werden, die für beide wichtig sind. Für das Management werden oft Gesichtspunkte wie die allgemeine Qualität des Rechners oder seine Standzeiten wichtiger sein müssen als die Realisierung des neuesten technischen Standes im Detail. Auch der Reifegrad, der wiederum entscheidend ist für die Fehleranfälligkeit, sowie die Verfügbarkeit einer guten Wartung, die nicht nur den reinen Reparaturdienst umfaßt, sondern auch Fragen wie Nachlieferbarkeit von Ersatzteilen, ausreichende (und preiswerte!) Schulung und eine gute Dokumentation, werden eine wesentliche Rolle spielen.

6.2.3.2   Gesichtspunkte des Systemlieferanten

Bei Rechnern als Systemkomponenten ist eine einschätzbare Produktpolitik des Herstellers wichtig

Für ein Systemhaus, das das auszuwählende Rechnersystem für eine gewisse Zeit in sein Produktspektrum einplanen können muß, kommen als wesentliche Aspekte noch die Zukunftssicherheit und die Ausbaufähigkeit der Rechnerfamilie hinzu, für die es sich einmal entschieden hat. Die "Familienkompatibilität" der verschiedenen Modelle eines Rechnertyps muß schon fast als selbstverständlich vorausgesetzt werden. Wichtig ist auch, daß man die Preisentwicklung der gewählten Hardware richtig einschätzt, um nicht nach einiger Zeit wegen einer zu teuren Systemplattform Probleme mit der Konkurrenzfähigkeit der eigenen Systemangebote zu bekommen. "Last but not least" müssen die OEM-Bedingungen des Herstellers zur Entscheidungsfindung herangezogen werden.

6.2.3.3   Anwendergesichtspunkte

Für den Endanwender hingegen werden mehr die Produktstabilität - we- Anwender
gen der langfristigen Wartbarkeit und Verfügbarkeit des Systems - und wollen ihre
                                                                      Systeme lange
eventuell die Erweiterbarkeit - wegen der Ausbaumöglichkeiten des An- nutzen
wendungssystems - von Bedeutung sein.

6.2.3.4   Gewichtung der Auswahlgesichtspunkte

Recht illustrativ ist die in Bild 6-5 dargestellte übliche Gewichtung der
Auswahlgesichtspunkte (nach [Rembold 86]).

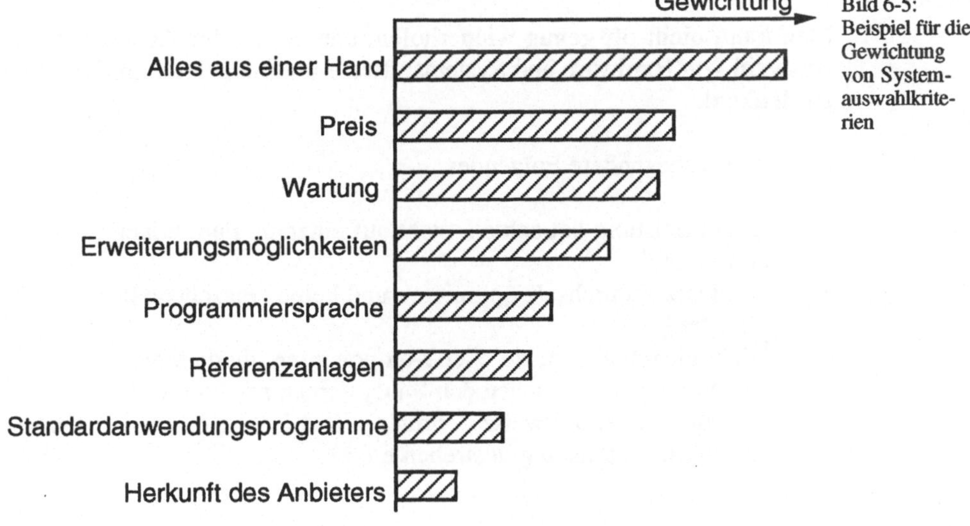

Bild 6-5:
Beispiel für die
Gewichtung
von System-
auswahlkrite-
rien

6.2.4   Die Rolle von Standards

Wie in 6.2.2.3 schon erwähnt, sollte die Bedeutung von Standards bei So weit wie
der Auswahl einer Systemplattform nicht unterschätzt werden. Trotz der möglich Stan-
                                                                       dardsysteme
aufgezeigten möglichen Abhängigkeiten von den Lieferanten von Stan- verwenden
dardsoftware sichern sie zumindestens eine gewisse Stabilität des Produktes, wenn sie sie auch nicht völlig garantieren können. Bei Systemsoftware kann man einigermaßen sicher sein, daß der Austestungsgrad
und die Erprobtheit von Standardpaketen höher ist als der von Spezial-
oder gar Eigenentwicklungen. Außerdem eröffnet sich die Möglichkeit,
"second source" Lieferanten zu finden, was die Gefahr der Monopolisierung durch einen einzigen Hauslieferanten verringert. Meist ergeben

sich auch Preisvorteile durch große Stückzahlen, und man kann auf ein breites Know-how Reservoir zurückgreifen (z.B. über die "user-groups" der meisten Standards).

Ein Diskussionsthema wird allerdings bleiben, ob es für einen Systemhersteller besser ist, ein "offenes" oder "geschlossenes" System aufzubauen.

6.2.5   Schlußbemerkung

Nicht nur bei Rechnern muß man "in Systemen denken"!

Zum Schluß dieses Abschnitts sollen noch einige Hinweise gegeben werden, deren Nichtbefolgung schon manchen Systementwurf zum Mißerfolg verurteilt hat.

Man kann nicht oft genug wiederholen, daß es bei der Auslegung und Auswahl von Hardware und Systemsoftware unerläßlich ist, in Systemen zu denken!

Das heißt insbesondere Folgendes:

- Gesamtleistung betrachten, nicht auf einzelne Funktionen optimieren!
- Auf Gesamtdurchsatz optimieren und keine "Flaschenhälse" schaffen!
- Nicht einzelne Aspekte oder Komponenten überbetonen!
- Datentransport zwischen den Subsystemen minimieren!
- Reaktionszeiten fallweise optimieren und nicht eine unrealistische Gesamthöchstleistung anstreben etc.!

6.3   Sicherheit und Zuverlässigkeit

6.3.1   Grundsätzliches

Ein Rechnersystem, das im Betrieb nicht sicher und zuverlässig ist, ist nutzlos, so gut seine Eigenschaften auch sonst sein mögen. Deshalb wurde das Thema der Sicherheit und Zuverlässigkeit von Rechnersystemen von der Forschung schon sehr früh aufgegriffen (z.B. in [ACM 76] und [Krüger 77]) und stellt seitdem einen bedeutenden Forschungszweig dar. Eine ausführliche Darstellung würde also ein eigenes umfangreiches Buch füllen. Deshalb sollen hier nur einige der elementarsten Begriffe erläutert und auf die einschlägigen Normen und Richtlinien hingewiesen werden.

Entsprechend dem bisher in diesem Buch Gesagten soll aber betont werden, daß wirkliche Sicherheit und Zuverlässigkeit ebenfalls nur durch Systemdenken erzielt werden können. Bild 6-6 soll dies veranschaulichen. Es nützt nichts, durch Einzelmaßnahmen, wie etwa den Einsatz eines Mehrfachrechners, punktuell die Verarbeitung der Daten so widerstandsfähig wie möglich gegen Störungen zu machen, wenn beispielsweise die richtige Erfassung nicht immer gewährleistet ist oder die Anwendung - gleichgültig ob Organisation oder technisches System - so schlecht durchdacht ist, daß sie bei den geringsten Störeinflüssen außer Kontrolle gerät.

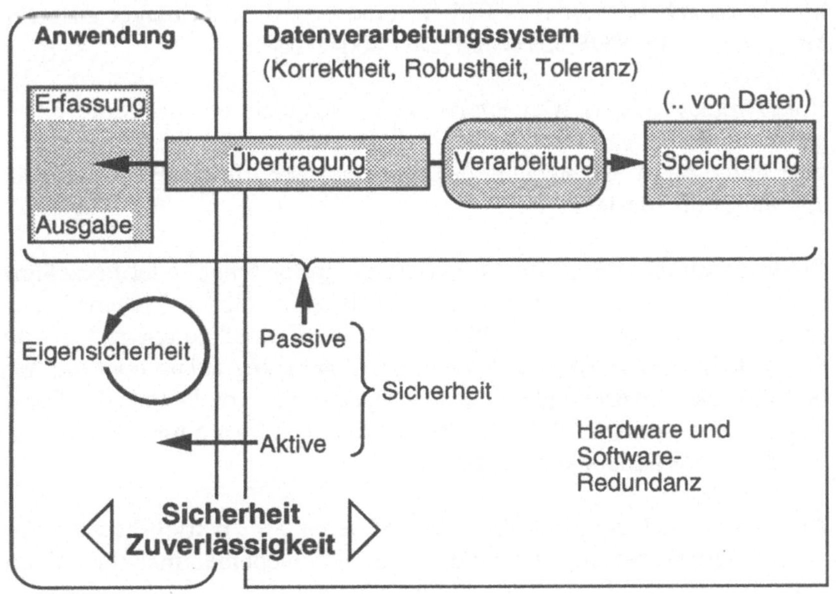

Bild 6-6:
Sicherheit und
Zuverlässigkeit
im System

6.3.2   Begriffe und Definitionen

Die Untersuchung und Verbesserung der Zuverlässigkeit von Hardware-
komponenten und -systemen hat in der traditionellen Technik eine wesentlich längere Tradition als in der Softwareentwicklung. Begriffswelt
und mathematische Methoden sind entsprechend ausgefeilt. Jedoch
wurde auch in der Rechnertechnik - besonders im Rahmen der Forschung auf den Gebieten der Betriebs- und Echtzeitsysteme [Krüger 77]
mit ihren hohen Anforderungen an Sicherheit und Zuverlässigkeit - ein
ausreichender Fundus an entsprechenden Begriffen, mathematischen
Grundlagen und Verfahren erarbeitet. Bei der Auslegung üblicher Rechnersysteme wird von diesem Instrumentarium leider nur in sehr rudimen-
tärer Form Gebrauch gemacht. Einige der Begriffe daraus kommen aber
doch in der Praxis relativ häufig vor und sollen deshalb im folgenden
erläutert werden.

"Sicherheit"
und "Zuverläs-
sigkeit" sind
nicht das Glei-
che

Im Alltag werden Zuverlässigkeit und Sicherheit meist als gleichbedeutend angesehen. Dies ist jedoch bei technischen Systemen nicht immer
so.

Unter der "Sicherheit" eines technischen Systems versteht man den
"Grad der Nichtgefährdung von Mensch, System und Umwelt in bestimmten Bereichen von Betriebszuständen, unter anderem auch bei Störungen und Fehlbedienungen", unter der "Zuverlässigkeit" dagegen die
"Fähigkeit einer Betrachtungseinheit, eine vorgegebene Funktion innerhalb vorgegebener Grenzen und für eine gegebene Zeitdauer zu erfüllen" (vergl. [VDI/VDE 3541] und [DIN 40042A1]).

Ein extremes Beispiel wäre ein Auto, das sich nicht von der Stelle bewegen kann. Es ist garantiert "sicher", da es eben absolut nichts tut, würde
aber unter dem Gesichtspunkt des normalen Bedarfs kaum als zuverlässig eingestuft werden.

Sicherheit ist
eine System-
leistung, Zu-
verlässigkeit
eine Eigen-
schaft

Wendet man diese Begriffe auf ein Datenverarbeitungs- oder Prozeßleit-
system an, so wird klar, daß die Sicherheit eines solchen Systems hauptsächlich eine Frage seiner Funktionalität ist. Es muß so entworfen sein,
daß es keine gefährlichen Zustände der Anwendung zuläßt oder gar her-
beiführt. Die Zuverlässigkeit dagegen hängt mehr von Details der Realisierung, von der Anzahl der Restfehler in der Software und - natürlich -
von der Fehleranfälligkeit der Hardware ab.

Vier Betriebs-
zustände im
Fehlerfall

Im Unterschied zur Hardware, die entweder als "betriebsbereit" oder
"nicht betriebsbereit" betrachtet wird, unterscheidet man bei einem

Rechnersystem vier Betriebsphasen, die es im Verlaufe einer Betriebsstörung durchläuft:

- Im Zustand "betriebsbereit" ist das System ohne Einschränkungen betriebsbereit, frei von logischen Fehlern und zum Betrachtungszeitpunkt auch frei von technischen Fehlern. betriebsbereit
- Ist es "bedingt betriebsbereit", so enthält es mindestens einen technischen oder logischen Fehler in Hard- oder Software, der aber noch passiv ist, d.h. bisher zu keinen fehlerhaften Abläufen geführt hat. bedingt betriebsbereit
- Als "gestört" wird das System bezeichnet, wenn der Programmablauf bereits fehlerhaft ist. Dies ist in der Regel darauf zurückzuführen, daß Gebrauch von einer fehlerhaften Komponente bzw. von fehlerhaften Daten gemacht wurde und bewirkt gewöhnlich eine Vergrößerung des bereits existierenden Schadens. gestört
- Das Rechnersystem ist "ausgefallen", wenn es nicht mehr in der Lage ist, richtig zu reagieren. ausgefallen

Grundsätzlich werden bei Rechnersystemen zwei Fehlerklassen unterschieden:

- "Technische Fehler" sind Fehler, die alterungsbedingt oder aufgrund störender Umwelteinflüsse entstehen und die defekte Arbeitsweise oder gar den Ausfall eines Schaltkreises, einer Baugruppe, einer Mechanik etc. bewirken. Hardware hat "technische",
- "Logische Fehler" stellen Abweichungen zwischen der beabsichtigten Wirkung einer Funktion und ihrer Realisierung dar. Logische Fehler sind - im Gegensatz zu technischen Fehlern - permanent und unterliegen keinen alterungsbedingten Änderungen. In der Software können daher ausschließlich logische Fehler auftreten. Software "logische Fehler"

Einige weitere häufig vorkommende Begriffe sollen an Hand von Abbildung 6-7 (nach [Schöne 81]) kurz erläutert werden:

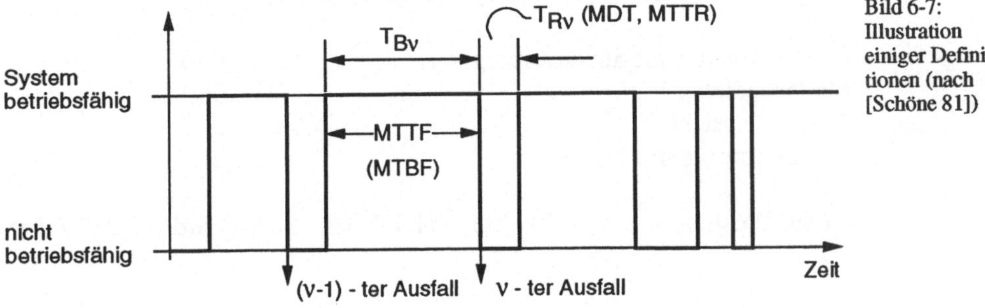

Bild 6-7: Illustration einiger Definitionen (nach [Schöne 81])

Die notorische
"MTBF"

Hier sind:

T_{Rv} : die Reparaturzeit nach dem v-ten Ausfall, und
T_{Bv} : das Zeitintervall zwischen der Behebung des (v-1)ten
        Fehlers (Beanspruchungsbeginn) und erneuter Unter-
        brechung der Betriebsbereitschaft. Der Mittelwert dieser
        "Lebensdauern" heißt "mittlere Lebensdauer" oder:
MTTF : "Mean Time To Failure".

Daneben werden noch verwendet:

MTTR : "Mean Time To Repair" und
MDT : "Mean Down - Time"

Der am häufigsten gebrauchte Begriff:

MTBF : "Mean Time Between Failure" ist genau genommen ein
        Grenzwert der MTTF für beliebig viele Betriebs- und
        Reparaturzeiten bei reparierbaren Betrachtungseinheiten.

Den Benutzer
interessiert die
"Verfügbarkeit"
eines Gerätes

Die "Verfügbarkeit" (V) ist definiert als die "Wahrscheinlichkeit, eine Betrachtungseinheit zu einem vorgegebenen Zeitpunkt in einem funktionsfähigen Zustand anzutreffen" [VDI/VDE 2180, Blatt 1]. Die übliche Formel für V lautet:

$$V = \frac{\overline{T_B}}{\overline{T_B} + \overline{T_R}} \qquad \text{oder nach [DIN 40042]:} \qquad V = \frac{MTBF}{MTBF + MDT}$$

Die "Unverfügbarkeit" U ist definiert als: U = 1 - V. Heute übliche Ver-
fügbarkeiten liegen bei 97,9 - 99,8 %.

Um einen Eindruck davon zu geben, in welchen Größenordungen sich
derzeit diese Werte bewegen, sollen einige Erfahrungswerte für die
MTBF in Stunden (Stand 1992) angegeben werden:

Heutige Geräte
haben offenbar
sehr gute
"Standzeiten"

Zentraleinheit (mit Stromversorgung) :   >> 10.000
Plattenspeicher :   250.000
Trommelspeicher :   4.000 - 9.000
Bedienkonsole mit Drucker :   > 20.000

(Zur Illustration: 1.000 Std ≈ 41,7 Tage,   20.000 Std ≈ 2,283 Jahre)

Diese so günstig aussehenden Werte werden aber relativiert durch eine in Bild 6-8 (nach [Lauber 89]) skizzierte Gesetzmäßigkeit: Sie zeigt, daß mit zunehmender Zeit t die Wahrscheinlichkeit abnimmt, eine Betrachtungseinheit in einem funktionsfähigen Zustand anzutreffen. Wird z.B. für eine Komponente ein bestimmter Wert T_B angegeben, so werden von einer Anzahl gleichartiger Komponenten im statistischen Mittel nur 37% dieses Zeitintervall ohne Störungen überstehen. Einem Wert T_B von 10.000 Stunden entspricht nur für 10 Stunden eine 99,9%ige Sicherheit gegen Ausfall [Schöne 81].

Hohe MTBF bedeutet aber noch lange nicht, daß jedes Gerät so lange überlebt

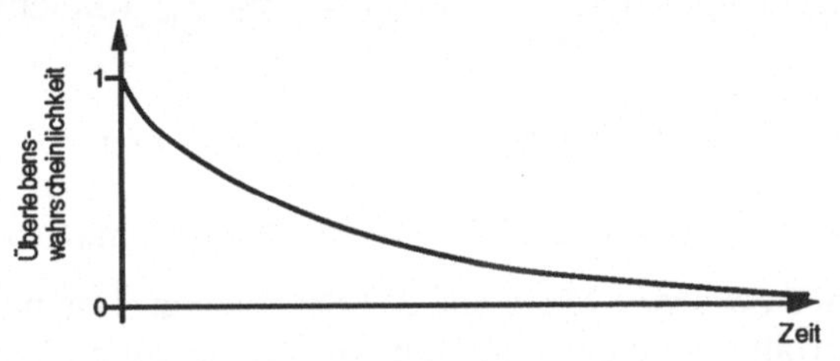

Bild 6-8:
Mit der Zeit abnehmende Überlebenswahrscheinlichkeit (nach [Lauber 89])

Ein weiterer wichtiger Begriff ist die "Ausfallrate" (λ), definiert als die "Zahl der Ausfälle der Betrachtungseinheit pro Zeiteinheit unter bestimmten, anzugebenden Bedingungen" (VDI/ VDE 2180, Blatt 1). Damit kann die "Mean Time Between Failure" (MTBF) auch auf andere Weise definiert werden, als:

Die Ausfallrate

$$MTBF = \frac{1}{\lambda}$$

Wichtig für den Praktiker ist, daß die Ausfallrate λ elektronischer Bauteile hauptsächlich z.B. abhängt von:

Man beachte das charakteristische Ausfallverhalten elektronischer Bauteile

- der Temperatur (Stromverbrauch) eines Systems und
- der Anzahl der Bauteile.

Außerdem ist die Ausfallrate elektronischer Komponenten nicht konstant über die Lebensdauer eines Systems, sondern gehorcht einer ganz charakteristischen "Badewannenkurve", die in Bild 6-9 dargestellt ist.

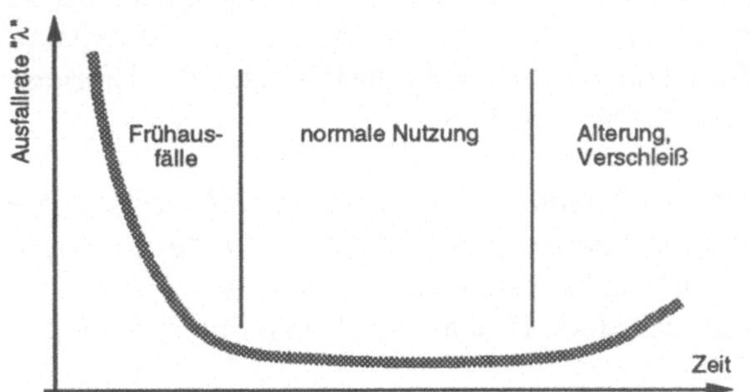

Bild 6-9:
Die "Badewannenkurve" der Ausfallrate

Der innere Zusammenhang dieser Kurve mit der Darstellung des Verfalls eines Softwaresystems während der Wartungsphase in Bild 5-3 ist bekannt.

Dimensionen nicht vergessen!

Schließlich soll noch ein weiterer Hinweis zur Terminologie gegeben werden. Häufig werden verwechselt:

Die "Ausfallrate": $\qquad \lambda = \dfrac{1}{\text{MTBF}}$ $\qquad$ (Dimension: 1/Zeit)

und die

"Ausfallwahrscheinlichkeit": $\qquad p_a = \dfrac{\text{MDT}}{\text{MDT} + \text{MTBF}}$ (dimensionslos)

Schnelle Reparatur verringert die Ausfallwahrscheinlichkeit

Eine interessante Beobachtung ergibt sich, wenn man $\gamma = \dfrac{\text{MDT}}{\text{MTBF}}$ setzt.

Es folgt: $p_a = \dfrac{\gamma}{\gamma + 1}$, was bedeutet, daß die Ausfallwahrscheinlichkeit nur vom Verhältnis zwischen MDT und MTBF abhängt. Das heißt aber weiter, daß eine Halbierung der mittleren Ausfalldauer die gleiche Wirkung hat wie eine Verdoppelung der "Standzeit".

Was ist "Fail-safe"?

In Kundenanforderungen wird oft sehr global festgelegt, wie sich das zu entwickelnde System im Fehlerfall verhalten soll. Zwei Begriffe kommen dabei besonders häufig vor: "Fail-safe" und "Fail-soft".

Bezüglich des "Fail-safe" Verhaltens ("sicherheitsgerichtete Fehlerauswirkung") wurde festgelegt: "Bei technischen Anlagen, für die es einen eindeutig sicheren Zustand gibt, können Steuerungseinrichtungen, die nur eine definierte Ausfallrichtung besitzen, eingesetzt werden. Bei allen Ausfällen wird die Anlage dann zwangsläufig in einen gesicherten Zustand überführt. Dieser gesicherte Zustand darf auch bei Hinzutreten weiterer, gemäß Fehlerliste zu berücksichtigender, Fehler nicht verlassen werden. Der Übergang in den gesicherten Zustand kann unmittelbar oder mittelbar erfolgen" [VDI/VDE 3541].

Bezüglich des " Fail - soft - Verhalten" hat der Verfasser keine "offizielle" Definition gefunden. Üblicherweise versteht man darunter das Verhalten einer (Steuerungs-) Einrichtung, das dadurch charakterisiert ist, daß bei Eintreten eines Fehlers die Funktionsfähigkeit der Einrichtung (in wesentlichen Teilen) erhalten bleibt.

Was ist Redundanz?

Die populärste Maßnahme zur Erhöhung der Zuverlässigkeit eines Datenverarbeitungssystems ist, "Redundanz" einzubauen. Diese ist tatsächlich ein sehr wirksames Mittel, wenngleich sie bei unkritischem Einsatz mehr kostet als sie nützt. Deshalb wird später noch einmal darauf eingegangen. Zunächst soll dieser wichtige Begriff in einigen seiner Facetten näher erläutert werden:

"Redundanz" ist das "Vorhandensein von mehr technischen Mitteln, als zur Erfüllung der vorgesehenen Grundfunktionen notwendig sind, um Sicherheits- und Zuverlässigkeitsanforderungen zu erfüllen" [VDI/VDE 2180, Blatt 1].

"Homogene Redundanz" ist der "redundante Aufbau einer Sicherungs-einrichtung oder von Teilen daraus, bei der die redundanten Kanäle gleichartig aufgebaut sind und nach gleichartigen (physikalischen) Verfahren arbeiten" [VDI/VDE 3541 und VDI/VDE 2180]. *Es gibt mehrere Arten davon*

"Diversitäre (inhomogene) Redundanz" dagegen ist der "redundante Aufbau einer Sicherungseinrichtung oder von Teilen daraus, bei der die redundanten Kanäle nach unterschiedlichen (physikalischen) Verfahren arbeiten oder unterschiedlich aufgebaut sind" (ibd.).

"Funktionsbeteiligte Redundanz" ist eine Form der "Redundanz, bei der die zusätzlichen technischen Mittel nicht nur ständig in Betrieb, sondern auch an der vorgesehenen Funktion beteiligt sind" [DIN 40042].

"Nichtfunktionsbeteiligte Redundanz" ist die "Redundanz, bei der die zusätzlichen technischen Mittel erst bei Störung bzw. Ausfall die vorgesehene Funktion übernehmen" [DIN 40042].

Die durch die beschriebenen verschiedenen Formen der Redundanz bereitgestellten zusätzlichen Betriebsmittel nützen natürlich nur, wenn sie im rechten Moment eingesetzt werden. Deshalb ".. ist für eine rechtzeitige Fehlererkennung und für eine gesicherte Umschaltung zu sorgen." [VDI/VDE 3541, Blatt 3]. Diese eigentlich selbstverständliche Feststellung wird aber oft übersehen. Deshalb sollte bei der Entwicklung sicherheitskritischer Systeme auf die Erkennung von Fehlern im Betrieb mindestens genau so viel Sorgfalt verwandt werden wie auf den Entwurf von Gegenmaßnahmen. *Man kann sich nur gegen Fehler schützen, die man entdeckt*

Als Warnung sei angebracht, daß die genannten Definitionen streng genommen nur für konventionelle Elektronik gelten, bei der die Komponenten nicht durch innere Fehler zu aktivem Fehlverhalten gebracht werden! Bei Rechnern kommt die Notwendigkeit des Schutzes vor aktivem Fehlverhalten hinzu, z.B. das Abschalten einer als fehlerhaft erkannten informationsverarbeitenden Einheit. Außerdem kann Software nicht (wie z.B. durch Altern) statistisch verteilt fehlerhaft werden. Fehler in der Software sind grundsätzlich logische Fehler, d.h. von Anfang an "fest *Vorsicht: Rechner können aktiv Fehler machen!*

eingebaut". Die Fehlerrate beträgt - wie bereits erwähnt - nach Erfahrungsregeln 3 - 20 pro 1.000 Anweisungen bei ungetestetem Code.

Es sind also sehr differenzierte Maßnahmen auf verschiedenen Ebenen notwendig, um Fehler in einem Datenverarbeitungssystem - und besonders in der Software - zu verhindern, zu erkennen oder ihre Wirkung zu kompensieren.

6.3.3   Maßnahmen zur Erhöhung von Sicherheit und Zuverlässigkeit

6.3.3.1   Allgemeines

Man sollte nicht nur das Rechnersystem zuverlässig machen, sondern auch die Anwendung

Wie schon am Anfang dieses Abschnittes betont wurde, müssen Sicherheit und Zuverlässigkeit immer im Gesamtsystem gesehen werden, d.h. es müssen zwei Klassen von Maßnahmen ergriffen werden:

- Maßnahmen in Bezug auf die Anwendung (insbesondere, wenn es sich um einen technischen Prozeß handelt) und
- Maßnahmen, die das Datenverarbeitungssystem betreffen.

Tradition hat die Auslegung technischer Prozesse und ihrer Komponenten in Bezug auf Sicherheit und Zuverlässigkeit in einer Weise, daß externe Einflüsse, auftretende Störungen, Fehlbedienungen etc. möglichst nicht zu katastrophalen Situationen führen. Bei nichttechnischen Systemen gibt es bei der Gestaltung organisatorischer Abläufe auch entsprechende Vorkehrungen (man denke nur an die Notwendigkeit zweier Unterschriften bei finanzwirksamen Vorgängen). Hier besteht nach dem Eindruck des Verfassers das Problem beim Rechnereinsatz meist darin, traditionelle Prüf- und Korrekturmechanismen nicht zu zerstören, weil man glaubt, das Rechnersystem würde keine Fehler mehr machen.

Da die Auslegung technischer und organisatorischer Systeme in Bezug auf Sicherheit und Zuverlässigkeit aber große eigenständige Wissensgebiete sind, soll das Thema im Rahmen dieses Buches mit den gegebenen Hinweisen als abgeschlossen betrachtet werden. Der verantwortungsbewußte Projektleiter tut aber gut daran, sich zu vergewissern, daß die für die Auslegung der Anwendung Verantwortlichen diese Gesichtspunkte angemessen berücksichtigt haben.

Das Datenverarbeitungssystem selbst kann wieder auf zwei verschiedene Arten zur Sicherheit und Zuverlässigkeit des Gesamtsystems beitragen:

- "Aktiv", wenn die Auslegung des Rechnersystems in einer Weise erfolgt, daß es kritische Situationen in der Anwendung, die trotz der obengenannten Maßnahmen noch auftreten können, zu erkennen und zu verhindern gestattet oder dies automatisch tut. Im Sinne der zu Beginn dieses Abschnittes gemachten Bemerkungen sind es also Maßnahmen, die hauptsächlich die Sicherheit des Gesamtsystems betreffen.

Wie das Rechnersystem zu Sicherheit und Zuverlässigkeit beitragen kann

- "Passiv", wenn das Rechnersystem so entworfen ist, daß es seine Funktionen zuverlässig ausführt oder zumindest nicht selbst zu einer Störungsquelle wird. Es handelt sich also um Maßnahmen zur Erhöhung der Zuverlässigkeit des Systems.

Die zuletzt genannte Kategorie läßt sich noch einmal unterteilen in

- "primäre Maßnahmen", die rein technischer Art sind, und
- "sekundäre Maßnahmen" gegen Fehlinterpretationen und Fehlbedienungen unter Berücksichtigung des Verhaltens der Bediener.

Ausführungen bezüglich "aktiver" (sicherheitsrelevanter) Maßnahmen nach obiger Definition würden wiederum über den Rahmen dieses Buches hinausführen. Sie gehören in das Gebiet der anwendungstechnischen Qualität eines Entwurfes und setzen entsprechendes Fachwissen über Eigenschaften und Grenzen der Anwendung voraus. Auch hier ist dem Projektleiter zu raten, sich durch (zumindest stichprobenhafte) Überprüfung des Systementwurfs gegen böse Überraschungen zu schützen.

Der Rest dieses Abschnitte wird sich also lediglich mit einer Reihe von "passiven" (zuverlässigkeitsorientierten) Maßnahmen befassen, wobei das Schwergewicht auf den "primären" Maßnahmen liegt. Die "sekundären" Maßnahmen gehören weitgehend in das Gebiet der Mensch-Maschine-Schnittstelle (Abschnitt 6.1).

Unabhängig von dem speziellen Charakter möglicher Einzelmaßnahmen zur Erhöhung der Zuverlässigkeit sollte man bei ihrer Anwendung einige wesentliche "Handwerksregeln" befolgen:

"Handwerksregeln"

- Fehlerfälle müssen bereits bei der Planung eines Systems berücksichtigt und nicht erst nachträglich als unerwünschte Begleiterscheinung einkalkuliert werden!

Fehler sind ein Naturgesetz

- Im Extremfall kann durch präventive Maßnahmen der Eintritt eines Schadens ganz verhindert werden.

Vielleicht läßt sich eine Störung ganz vermeiden

Störung an der
Ausbreitung
hindern

- Ist dies nicht möglich, so kann durch eine hinreichende gegenseitige Abschottung der Systemkomponenten die Schadensausbreitung im Verlauf einer Störung begrenzt werden. Dies ist eine wesentliche Voraussetzung für wirksame Gegenmaßnahmen!

Je früher ein
Schaden ent-
deckt wird,
desto leichter
läßt er sich
beheben

- Erfahrungsgemäß tritt eine Schädigung im Sinne einer Zerstörung oder Verfälschung von Daten und/oder Funktionen immer beim Übergang von der Phase "bedingt betriebsbereit" zur Phase "gestört" ein. Der Zeitpunkt der Entdeckung eines Schadens ist also entscheidend für die Erhöhung der Zuverlässigkeit eines Systems. Je früher ein Schaden entdeckt wird, um so geringer ist die von ihm ausgehende weitere Schädigung des Systems.

Die fünf
Schritte der
Störungs-
behebung

- Ist eine Störung eingetreten, so müssen die zu ihrer Behebung notwendigen Maßnahmen in fünf Schritten verlaufen:

  - Entdeckung der Störung (detection)
  - Meldung der Störung an die zuständige Systemkomponente (error propagation)
  - Diagnose des Schadens
  - Behebung des Schadens (soweit möglich)
  - Wiederherstellung eines betriebsbereiten Zustandes (rollback und recovery)

Die Wirkung
ist wichtig,
nicht die
Maßnahme!

Vor der Erwähnung konkreter Maßnahmen soll schließlich noch ein wichtiger Merksatz stehen:

Es ist nicht wesentlich, welche Einzelmaßnahmen ergriffen werden, sondern welche Standzeiten und Ausfallraten dadurch erreicht werden!

6.3.3.2   Überblick über primäre passive Maßnahmen

Alle Verarbei-
tungsschritte
sichern

Wichtig ist beim Einsatz solcher Maßnahmen, daß sie gleichmäßig auf allen vier Stufen der in Bild 6-6 dargestellten Kette der Informationsverarbeitung ansetzen müssen. Eine Kette ist immer nur so stark wie ihr schwächstes Glied. Es müssen deshalb gleichermaßen gesichert werden:

Erfassung

- Die Erfassung der Daten, z.B. durch geeignete Codierung, Mehrfacherfassung, Zwischenspeicherung, physikalischen Backup der Sensoren etc.

Übertragung

- Die Übertragung der Daten, z.B. durch Codierung (siehe Absatz 6.3.3.3), Quittierung, Mehrwegübertragung etc.

- Die Verarbeitung der Information, z.B. durch Mehrfachrechner, verteilte Systeme, diversitäre Programmierung etc. In Absatz 6.3.3.4 wird auf einige mögliche Maßnahmen noch näher eingegangen. | Verarbeitung

- Die Speicherung der Daten, z.B. durch Parity-Checks in Speichern, Datensicherung auf Spiegelplatten, transaktionsorientierte Programmierung, regelmäßige Erstellung von Sicherungskopien auf einem permanenten Medium etc. | Speicherung

6.3.3.3   Sicherung der Übertragung der Daten

Bei kommerziellen Anwendungen wird heute eine sichere Datenübertragung üblicherweise als Selbstverständlichkeit vorausgesetzt. Es wird eines der üblichen Netzwerkprotokolle benutzt und die Anwender sind höchstens überrascht, wenn die Übertragung von Daten manchmal deutlich länger dauert oder mehr kostet als erwartet. Dies zeigt aber schon, daß es notwendig ist, sich während des Entwurfs des Systems über die bestehenden Zuverlässigkeitsanforderungen klar zu werden und zu analysieren, welche Leistungen und Einschränkungen die zur Verfügung stehenden Übertragungstechniken und Protokolle aufweisen, um sie zu erfüllen. | Oft werden kommerzielle Datennetze zu kritiklos benutzt

Bei Entwerfern von Prozeßrechnersystemen herrscht teilweise mehr Problembewußtsein, teilweise erzwingen die von Anwendung zu Anwendung wechselnden Anforderungen oft Speziallösungen, die es erforderlich machen, sich auch mit Details der Datenübertragung zu beschäftigen. Als Beispiel hierfür sei die Fernwirktechnik angeführt, deren Beherrschung beispielsweise für Projekte im Bereich der Energieversorgung unerläßlich ist. | Sichere Datenübertragung ist in technischen Systemen unverzichtbar

Gefordert wird dabei meist eine Fehlerwahrscheinlichkeit bei der Übertragung von Daten auf Fernwirkstrecken von weniger 10^{-10}. Üblich sind aber Einzelfehlerwahrscheinlichkeiten von 10^{-5} bis 10^{-3}. Es müssen also fünf bis sieben Zehnerpotenzen kompensiert werden. Bei Bündelstörungen auf Leitungen kann aber die Wahrscheinlichkeit, daß ein Bit verfälscht wird, sogar auf 0,5 ansteigen! Auf die Ursache solcher Störungen - beispielsweise ein Gewitter - hat man meist wenig Einfluß. Deshalb muß der Code so gestaltet werden, daß Fehler erkannt und eventuell sogar korrigiert werden können. | Die Fernwirktechnik muß mit außerordentlichen Fehlerraten fertig werden

Es muß also Redundanz in den Code eingebaut werden, d.h. es werden mehr Bits pro Nachrichteneinheit übertragen, als für deren Darstellung unbedingt notwendig sind. Ein Code besteht dann aus n Nachrichten- | Redundanz im Code bits und k Zusatzbits. Damit sind 2^{m+k} Kombinationen und 2^m gültige Codewörter möglich. Das ergibt $2^{m+k}-1$ Möglichkeiten für Fehler, wovon 2^m-1 Fehler nicht erkennbar sind, da sie gültige Codewörter darstellen. Der Anteil nicht erkennbarer Fehler ist damit: $R_F = \dfrac{2^m-1}{2^{m+k}-1} \approx 2^{-k}$.

<table>
<tr><td>Die "Hamming-Distanz" gibt an, wieviele Fehler eine richtige Nachricht vortäuschen können</td><td>Um Fehler bei der Übertragung erkennen oder korrigieren zu können, muß der Code so festgelegt werden, daß möglichst viele Fehler nötig sind, um ein gültiges Codewort in ein anderes zu verfälschen. Die kleinste dazu nötige Fehlerzahl heißt "Hamming-Distanz d". Das Optimum ist dann erreicht, wenn alle Codewörter gleichmäßig über den Nachrichtenraum verteilt sind.</td></tr>
<tr><td>Eine Codierung allein macht noch keine Nachrichten-übertragung</td><td>Mit der Wahl der besten Codierung der Information allein ist es nicht getan. Es ist auch noch notwendig, zu erkennen, ob die Qualität des ankommenden Signals überhaupt eine erfolgreiche Decodierung erlauben würde oder ob sofort eine Sendewiederholung angefordert werden muß. Eine solche Signalqualitätsdetektierung ist z.B. besonders wirksam bei starken, eine systematische Codierung bei schwächeren Störungen. Daraus folgt wiederum, daß eine Kombination verschiedener Sicherungsmaßnahmen die wirtschaftlichste Lösung ist. Außerdem muß natürlich die Empfangseinrichtung erkennen können, ob überhaupt eine Nachricht vorliegt. Dazu sind weitere Zusatzmaßnahmen, wie Blockung, Start-/Stopinformation etc. nötig.</td></tr>
</table>

6.3.3.4 Sicherung der Verarbeitung der Daten

Bevor man festlegt, welche Maßnahmen zur Erhöhung der Verarbeitung ergriffen werden sollen, sollte man sich darüber klar werden, welche ihrer Aspekte in einem gegebenen Projekt besonders wichtig sind. Es hat sich eingebürgert (z.B. nach Nehmer [Krüger 77]), drei solcher Haupteigenschaften zu unterscheiden:

<table>
<tr><td>Ein System muß "korrekt",</td><td>•</td><td>Die "Korrektheit", die als der "Grad an Übereinstimmung zwischen der realisierten Wirkung aller Funktionen eines Systems und der ursprünglichen Absicht" definiert ist. Abweichungen stellen logische Fehler dar.</td></tr>
<tr><td>"robust" und</td><td>•</td><td>Die "Robustheit" eines Systems ist seine "Fähigkeit, jegliche Art der unkorrekten Benutzung abzuwehren, die eine Fehlsteuerung auslösen könnte".</td></tr>
<tr><td>"tolerant" sein</td><td>•</td><td>Die "Toleranz" dagegen stellt die "Fähigkeit eines Systems dar, Ausfälle von Komponenten (inklusive der zugeordneten Hardware-</td></tr>
</table>

komponenten) unter Aufrechterhaltung einer Mindestfunktionsbereitschaft hinzunehmen".

Die wesentlichen Konstruktionsprinzipien einschlägiger Maßnahmen wurden im Rahmen der Forschungen zu Betriebssystemen entwickelt. Leider werden aber immer noch meist ad-hoc-Lösungen eingesetzt trotz der bekannten Nachteile [Krüger 77]:

- In Programmen ist nur sehr schwer zu erkennen, wo der Normalfall und wo ein Fehlerfall abgehandelt wird. Dadurch wird einerseits die Verständlichkeit der Programme stark reduziert und andererseits die Überprüfung auf Vollständigkeit aller behandelten Fehlerfälle erschwert.

  Ad-hoc-Lösungen ergeben undurchschaubare Systeme

- Die Möglichkeit einer systematischen, problemangepaßten Behandlung unerwünschter Ereignisse wird oft durch die implizit vorgegebenen Randbedingungen des Programmentwurfs eingeschränkt.

Die systematischen Maßnahmen zur Erhöhung der Zuverlässigkeit der Verarbeitung der Daten lassen sich wieder in zwei Klassen unterteilen:

- Die "methodischen" Maßnahmen, die eine Verbesserung des Entwicklungsprozesses von SW im Sinne einer Formalisierung, Systematisierung und Automatisierung bewirken. Dazu gehören:

  "Methodische" Maßnahmen verbessern die Korrektheit von Software,

  - verbesserte Strukturmodelle für die Software (z.B. Hierarchie, gerichtete Auftragsbeziehung zwischen Prozessen usw.),
  - Einsatz höherer Programmiersprachen,
  - Einsatz systematischer Testmethoden,
  - Einsatz formaler Verifikationsmethoden.

  Diese Maßnahmen tragen primär zu einer Reduzierung der Zahl der logischen Fehler in der SW und damit zur Steigerung ihres Korrektheitsgrades bei.

- Die "konstruktiven Maßnahmen" - meist zusätzliche Mechanismen in der Software - durch die primär die Robustheit und die Toleranz des Systems gesteigert werden. Dazu zählen:

  "konstruktive" ihre Robustheit und Toleranz

  - Maßnahmen zur Fehlerbehandlung,
  - Schutzmechanismen,
  - Sicherungsmechanismen durch Redundanz.

Einige dieser konstruktiven Maßnahmen sollen im folgenden erwähnt werden:

Von den Maßnahmen zur Fehlerbehandlung wurden in Abschnitt 4.2.2.5 schon die Behandlung abnormaler Situationen ("Exceptions") durch das "ON-Konzept" von PL/I oder mit Hilfe von Prozeduren als "Exception-Handler" näher erläutert. Daneben gibt es noch die Return-Codes - die wohl primitivste Form der Exception-Behandlung - wie sie etwa in "Prozeß-FORTRAN" verwendet werden (vergl. 4.4.2.2) und die Technik der "erzwungenen Sprünge".

Schutzmechanismen gibt es Schutzmechanismen sind sowohl für den Schutz von Daten gegen unbefugten Zugriff oder unbeabsichtigte Veränderung notwendig als auch dafür, die Schädigung von Programmen durch andere (evtl. fehlerhafte) Programme zu verhindern. Dies kann sowohl durch Hardware- als auch durch Softwaremaßnahmen geschehen.

in Hardware und Relativ bekannt sind Vorkehrungen in der Hardware, wie etwa der "privilegierte Ausführungsmodus". Er wird meist dadurch realisiert, daß eine spezielle Instruktion (gewöhnlich mit "SVC" = "Super Visor Call" oder TRAP-Instruktion bezeichnet), die gezielte Umschaltung vom nichtprivilegierten in den privilegierten Modus bewirkt und damit den Zugriff auf geschützte Bereiche nur ganz bestimmten Programmen (meist dem Betriebssystem) erlaubt. Weitere Schutzmechanismen für Arbeitsspeicher sind z.B. Grenzregister, die Verwendung von Speicherschutz-Schlüsseln, ein speichersensitiver Instruktionsvorrat oder entsprechend ausgelegte Verwaltungsverfahren für virtuelle Speicher mit Schutzmechanismen für Externspeicher.

in Software Ohne Hardwareunterstützung ist wegen der ("Von-Neumann-") Struktur praktisch aller heutigen Rechner ein wirksamer Schutz sehr schwierig. Dennoch hat sich ein Schutzkonzept, der "Schutzmonitor", bewährt. Seine Funktionsweise ist im Prinzip, daß alle Zugriffe auf eine Ressource nur indirekt unter Zwischenschaltung eines Programmstücks - dem Schutzmonitor - ausgeführt werden, der sie auf ihre Legalität abprüft. Dieses Programmstück läuft im privilegierten Modus und muß besonders sorgfältig entwickelt werden. Zwei weitere Varianten von Softwareschutzmechanismen sind die Geheimhaltung des Zugriffspfades (die als nicht sehr zuverlässig gilt) und die Verschlüsselung der zu schützenden Information durch eine geheime Codierungsvorschrift.

Sicherung durch Redundanz wird häufig angewandt Die am weitesten bekannte und angewandte Klasse von Sicherungsmaßnahmen ist die durch Redundanz. Die Auswahl konkreter Maßnahmen aus dieser Klasse wird bestimmt durch:

- den tolerierbaren Verlust (z.B. gemessen in Instruktionen oder in Bytes)
- die tolerierbare Zeitverzögerung zur Wiederherstellung der Betriebsbereitschaft nach einem Ausfall.

Bei den Maßnahmen werden drei Arten unterschieden:

- die "Softwareredundanz", bei der die Sicherungsmaßnahmen primär durch zusätzliche Software ohne Erweiterung der Rechnerkonfiguration realisiert werden,
- die "operationelle Redundanz", worunter man Sicherungsmaßnahmen versteht, bei denen durch redundante Auslegung von Prozessoren vorrangig die Betriebsbereitschaft gesichert wird, sowie
- die "Speicherredundanz", bei der Sicherungsmaßnahmen in der redundanten Auslegung von Speichern bestehen und primär dem Ziel der Datensicherung dienen.

Unter den Begriff der "Softwareredundanz" fallen zunächst einmal Maß- "Software-
nahmen, die man als "programmierte Vorsichtsmaßnahmen" bezeichnen redundanz"
könnte, wie etwa Plausibilitätstests, die der frühzeitigen Entdeckung
abnormaler Bedingungen bei der Programmausführung dienen. Darunter
fallen:

- Abprüfen von Wertebereichen,
- Konsistenzüberprüfung von Daten,
- Ablaufkontrolle.

Die "Error-Recovery-Blöcke" stellen alternative Prozeduren dar, die exakt der selben Spezifikation genügen, sowie einen zugehörigen Abnahmetest. Im Falle des Nichtbestehens dieses Abnahmetests wird so lange jeweils eine andere dieser Prozeduren ausgeführt, bis ein richtiges Ergebnis erzielt wurde oder die Fehlfunktion feststeht. Die Methode stellt den Versuch dar, die Technik der "Stand-by" Redundanz auf die Konstruktion von Software anzuwenden.

Die für weniger mit der Materie Vertraute am leichtesten erkennbare Art "Operationelle
der Redundanz ist die "operationelle Redundanz", da sie mit einer Redundanz"
echten "Vermehrfachung" der Hardware verbunden ist. Meist handelt es
sich um Redundanz auf Prozessorebene, die dann besonders wichtig ist,
wenn das DV-System nicht für längere Zeit operationsunfähig sein darf.
Sie kann auf verschiedene Weise realisiert werden:

- Durch "symmetrische Mehrprozessorsysteme", bei denen mehrere identische, gegeneinander austauschbare Prozessoren über einen gemeinsamen Arbeitsspeicher gekoppelt sind. Nachteile dieser Technik sind die leichte Möglichkeit der Fortpflanzung von Fehlern durch die enge Kopplung der Prozessoren über den gemeinsamen Speicher und die relativ hohen Kosten für Spezialhardware.
- Durch "passive Stand-by-Redundanz", d.h. Systeme, die z.B. durch Zusammenschaltung konventioneller Einprozessor-Rechner entstehen (Redundanz auf Systemebene). Sie sind meist kostengünstiger

als Mehrprozessorsysteme, da aufgrund des höheren Isolationsgrades der über Datenleitungen gekoppelten Einzelrechner eine wirksamere Eingrenzung von Teilausfällen möglich ist.

- Bei der "aktiven Stand-by-Redundanz" sind alle beteiligten Rechner aktiv. Daher besteht grundsätzlich die Möglichkeit, Resultate mehrerer Rechner zu vergleichen. Allerdings entsteht dadurch die Notwendigkeit der Koordinierung der Rechner untereinander, wozu Fehlererkennungsschaltungen benötigt werden. Die bekanntesten Vertreter dieser Technik sind die 2-aus-3-Systeme (oder auch "n-aus-m").

Einige Zahlenbeispiele sollen schließlich die Probleme und den Nutzen redundanter System veranschaulichen:

Zunächst steigt die Ausfallwahrscheinlichkeit   Bei Systemen mit mehreren Komponenten, die alle funktionieren müssen, steigt die Ausfallwahrscheinlichkeit des Systems (PA_S) mit der Zahl der Komponenten a_i:

$$PA_S = \sum_{i=1}^{n} p\, a_i$$

Das heißt aber auch, daß die Komponente mit der größten Ausfallwahrscheinlichkeit die Gesamtausfallwahrscheinlichkeit bestimmt.

Bei gleichen Komponenten gilt :

$$P_S = n * p_k$$

Bei Systemen mit Redundanz gilt dagegen:

$$PA_S = \prod_{i=1}^{n} p\, a_i$$

oder für homogene Redundanz und 1-aus-n-Systeme:

$$P_S = p_k^{n}$$

Nach einigen Umformungen und Vereinfachungen (z.B. $MDT_S = MDT_K \ll MTTF_K$) erhält man auch:

$$MTTF_S = \frac{MDT_K}{P_S}$$

Damit läßt sich (aber rein zu Zwecken der Illustration!) die Wirkung von Redundanz zeigen. Bild 6-6 zeigt ein Doppelrechnersystem, bei dem jeder Zweig wieder aus drei Komponenten besteht. Der Einfachheit halber sollen alle Komponenten die gleiche Ausfallwahrscheinlichkeit p = 10^{-3} aufweisen. Außerdem sei MDT = 24 Std. Dann gelten:

Für die Komponente: $MTTF_K \approx 2{,}7$ Jahre

Für den Zweig: $MTTF_Z \approx 0{,}9$ Jahre

Für das Gesamtsystem: $MTTF_S = \dfrac{24\ h}{9 * 10^{-6}} \approx 3oo$ Jahre !

Voraussetzung ist allerdings, daß die Umschaltung zwischen den beiden redundanten Systemen ohne Zeitverlust und Zusatzprobleme erfolgt.

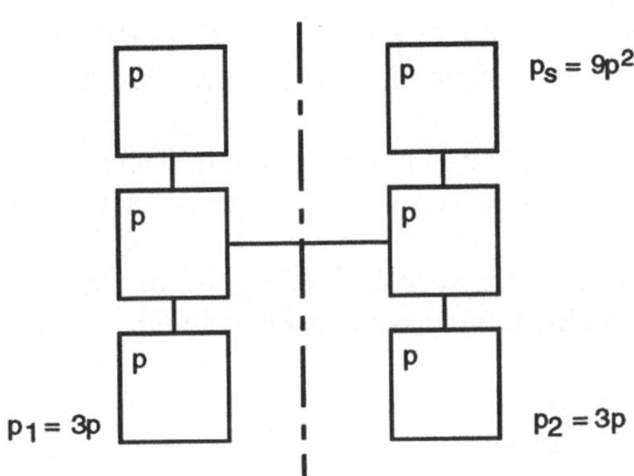

Bild 6-10: Doppelrechnersystem mit jeweils 3 Komponenten

6.3.3.5 Sicherung der Speicherung der Daten

Die Duplizierung von Speicher ("Speicherredundanz") dient primär dem Zweck der Datensicherung gegen Verlust bei Speicherausfällen. Sie muß allerdings von Softwaremaßnahmen begleitet werden. Diese beinhalten: *Auch gespeicherte Daten müssen gesichert werden*

- das Setzen von Sicherungspunkten ("Checkpoints"), an denen jeweils der aktuelle Zustand der Daten automatisch auf das redundante Speichermedium verbracht wird,

- das Rücksetzen nach einem Ausfall ("Rollback") bis zum letzten Sicherungspunkt, um einen definierten Zustand rekonstruieren zu können, und

- das Wiederherstellen des Zustandes zum Zeitpunkt des Ausfalls ("Recovery").

6.3.4 Tradeoffs

Ganz zum Abschluß seien einige Bemerkungen angebracht, die die manchmal geäußerte Euphorie bezüglich der Möglichkeiten der Fehlertoleranz und des unterbrechungsfreien Betriebs von Rechnersystemen etwas relativieren sollen. Das Prinzip ist ganz einfach: es gibt nichts umsonst! *Sicherheit und Zuverlässigkeit haben ihren Preis*

- Je mehr Komponenten ein System besitzt, desto mehr Einzelausfälle werden auftreten. Auch Umschalt- und Überwachungseinrichtungen verursachen zusätzlichen Aufwand!

- Als Faustregel gilt: Doppelte Leistung kostet etwa den 3-fachen Aufwand.

- Also heißt es: Sorgfältig planen, welche Funktionen gesichert werden müssen und welche nicht (z.B. Zuverlässigkeitsklassen bilden).

- Auch Umschaltzeiten, d.h. die Zeiten, in denen das System nur eingeschränkte Zuverlässigkeit hat, müssen beachtet werden.

- Die Fehlererkennungszeit ist wichtig, da in dieser Zeit das System praktisch in einem undefinierten Zustand ist.

- Vor allem müssen bei Systemen mit Redundanz die Umschaltmechanismen zuverlässig arbeiten!

Literaturverzeichnis

ACM 76 Special Issue: Reliable Software II - Fault Tolerant Software; ACM Computing Surveys, Bd. 8, Nr.4: (1976)

Ada 83 American National Standards Institute: The Programming Language Ada, Reference Manual, ANSI/MIL-STD-1815-A-1983, Lecture Notes in Computer Science, 155, Berlin, Heidelberg, New York,Springer: 1983

Ada 91 DRAFT Ada 9X Mapping Document, Ada 9X Project Report; Office of the Under Secretary of Defense for Acquisition, Washington DC: 1991

ANSI 77 ANSI - American National Standard - Programming Language FORTRAN (X3.9-1978); New York: 1978 ("FORTRAN 77")

Backus 63 Backus, J.W. et al.: Revised Report on the Algorithmic Language ALGOL 60; in: CACM 6, (1963)

Balzert 82 Balzert, H.: Die Entwicklung von Software-Systemen: Prinzipien, Methoden, Sprachen, Werkzeuge; Reihe Informatik, Band 34,Mannheim, Wien, Zürich, Bibliographisches Institut: 1982

Balzert 89 Balzert, H.: CASE Systeme und Werkzeuge; Mannheim, Wien, Zürich, BI-Wissenschaftsverlag: 1989

Basili 78 Basili, V.R.: A panel session - User experience with new software methods; Panel Overview, National Computer Conference, AFIPS - Conference Proceedings, Vol. 47, S.629-639: 1978

Bause 90 Bause, F., Tölle, W.: C++ für Programmierer; Wiesbaden, Vieweg: 1990

Biggerstaff 84 Biggerstaff, T., Perlins, A. (Hrsg.): Special Issue on Software Reusability; IEEE-Trans.Software Eng., Vol SE 10, No.5: (Sept.1984)

Blaschek 87 Blaschek, Pomberger: Introduction to Programming with Modula - 2; Berlin, Heidelberg, New York, Springer: 1987

Boehm 79 Boehm, B.W.: Software Engineering - as it is; Proceedings of the 4th International Conference on Software Engineering, München: 1979

Boehm 81a Boehm, B.W.: Software Engineering Economics; Prentice Hall: 1981

Boehm 83 Boehm, B.W.: Seven Basic Principles of Software Engineering; The Journal of Systems and Software 3, S.3-24: (1983)

Boehm 84 Boehm, B.W.: Verifying and Validating Software Requirements and Design Specifications; IEEE Software, S. 75-88: (Jan.1984)

Boehm 88 Boehm, B.W.: A Spiral Model of Software Development and Enhancement; IEEE Computer, S. 61 ff: (May 1988)

Boldyreff 90   Boldyreff, C., Elzer, P., Hall, P., Kaaber, U., Keilmann, J., Witt, J.: PRACTITIONER - Pragmatic Support for the Reuse of Concepts in Existing Software, in: Hall, P.(Hrsg.): SE90, Proceedings of Software Engineering '90 Conference, Cambridge University Press: 1990

Booch 91   Booch 91: Object Oriented Design with Applications; Benjamin Cummings: 1991

Brooks 75   Brooks, F.P., Jr.: The Mythical Man Month; Addison Wesley: 1975

Brooks 86   Brooks, F.P., Jr.: "There is no Silver Bullet". Essence and Accidents of Software Engineering; Information Processing '86, Amsterdam, North Holland: (1986)

Budde 84   Budde, R., Kuhlenkamp, K., Mathiassen, L., Züllighoven, H.: Approaches to Prototyping; Berlin, Heidelberg, New York, Springer: 1984

Buxton 70   Buxton, J.N., Randell, B.: Software engineering Techniques; Conference Report, Published by NATO Science Committee: Brüssel 1970

BWB 89   BWB FE VI 2: Softwareentwicklungsstandard der Bundeswehr, Vorgehens-modell, Version 2.0: 1989

CCITT 76   C.C.I.T.T.: Draft Manual for a C.C.I.T.T. High Level Programming Language for SPC Telephone Exchanges; C.C.I.T.T., Study Group XI, Working Party XI: August 1976

Chestnut 67   Chestnut, H.: System Engineering Methods; New York, London, Sydney, Wiley: 1967

Dahl 69   Dahl, O.-J., Myhrhaug, B., Nygaard, K.: SIMULA 67 Common Base Language; Publication N.S.-22, Oslo, Norwegian Computing Center: 1969

Dijkstra 68   Dijkstra, E.: Cooperating Sequential Processes; in: Genuys (Editor); London, Programming Languages: 1968

DIN 66230   Programmdokumentation; Berlin, Köln, Beuth: 1981

DIN 66231   Programmentwicklungsdokumentation; Berlin, Köln, Beuth: 1982

DIN 66232   Datendokumentation; Berlin, Köln, Beuth: 1985

DIN 66253   Teil 2: Programmiersprache PEARL (Full PEARL); Berlin, Köln, Beuth: 1982

DIN 66253   Teil 3: Programmiersprache PEARL (Mehrrechner-PEARL); Berlin, Köln, Beuth: 1989

DIN ISO 9000   Qualitätsmanagement- und Qualitätssicherungsnormen, Leitfaden zur Auslegung und Anwendung; Berlin, Köln, Beuth: 1990

DIN ISO 9001   Qualitätssicherungssysteme, Modell zur Darlegung der Qualitätssicherung in Design/Entwicklung, Produktion, Montage und Kundendienst; Berlin, Köln, Beuth: 1990

DIN ISO 9002   Qualitätssicherungssysteme, Modell zur Darlegung der Qualitätssicherung in Produktion und Montage; Berlin, Köln, Beuth: 1990

DIN ISO 9003   Qualitätssicherungssysteme, Modell zur Darlegung der Qualitätssicherung bei der Endprüfung; Berlin, Köln, Beuth: 1990

DIN ISO 9004   Qualitätsmanagement und Elemente eines Qualitätssicherungssystems - Leitfaden; Berlin, Köln, Beuth: 1990

DIN ISO 9000-3   Qualitätsmanagement- und Qualitätssicherungsnormen, Leitfaden für die Anwendung von ISO 9001 auf die Entwicklung, Lieferung und Wartung von Software; Berlin, Köln, Beuth: 1991

Elzer 78   Elzer, P.: Some Considerations on Maintenance; Anhang B zu [Elzer 82 a]

Elzer 80   Elzer, P., Schuler, T.: Programmverifikation beim Einsatz höherer Programmiersprachen in digitalen Flugführungssystemen. ZTL-Bericht Nr. T/R421/A0002/A2402, DORNIER-System für BMVg: (Dez.1980)

Elzer 81   Elzer, P.: Kurzüberblick über Entwicklung und Eigenschaften von PEARL im Vergleich mit anderen Programmiersprachen; PEARL-Rundschau, Vol. 2, Nr. 2, S.11-12, Düsseldorf, VDI-Verlagsges.: (Juni 1981)

Elzer 82 a   Elzer, P.: Ergebnisse der Mitarbeit am Projekt Programmiersprache ADA; Report KfK-PFT19, Kernforschungszentrum Karlsruhe: 1982

Elzer 82 b   Elzer, P.: Some Observations Concerning Existing Software Environments; Appendix A to: P.F.Elzer: Ergebnisse der Mitarbeit am Projekt Programmiersprache Ada; Bericht KfK-PFT19, Kernforschungszentrum Karlsruhe: Juni 1982

Elzer 87   Elzer, P. (Hrsg.): Experience with the Management of Software Projects; Proceedings of the IFAC/IFIP Workshop. Heidelberg 1986, Oxford, Pergamon Press: 1987

Elzer 89a   Elzer, P.: Management von Softwareprojekten; Informatik-Spektrum 12, S.181-197: (1989)

Elzer 89b   Elzer, P., Jones, R., Witt, J.,: PRACTITIONER - Realistic Reuse of Software. in: Brauer, W., Freksa, C.(Hrsg.): Wissensbasierte Systeme - Tagungsband des 3. Internationale GI-Kongresses, München, Informatik Fachberichte 227, S. 507 - 515, Berlin, Heidelberg, New York,Springer: 1989

Elzer 90   Elzer, P.: New Trends in Software for Real-Time Control; Proceedings of the 11th IFAC World Congress, Tallinn, Estonia, 1990, S. 267 - 271, Oxford, New York, Pergamon Press: 1990

Elzer 91a   Elzer, P. (Hrsg.): Multidimensionales Software - Projektmanagement, ein Handbuch für Projektleiter zur Entwicklung komplexer Informationssysteme; Hallbergmoos, AIT Verlags GmbH: 1991

Elzer 91b   Elzer, P.: Reuse, a Problem of "Understanding" Designs; in: [Prieto-Diaz 91]

Elzer 92   Elzer, P., Haase, V.(Hrsg.): Proceedings of the 4th IFAC Workshop on
                    Experience with the Management of Software Projects, Seggau, Österreich,
                    Mai 1992; Oxford, Pergamon Press: 1992

Endres 80   Endres, A.: Methoden der Programm- und Systemkonstruktion - Ein Status-
                    bericht; Informatik-Spektrum, Band 3, S.156-171: (1980)

Endres 88   Endres, A.: Software-Wiederverwendung: Ziele, Wege und Erfahrungen;
                    Informatik-Spektrum, Band 11, S.85 - 95: (1988)

Fisher 81   Fisher, P., Slonim, J.: Software Engineering: An example of misuse; Soft-
                    ware-Pract. & Exp. 11, S.533-539: (1981)

Frühauf 91   Frühauf, K., Ludewig, J., Sandmayr, H.: Software-Prüfung, eine Fibel;
                    Stuttgart, Teubner: 1991

Glass 78   Glass, R.L.: Tales of Computing Folk; Seattle, Computing Trends: 1978

Goodenough 75   Goodenough, J.B.: Exception Handling, Issues and a Proposed Notation;
                    CACM, Vol. 18, No. 12, S.683 - 696: (Dez.1975)

Guimaraes 83   Guimaraes, T.: Managing Application Program Maintenance Expenditures;
                    Communications of the ACM, Vol. 26, No. 10, S.739-746, (Oct. 1983)

Halstead 77   Halstead, M.H.: Elements of Software Science; Elsevier, North Holland:
                    1977

Herschel 79   Herschel, R., Pieper, F.: PASCAL; München, Wien, R.Oldenbourg: 1979

Hoare 69   Hoare, C.A.R.: An Axiomatic Basis for Computer Programming; CACM,
                    12(10), S.576 - 583: (1969)

Hoare 73   Hoare, C.A.R., Wirth, N.: An Axiomatic Definition of the Programming
                    Language Pascal; Acta Informatica 2, (1973)

Hoch 91   Hoch, D.J.: Management von Technologie-Diskontinuitäten in Informatik-
                    Projekten; in: [Elzer 91a]

Hommel 80   Hommel, G.: Vergleich verschiedener Spezifikationsverfahren am Beispiel
                    einer Paketverteilanlage; Teil 1 und Teil 2; PDV Bericht, KfK-PDV 186,
                    KfK Karlsruhe: August 1980

Horowitz 84   Horowitz, E.: Fundamentals of Programming Languages; Sec. Ed., Berlin,
                    Heidelberg, New York, Springer: 1984

Houghton 80   Houghton, R.C., Oakley, K.A.(Hrsg.): NBS Software Tools Database.
                    US-Department of Commerce, Washington D.C. 20234, NBSIR 80-2159:
                    (Okt.1980)

Humphrey 87   Humphrey, W.S., Sweet, W.L.: A Method for Assessing the Software
                    Engineering Capability of Contractors; Technical Report SEI-87-TR-23,
                    September, Pittsburg, U.S.A., Software Engineering Institute: 1987

Humphrey 89   Humphrey, W.S.: Managing the Software Process; U.S.A., Addison-
                    Wesley Publishing Company, Inc.: 1989

IEEE 93   Lessons Learned; IEEE Software: (September 1993)

Ingalls 76   Ingalls, D.: The Smalltalk-76 Programming System Design and Implementation; Proc.of the Fifth Annual ACM Symposium on Principles of Programming Languages; ACM, S.9: (1976)

ISA 76   Instrument Society of America: ISA/S61.3-Draft; Standard, Industrial Computer Systems FORTRAN Procedures for Executive Functions, Process Input/Output, and Bit Manipulation; Febr.1976

Jensen 75   Jensen, K., Wirth, N.: PASCAL User Manual and Report; Berlin, Heidelberg, New York, Springer: 1975

Jepsen 83   Jepsen, Th.: Documentation - that most Onerous of Chores. Computer Design, S.113 ff: (Juli 1983)

Kaspers 76   Kaspers, R.: Systemanalyse, -planung, -realisierung bei Prozeßrechnerprojekten; Heidelberg, Hüthig: 1976

Kemerer 87   Kemerer, Ch.F.: An empirical validation of software cost estimation models; CACM 30(5), S.416 - 429: (1987)

Kernighan 89   Kernighan, B.W., Ritchie, D.M.: Programmieren in C; Hanser und Prentice Hall International: 1990

Key 86   Key, M.: The reasons why software has a bad name. in: Proceedings of the "IFAC/IFIP Workshop on Experience with the Management of Software Projects", Heidelberg 1986, Oxford, Pergamon Press: 1987

Krüger 77   Krüger, G., Nehmer, J.: Methoden zur Steigerung der Zuverlässigkeit von Prozeßrechnersystemen; Fachberichte Messen-Regeln-Steuern 1, S.509 - 539, Berlin, Heidelberg, New York, Springer: 1977

Küchle 91   Küchle, A.: Wirtschaftliche Effizienz von Softwarewerkzeugen; in: [Elzer 91a]

Lauber 89   Lauber, R.: Prozeßautomatisierung, Band 1; Berlin, Heidelberg, New York, Springer: 1989

Lientz 79   Lientz, B.P., Swanson, E.B.: Software Maintenance: A User/ Management Tug of War; Data Management, April 1979, S.26 - 30, (1979)

Lientz 83   Lientz, B.P.: Issues in Software Maintenance; ACM Computing Surveys, Band 15, Nr.3, S.271 - 278: (Sept.1983)

Liggesmeyer 92   Liggesmeyer, P., Sneed, H.M., Spillner, A. (Hrsg.): Testen, Analysieren und Verifizieren von Software; Berlin, Heidelberg, New York, Springer: 1992

Lucas 69   Lucas, P., Walk, K.: On the Formal Description of PL/I; Annual Review of Automatic Programming 6/3: 1969

Martin 85   Martin, J.: Fourth-Generation Languages, Volume I: Principles; Prentice Hall: 1985

Martin 86   Martin, J.: Fourth-Generation Languages, Volume II: Representative
                     4GLs; Prentice Hall: 1986

Meyer 88   Meyer, B.: Objektorientierte Softwareentwicklung; München, Wien, Han-
                     ser: 1988

Miller 80   Miller, E.: Software Testing Seminar; San Francisco, Software Research
                     Associates: 1980

Milovanovic 88   Milovanovic, R., Elzer, P. (Hrsg.): Proceedings of the 2nd IFAC Work-
                     shop on Experience with the Management of Software Projects, Sarajevo,
                     September 1988; Oxford, Pergamon Press: 1988

Mohanty 81   Mohanty, S.N.: Software Cost Estimation: Present and Future; Software
                     Practice and Experience, Bd.11, S.103 - 121: (1981)

Moto-oka 81   Moto-oka, T. (Hrsg.): Fifth Generation Computer Systems. Proceedings
                     of the International Conference on 5th Generation Computer Systems;
                     Tokio, Oktober 1981, Amsterdam, New York, North-Holland: 1981

Mowle 89   Mowle, F., Elzer, P. (Hrsg.): Proceedings of the 3rd IFAC Workshop on
                     Experience with the Management of Software Projects, Lafayette, USA;
                     October 1989, Oxford, Pergamon Press: 1989

MTP 78   McIlroy, M.D., Pinson, E.N.,Tague, B.A.: UNIX Time Sharing System
                     Foreword; Bell System Technical Journal, Juli/August 1978, S.1899-1905:
                     (1978)

Myers 91   Myers, G.J.: Methodisches Testen von Programmen; München, Olden-
                     bourg: 1991

Nassi 73   Nassi, B., Shneiderman, F.: Flowchart Techniques for Structured Pro-
                     gramming; SIGPLAN Notices, Band 8, Nr.8, S.12 - 26: (Aug.1973)

Neumann 75   Neumann, K.: Operations Research Verfahren, Band III: Graphentheorie,
                     Netzplantechnik; München, Hanser: 1975

Noth 84   Noth, Th., Kretzschmar, M.: Aufwandschätzung von DV-Projekten; Be-
                     triebs- und Wirtschaftsinformatik, Berlin, Heidelberg, New York,
                     Springer: 1984

Oriolo 90   Oriolo, M.: Schätzverfahren in 4GL- und CASE-Umgebungen; Informatik-
                     Fachberichte 258, Berlin, Heidelberg, New York, Springer: 1990

PEBBLE 78   US-Department of Defense Requirements for the Programming Environ-
                     ment for the Common HOL - "Pebbleman": Juli 1978

PEBBLE 79   US-Department of Defense Requirements for the Programming Environ-
                     ment for the Common HOL - "Pebbleman Revised": Jan.1979

Phister 79   Phister, M., Jr.: Data Processing, Technology and Economics; Bedford,
                     MA, Digital Press: 1979

Potts 93   Potts, C.: Software Engineering Research Revisited; IEEE Software, S.19
                     - 28: (Sept. 1993)

Prieto-Diaz 91	Prieto-Diaz, R., Schäfer, W., Cramer, J., Wolf, S. (Hrsg.): Proceedings of the First International Workshop on Software Reusabilty; FB Informatik, Universität Dortmund: Juni 1991
Putnam 78	Putnam, L.H.: A General Empirical Solution to the Macro Software Sizing and Estimating Problem, IEEE Trans.on SW Engineering, Vol SE-4, No.4: (Juli 1978)
Rasmussen 85	Rasmussen, J., Goodstein, L.P.: Decision Support in Supervisory Control. Proceedings of the 2nd IFAC Conference on Analysis, Design and Evaluation of Man-Machine Systems; Varese, Italien 1985, Oxford, Pergamon Press: 1986
Rembold 79	Rembold, U.: Prozeß- und Mikrorechnersysteme: Planung und Implementierung; München, Oldenbourg: 1979
Rembold 86	Rembold U., Epple, W., Keller, P.: Anwendungsprobleme von Prozeß- und Mikrorechnern; Skriptum einer Vorlesung an der Universität Karlsruhe: (1986)
Rembold 87	Rembold, U. (Hrsg.): Einführung in die Informatik für Naturwissenschaftler und Ingenieure; München, Wien, Hanser: 1987
Reuter 90	Reuter, A.(Herausg.): GI - 20.Jahrestagung II, Stuttgart, Oktober 1990; Informatik-Fachberichte Bd.258, Berlin, Heidelberg, New York, Springer: 1990
Savage 90	Savage, Ch.M.: Fifth Generation Management; Bedford, USA, Digital Press: 1990
Schauer 86	Schauer, H., Barta, G.: Konzepte der Programmiersprachen; Berlin, Heidelberg, New York, Springer: 1986
Schenk 75	Schenk, K.B.W.: Sprachvergleich von Echtzeitprogrammiersprachen anhand zweier Probleme der kernphysikalischen Experimentdatenverarbeitung; Diplomarbeit angefertigt am Institut für Mathematische Maschinen und Datenverarbeitung (IV) der Univ. Erlangen-Nürnberg: 1975
Schnurer 88	Schnurer, K.E.: Programminspektionen, Erfahrungen und Probleme; Informatik-Spektrum 11, S.312 - 322, (1988)
Schöne 81	Schöne, A.: Prozeßrechensysteme; München, Wien, Hanser: 1981
Shaw 77	Shaw, M., Wulf, W., London, A.: Abstraction and Verification in ALPHARD: Defining and Specifying Iteration and Generators; CACM, Vol. 20, No. 8, S.553 - 564: (Aug. 1977)
Sigsoft 79	ACM SIGSOFT, Software Engineering Notes; Vol.4, No.4, S.6: (Okt. 1979)
Sneed 88	Sneed, H.M.: Software-Testen, Stand der Technik; Informatik Spektrum, 11, S.303-311: (1988)

Standish 78   Standish, T.A. (Hrsg.): Proceedings of the Irvine Workshop on Alternati-
                   ves for the Environment, Certification und Control of the DOD Common
                   HOL; University of California at Irvine: June 1978

STONE 80   US-Department of Defense Requirements for the Programming Environ-
                   ment for the Common HOL - "Stoneman": Februar 1980

Stroustrup 86   Stroustrup, B.: The C++ Programming Language; Reading, MA, Addison
                   Wesley: 1986

Thalmann 85   Thalmann, D.: MODULA-2, An Introduction; Berlin, Heidelberg, New
                   York, Springer: 1985

Tsichritzis 74   Tsichritzis, C., Bernstein, Ph.A.: Operating Systems; Academic Press:
                   1974

Turkle 86   Turkle, S.: Die Wunschmaschine. Der Computer als zweites Ich (Überset-
                   zung aus dem Amerikanischen); rororo Computer 8135: 1986

VDI 4001   Allgemeine Hinweise zum VDI-Handbuch: Technische Zuverlässigkeit.
                   VDI-Richtlinien 4001, Berlin ,Köln, Beuth: 1983
                   Blatt 1 Inhalt
                   Blatt 2 Grundbegriffe
                   Blatt 3 Erfassungsgrundlagen - Begriffe
                   Blatt 4 Zuverlässigkeitsbeeinflussung - Begriffe
                   Blatt 5 Begriffe der Stochastik

VDI/VDE 83   Erfassung von Zuverlässigkeitswerten bei Prozeßrechnereinsatz.
                   VDI/VDE-Richtlinien, Berlin, Köln, Beuth: 1983

VDI/VDE 2180   Sicherung von Anlagen der Verfahrenstechnik mit Mitteln der Meß-,
                   Steuerungs- und Regelungstechnik. VDI/VDE-Richtlinien 2180, Berlin,
                   Köln, Beuth: 1983, insbes.:
                   Blatt 1 Einführung, Begriffe, Erklärungen
                   Blatt 2 Berechnungsmethoden für Zuverlässigkeitskenngrößen

VDI 3550   Richtlinie zur Dokumentation

VDI/VDE 3691   Zuverlässigkeit von Meß-, Steuer- und Regelgeräten. VDI/VDE-Richtlinien
                   3691; Berlin, Köln, Beuth: 1983, insbes.:
                   Blatt 1 Erfassen von Ausfalldaten 1975
                   Blatt 2 Klimaklassen für Geräte und Zubehör 1975
                   Blatt 3 Vereinfachte Ermittlung und Ausfallraten 1982

Vollmann 90   Vollmann, S.: Aufwandsschätzung im Software Engineering; Vaterstetten
                   bei München, IWT: 1990

Walston 77   Walston, C.E., Felix, C.P.: A method of programming measurement and
                   estimation, IBM Syst. Journ., Nr. 1, S.54-73: (1977)

Weinberg 71   Weinberg, G.M.: The Psychology of Computer Programming; New York,
                   Van Nostrand Reinhold Co.: 1971

Weller 93   Weller, E.F.: Lessons from Three Years of Inspection Data; IEEE Software,
                   S.38 - 45: (Sept.1993)

Wijngaarden 69   van Wijngaarden, A. et al.: Report on the Algorithmic Language ALGOL
                  68; in: Numerische Mathematik 14: (1969)

Wirth 78   Wirth, N.: Modula-2; Tech.Report 27, Institut f.Informatik, ETH Zürich:
                  1978

Wöhe 90   Wöhe, G.: Einführung in die allgemeine Betriebswirtschaftslehre; 17.Auf-
                  lage,München, Vahlen: 1990

Wong 84   Wong, C.: A successful software development; IEEE Trans. Software Eng.
                  SE-10(6), S.714-727: (1984)

Sachwortverzeichnis

Prozeß-Ein-/Ausgabe; 141
Prozeß-FORTRAN; 146; 159; 234
Pseudocode; 110; 185

Objektorientierte Anwendungsentwicklung

Konzepte, Strategien, Erfahrungen

von Klaus Kilberth, Guido Gryczan und Heinz Züllighoven

Unter Mitarbeit von Dirk Bäumer, Reinhard Budde, Klaus Hasbron-Blume, Karl-Heinz Sylla und Volker Weimer.
1993. X, 220 Seiten. Gebunden.
ISBN 3-528-05346-1

Aus dem Inhalt: Die objektorientierte Methode – objektorientierter Systementwurf – der objektorientierte Entwicklungsprozeß, Objektorientierung und Softwarequalität – Einführungsstrategie, Chancen und Risiken – Wirtschaftlichkeitsbetrachtungen.

Auf der Basis einer praxisnahen Darstellung der Grundkonzepte objektorientierter Modellierung wird erläutert, daß für eine tragfähige Anwendungsentwicklung in der Zukunft eine neue Sichtweise notwendig ist. Der objektorientierte Entwicklungsprozeß wird in seinen fachlichen und technischen Dimensionen ausgeleuchtet. Ein verständliches Leitbild für die Systementwicklung, die Metapher von Werkzeugen und Materialien, wird vorgestellt. Objektorientierung beeinflußt aber nicht nur die Programmierung und die Projektstrategie, sie hat auch Auswirkungen auf die Entwicklerorganisation. Diese Überlegungen werden durch Einschätzungen über die kurz- und langfristige Wirtschaftlichkeit einer objektorientierten Vorgehensweise ergänzt. In einem eigenen Kapitel werden detaillierte Vorschläge für eine an den Bedürfnissen der kommerziellen Datenverarbeitung ausgerichteten Einführungsstrategie vorgestellt.

Qualitätsoptimierung der Software-Entwicklung

Das Capability Maturity Model (CMM)

von Georg Erwin Thaller

1993. VIII, 417 Seiten. (Zielorientiertes Software-Development; herausgegeben von Stephen Fedtke) Gebunden mit Schutzumschlag. ISBN 3-528-05287-2

Aus dem Inhalt: Software in der modernen Industriegesellschaft – Software-Entwicklung und das Capability Maturity Model – Der Weg zum Erfolg: Projektmanagement, Configuration Management, Qualitätssicherung, Peer Reviews, Metriken, Optimizing.

Dieses Buch ist das erste einer Reihe, die es sich zum Ziel gesetzt hat, die Effizienz und die Qualität der Software-Entwicklung zu optimieren. In Fragen der Qualitätsverbesserung, die für viele Unternehmen geradezu überlebensnotwendig wird, ist das Capability Maturity Model (CMM) von herausragender Bedeutung. Mit ihm kann dem Programm-Wildwuchs in Unternehmen effektiv und Schritt für Schritt begegnet werden: durch Verfolgung der Kosten und des Aufwandes, Qualitätskontrolle, Training, quantitative Messungen und, last not least, ständiges „Optimizing".

Verlag Vieweg · Postfach 58 29 · 65048 Wiesbaden